U0245361

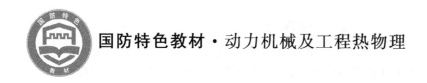

国防特色教材·动力机械及工程热物理

航空发动机故障诊断

邓　明　金业壮　主编

北京航空航天大学出版社

北京理工大学出版社　哈尔滨工业大学出版社
哈尔滨工程大学出版社　西北工业大学出版社

内 容 简 介

本教材是在西北工业大学飞行器动力工程专业"航空发动机故障诊断与可靠性"课程多年教学的基础上编写而成的。教材从航空发动机外场机务与维修工程的实际需要出发,介绍了外场航空发动机故障诊断工作中实际应用的各种诊断方法。其中,有基于故障方程的状态诊断方法,高速旋转机械普遍应用的振动诊断方法,仅见于航空发动机故障诊断的指印图分析方法、趋势图分析方法,对于机械设备状态监控及诊断非常有效的滑油分析技术等,还有处于智能诊断技术发展前沿的模糊诊断法和人工神经网络法。根据工信部国防科工局下达的教材编写指南的要求,又增加了故障树诊断方法、故障特征提取方法和航空发动机故障诊断专家系统等内容。

本教材适用于航空动力工程及相关专业的本科生和研究生,对于从事航空发动机设计研究的科研人员和使用维护的工程技术人员也有参考价值。

图书在版编目(CIP)数据

航空发动机故障诊断 /邓明,金业壮主编. -- 北京：
北京航空航天大学出版社,2012.6
　　ISBN 978 - 7 - 5124 - 0681 - 0

　　Ⅰ.①航… Ⅱ.①邓… ②金 Ⅲ.①航空发动机—
故障诊断 Ⅳ.①V263.6

中国版本图书馆 CIP 数据核字(2011)第 274312 号

航空发动机故障诊断

邓　明　金业壮　主编

责任编辑　王　实

*

北京航空航天大学出版社出版发行

北京市海淀区学院路 37 号(邮编 100191)　http://www.buaapress.com.cn
发行部电话:(010)82317024　传真:(010)82328026
读者信箱: bhpress@263.net　邮购电话:(010)82316936
北京九州迅驰传媒文化有限公司印装　各地书店经销

*

开本:787×960　1/16　印张:19.5　字数:437 千字
2012 年 6 月第 1 版　2025 年 1 月第 9 次印刷
ISBN 978 - 7 - 5124 - 0681 - 0　定价:45.00 元

前　言

　　由于航空发动机技术及结构的复杂性,其故障诊断问题一直是重要的疑难课题,战时影响到战斗力,平时影响营运的经济性和飞行安全。随着航空发动机性能的提高,诊断故障已经不能仅仅依靠经验和简单的检测技术,而必须系统地建立故障模型,利用科学的辨识方法来完成,其有关理论和方法已成为航空动力工程及相关专业学生的必备知识之一。而航空发动机与其他机械系统的故障诊断相比,又有许多特殊的和专门的方法,因此需要通过专门课程来讲授。

　　20 世纪 90 年代中后期,国内涌现出许多有关航空发动机或机械设备故障诊断技术方面的教材或专著。其中,有些书籍内容涵盖面很宽,如黄文虎、夏松波等所著的《设备故障诊断原理、技术及应用》(1997),而另外一些书籍的内容则过专、过深,如周东华、叶银忠所著的《现代故障诊断与容错控制》(2000)和范作民、孙春林所著的《航空发动机状态诊断》(1996)等,均不适合于航空动力工程专业故障诊断课程的教学。航空发动机的故障诊断不仅要包括机械系统的故障诊断方法,如常用而有效的振动诊断方法,而且还必须包括气路系统的分析技术和状态诊断方法。由于航空发动机技术及结构的复杂性,模糊诊断方法和故障诊断的专家系统很早就得到了应用,指印图分析和滑油分析技术也是外场常用的基本方法。

　　紧密结合本科生教学需要和紧紧围绕航空发动机维修工程实际的内容组合是本教材的最大特色。它将系统讨论航空发动机故障诊断的特殊和专门的方法,其深度考虑到学生的知识水平和接受能力,注重理论联系实际,对每一种方法都引用了故障诊断的实例。

　　本教材有别于其他发动机故障诊断方面的教材,主要体现在以下两个方面:

　　1. 它是直接适用于航空发动机的

　　具体地讲,其诊断对象是具有高速转子航空燃气涡轮发动机的气路和机械系统的故障。

　　2. 它有别于发动机的无损探伤或无损检测技术

　　虽然它们都是无损的,也无需分解发动机,但与我们所依赖的信息数据来源不同。本教材所涉及的故障诊断主要是基于发动机状态的测试参数的,所以对机载设备没有额外要求,可以在飞行中实现。无损探伤或无损检测技术则需要数据采集系统以外的设备支持。但无损探伤或无损检测技术可以作为证实诊断结论和进行故障定位的技术手段之一,例如进行发动机分解以后的内场检验,证实结构是否损伤,涡轮导叶是否烧蚀,压气机叶片是否有裂纹等。

　　故障诊断的对象是成熟的并且工作状态稳定的发动机。在这个前提下,如果一台发动机在一定工作状态下的状态参数发生了变化,就意味着可能出现了某种异常或故障。如果一种型号的发动机经常出现某种异常工作状况,则认为该型号发动机一定存在设计缺陷。比如涡喷 7 发动机原来存在整机振动量普遍偏大的问题,压气机 1 级和 4 级工作叶片折断的问题,都不是本教材所涉及的故障诊断方法的研究对象。如果一种型号发动机的测试参数个体差异较大,比如两台发动机的排气温度在正常情况下、相同寿命阶段相差 20 ℃ 以上,那么该型号发动机就不算成熟和工作状态稳定。这种差异至少说明发动机的制造技术水平没有达标。而在发动机测试中出现偏差是不可避免的,国外发动机的状态参数都有统计出来的标准偏差,因而测试误差的处理应该在诊断技术中解决。经常诊断的故障也可能是由性能衰退引起的,或者是发生概率极低的随机故障。这种故障不能通过改进设计来避免,或者说采取防范措施也得不偿失。比如某台发动机渐进的或突发的排气温度上升,某一型号发动机中偶尔出现的振动过量故障,等等。

　　本教材从航空发动机外场机务与维修工程的实际需要出发,介绍了外场航空发动机故障诊断工作中实际应用的各种诊断方法。其中:第 1 章介绍了故障诊断和健康监控的基本概念;第 2 章介绍了基于故障方程的状态诊断方法;第 3 章介绍了高速旋转机械普遍应用的振动诊断方法;第 4 章介绍了仅见于航空发动机故障诊断的指印图分析方法、趋势图分析方法和对于机械设备状态监控及诊断非常有效的滑油分析技术等;第 5 章讨论了处于智能诊断技术发展前沿的模糊诊断法和人工神经网络法等;第 6 章讨论了故障诊断专家系统的基本概念和开发平台;第 7 章介绍了与航空发动机安全性密切相关的可靠性的基本概念和判定性能指标异常的警告值计算公式。根据工信部国防科工局下达的教材编写指南的要求,还增加了故障树诊断方法、故障特征提取方法等内容,分别列在第 4 章和第 5 章。因为本教材是本科生和研究生兼用,所以部分内容的难度对于本科生来说偏大一些。本教材的编写宗旨是重在实际应用,内容的安排不求面面俱到,分析问题强调物理概念。为了便于使用,相关的基础知识、实用技术和应用技术尽量编排在内。

课程参考总学时为 60 学时。

同时,本书也非常适合航空发动机的使用、维修及设计人员使用。对于航空发动机的使用、维修人员,本书是他们保障发动机可靠工作的得力助手,因为故障诊断技术已经是实现视情维修、提高发动机可靠性的必要技术手段和前提条件。对于航空发动机的设计人员,本书有助于他们掌握应该为航空发动机的用户提供哪些状态监控和故障诊断方面的技术支持,因为有些技术支持在发动机设计时就要考虑到,例如我国现役的发动机系列,由于没有提供转子振动相位测试的设计,至今不能够实现发动机转子的整机平衡。在我国为发动机用户提供的技术文件里,通常也没有故障诊断技术方面的指南和培训资料,而这些文献在国外,是商用发动机制造商必须为用户提供的技术之一。本书也适合国防和军事院校的其他相关专业选用,如采用燃气涡轮发动机的巡航导弹、无人机、靶机和现代坦克等专业,并可供有关专业工程技术人员参考。

近些年来,航空发动机故障诊断技术伴随计算机技术、电子技术和人工智能技术的快速发展而不断进步,飞行器及动力系统的健康监控也对航空发动机故障诊断技术提出了更高要求。故障诊断技术将朝着人工智能、飞机-发动机控制系统一体化和网络化的方向发展。这些都将为故障诊断技术的发展带来更广阔的空间。所以本教材的内容也需要不断地补充、修正和更新。

本教材的第 4 章 4.3 节由空军工程大学陈卫编写,第 1 章、第 3 章和第 7 章由沈阳航空技术大学金业壮编写,其余章节由西北工业大学邓明编写。邓明负责全书的统稿工作。

感谢西北工业大学王仲生教授和空军工程大学程礼教授给本书提出的宝贵意见。空军工程大学程礼和李全通编写的讲义对本书成形起了重要作用。

由于编者水平有限,难免有疏漏和错误之处,希望各位专家、同行和广大读者提出宝贵意见。

编　者

2011 年 4 月 16 日

目　录

第1章 绪 论

1.1 发动机状态监控与故障诊断学

1.1.1 发动机状态监控与故障诊断学的发展

从20世纪60年代开始,随着航空运输业的迅速发展和航空器复杂程度及其制造成本的不断提高,投入维修和保证安全的人力和材料开支不断增加,航空发动机工作可靠性对飞行安全和企业运营成本的影响越来越突出。这不仅体现在航空器在使用阶段的维修和运营成本在全寿命总成本中所占的比例越来越大,还由于先进航空器的高可靠性只有依靠先进的维修技术才能实现。因此,对航空发动机的维修和使用提出了许多新的研究课题,其中一个重要的方面就是发动机状态监控与故障诊断问题。所谓发动机状态监控与故障诊断,是指借助于一定的有效方式对与发动机工作状态紧密相关的各种参数实施监测,根据所监测的数据对各部件的工作状态及其发展趋势作出有价值的判断,即对所发生的故障作出判断结论,或预报即将发生的故障,及时提出维修的具体技术内容,以达到保证飞行安全,提高维修经济效益的目的。

发动机状态监控与故障诊断的重要意义在于:一方面,它可以迅速而准确地确定故障的部位及故障严重程度,有利于确保飞行安全以及减少维修的人力物力,缩短飞行器的停飞时间,提高飞行器的利用率;另一方面,它又是实现先进的维修思想(从以"预防为主"的维修思想转向"以可靠性为中心"的维修思想)和维修方式(从单纯的定时方式转向定时维修、视情维修和状态监控三种方式)的必要手段和前提条件。

传统发动机的维修方式是以定时为主,即以发动机工作时间确定维修周期,按照统一规定的工作寿命中断工作进行维修。这种维修方式的主要缺点是只把时间作为控制参数,不能有效地预防那些与使用时间没有直接关系的故障。理论和实践均已表明,航空发动机在飞行中产生故障具有随机性,其故障率往往是一个常数。因此,不可能在发动机达到规定的寿命后用翻修的办法预防事故的发生。此外,这种方式无法避免不必要的繁琐工作(例如对无故障部件和附件的维修),造成人力和物力的浪费。

近年来,发动机的维修方式采用了视情方式和事后方式。它是通过对发动机的技术状态进行连续的监控,当发现发动机性能下降或出现故障征兆时才进行维修。实践证明,这种方式补充了定时方式的不足,可以有效地延长换发前的平均工作时间和减少不必要的维修工作,从而大大降低维修费用,提高发动机的利用率,是保证和提高发动机运行可靠性的主要途径。但是,为了实现先进的维修方式,需要具有先进的技术手段.发动机状态监控和故障诊断技术正是在这种情况下发展起来的.

1.1.2　发动机故障诊断学的研究对象

发动机故障诊断学的研究对象是完全组装好的、正在工作的或准备工作的发动机(有时也包括像压气机、涡轮等单独的部件或单元体).诊断的进行应当是不对发动机进行分解,而所采取的所有诊断方法和手段应当是无损的.发动机的故障诊断与在生产过程中对发动机零件和材料进行的"无损检验方法"不同.后者不具有与有损检验方法(如试样或零件的破坏试验,用布氏方法测定零件表面硬度等)对比以外的意义,不适用于组装好的发动机的诊断.

1.1.3　发动机故障诊断学的主要任务

发动机故障诊断学的任务在于揭示发动机的故障,即确定故障的部位、故障严重程度和预测故障的发生和发展趋势.按照发动机故障诊断学的观点,故障指的是发动机的一种不合格的状态,它的发生会影响发动机的正常工作或降低发动机的性能.

发动机故障包括下面几方面的情况:
① 发动机机械零件或构件的损坏;
② 发动机系统或设备丧失规定的功能;
③ 发动机实际性能的衰退超过规定值.

发动机故障诊断的任务可以在不同深度上解决:
① 故障检测,只指出故障产生的实际本身;
② 故障隔离(故障定位),将故障隔离到发动机的单元体或某个附件;
③ 故障辨识,要求指出故障的严重程度.

1.2　发动机状态监控与故障诊断系统

1.2.1　发动机状态监控与故障诊断学体系

目前,状态监控与故障诊断学已逐步发展形成了既有系统的理论又有具体的方法,既有现代检测手段又有先进的分析技术,既直接应用于工程实际又与高技术密切相关的学科体系.该学科的基本体系由基础理论、实施技术及实施设备三大部分构成,如图 1-1 所示.

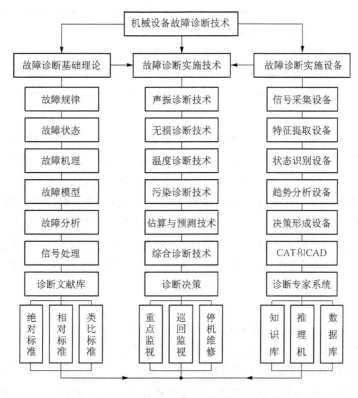

图 1-1　状态监控与故障诊断学的基本体系

①基础理论包括故障规律、故障状态、故障机理、故障模型、故障树分析理论、信号处理、状态识别、模糊聚类识别理论、趋向分析理论及监控诊断的标准值或图谱等理论的研究,这些理论为实施技术提供科学的理论依据。所以,基础理论相当于该学科基本体系的"软件"。

②实施技术包括性能诊断、振动诊断、污染诊断、寿命监控、无损诊断及综合诊断与专家系统的研究,实施技术通常具有较强的针对性。这些实施技术是构成该学科的主体,也是该学科建立与发展的重要基础。

③实施设备包括信号采集、特征提取、状态识别、趋向分析、诊断决策形成、计算机辅助检测与诊断系统(CAT&CAD)以及诊断专家系统等专用设备的研制。这类专用设备为实施技术提供必要的手段。因此,实施设备相当于该学科基本体系的"硬件"。

1.2.2　状态监控与故障诊断的基础理论

1. 识别理论

状态监控与故障诊断是一个典型的模式识别过程。无论进行故障分类,建立样板模式,提取特征量或将待检模式与已知样板模式对比,还是按相似程度或距离指标进行判别或聚类,都离不开识别理论的指导和识别技术的支持。

（1）模式识别

在数学上把没有适当数学描述但可按某种特征区分的信息结构（或信号结构）称为模式。常用的模式识别方法主要有统计模式识别方法和结构（句法）模式识别方法两种。它们的基本过程是类似的。

模式的原意是指模仿用标本、模型做某些事情的方案。模式可能是具体的,也可能是抽象的。但从模式识别的角度来看,模式与集合的概念是分不开的,只要认识这个集合中的有限数量的事物或现象,就可以识别属于这个集合的任意多的事物或现象。我们把一些个别的事物或现象称为模式,将这一类事物或现象的总体称为模式类。模式类和模式就相当于集合论中的子集和元素。同一模式类中的各个模式尽管不完全相同,但它们总有某些相似之处,在一定意义上是不可区分的;而不同模式类是可以区分的。在故障诊断中,系统的不同状态就是不同的模式类,故障诊断的实质是个"状态识别"问题。模式类是已知的,而故障诊断就是要研究待判样本应归属于哪一类。

（2）聚类分析法

在数学上将样本按它们的某种特性进行分类的方法称为聚类分析。聚类分析分为系统聚类分析、动态聚类分析、图论聚类分析和模糊聚类分析等。

系统聚类分析的基本思想是,首先将每个样本看成一类,然后根据样本之间的相似程度进行合并,并计算新类与其他类之间的距离,再选择最相似者合并,每合并一次减少一类,继续这一过程,直到不宜再减少为止。

动态聚类分析的基本思想是,首选一批凝聚点,然后让样本向最近的凝聚点凝聚,从而由点凝聚成类,得到初始类,然后逐步修改不合理的分类,最后形成最终分类。

应该指出,聚类分析和模式识别都是分类问题,但两者处理问题的性质和方法是不同的。模式识别所讨论的问题是:已知若干模式或已有若干个标准的样本,目的是判断研究对象应属于哪一模式,即哪一类。聚类分析所研究的对象是一大堆样本,要求按它们各自的特性来进行合理的归类,而没有任何模式可供参考或遵循。模式分析是一种有模式的分类问题,而聚类分析是一种无模式的分类问题。

（3）系统辨识

系统辨识是指通过观测系统的输入与输出的关系来确定其数学模型的过程。根据对系统事先的了解程度,辨识问题常常分为两类:完全辨识问题——黑箱问题;部分辨识问题——灰箱问题。实际上,大多数工程问题都属于后一类。由于我们对系统的结构已有很多了解,因此可以导出系统的动力学的特定数学模型。在这种情况下,只要确定模型方程中的一组参数即可,从而模型化问题被简化为参数识别问题。不同的系统或故障,其数学模型或模型参数存在差异,利用这种差异,可以对系统或故障进行分类。对于同一系统,模型参数的不同意味着系统特性的变化,所以模型参数的变化,可以作为故障诊断的依据。

2. 发动机故障诊断算法

发动机故障诊断算法可分为分类诊断法和故障方程法两大类。

(1) 分类诊断法

分类诊断法的理论基础是模式识别中的统计方法或决策理论。如果被诊断对象的各种可能发生的故障状态不太复杂,允许对它作简单的分类或只需要确定至相应的故障状态而不必对故障信息作进一步描述,那么就可以用分类诊断法进行故障诊断。

分类诊断法就是按照一定的准则,根据实测的一组能反映系统工作状态的特征量,把系统划归某一模式类。现在已经提出多种分类准则,如按故障的因果逻辑关系分类,按各种故障原因导致被观察现象的条件概率分类,按模式识别或模糊识别准则分类等,形成了各种故障分类方法。如判别函数法、故障字典法、诊断树法、统计概率法及模糊判别法等。

分类法的特点是简单易行,它适用于状态个数有限的系统,可以做到故障的检测和隔离。

(2) 故障方程法

故障方程法是根据被诊断系统的故障方程进行故障辨识。所谓故障方程是指系统的可测性能(响应)的变化 Δy 与引起这些变化的系统内部状态参数(故障因子)的变化 Δx 之间的关系式。故障方程法的基本思想是根据故障方程和所测量的 Δy 值确定出 Δx 值。状态量(故障因子)x 的类别代表了故障部件的部位,Δx 数值的大小(绝对值)代表了故障的严重程度。

采用故障方程法的前提是必须能够建立故障方程。一旦建立了故障方程,那么采用故障方程法将具有一系列优点:故障方程是根据被诊断对象的工作原理建立的理论关系式(或半理论、半经验的关系式),具有较大的概括性,即能够以较少的状态量反映出众多的复杂的工作状态,故障方程的这一特点对于故障诊断是极为有利的;可以进行故障隔离和故障辨识;可以用于多故障数情况;可以用于系统状态数量是不可数的情况;可以采用强有力的数学手段求解;能够保证所得到的解具有高精度(估计误差小)和可信度(实现的概率高)。

3. 信号分析理论和方法

发动机的状态信号分析可以从统计的观点出发,也可以从系统分析的观点出发,分别在时域、幅值域、延时域、频域、相位域及倒频域进行研究,得到信号的幅值概率、分布特性、相似性、频率结构、相位关系和传递特性等。它们是状态监控和故障诊断的有力工具。

4. 预测技术

预测是对尚未发生或目前还不明确的事物进行预先的估计和推测,是在现时对事物将要发生的结果进行探讨和研究。“预测”实际上是这样一个过程:从过去和现在已知的情况出发,利用一定的方法或技术去探索或模拟未知的、未出现的或复杂的中间过程,推断出未来的结果,为决策提供依据。在状态监控和故障诊断中,预测技术主要用于估计故障的传播、发展、对发动机的劣化趋势作出预报,是故障预防和监控的主要手段。预测的基本原理包括惯性规律、相似规律、相关规律和概率规律等。

5.建立故障文档库

故障文档库是识别故障的可靠依据,如果没有文档库,整个监控与诊断工作将成为空中楼阁。建立故障文档库的方法包括实测监控数据的大量积累、实验室研究和分析、计算机辅助实验等。由于实测监控数据的积累周期较长,而用实验室实验研究和分析的方法又需花费大量的人力物力,因此计算机辅助实验的方法在这里具有特殊的意义。无论采用哪种方法,都离不开事先对发动机正常和各种故障进行大量实验、观察、分析、统计和归纳。

1.2.3 发动机状态监控与故障诊断系统的组成

1.发动机监控系统

如果将分散安装在飞机、发动机上以及地面基地上的各种类型的状态监控设备(包括硬件和软件)和技术保障、管理人员以一定的工作程序综合成一个系统,就组成了航空发动机监控系统(Engine Monitoring System,EMS),如图 1-2 所示。

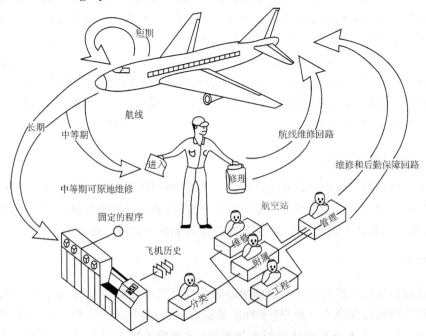

图 1-2 燃气涡轮发动机监控系统(EMS)的组成

广义地讲,发动机监控系统的作用是采集、记录和处理在飞行中和地面试验(检查)的数据,用以辅助发动机的设计、管理、安全使用、维修和后勤保障。其数据的记录可以是人工的、计算机辅助的或自动的。发动机监控系统是发动机管理系统的重要组成部分,这个系统的存在并不以设备的多少而决定,其核心是以一定的工作程序构成的发动机控制体系,但系统的完善则是建立在状态监控与故障诊断设备发展的基础上。

2.发动机故障诊断系统的组成

发动机故障诊断任务通过故障诊断系统来实现。故障诊断系统由作为被诊断对象的发动机、诊断手段和诊断执行人(必要时)三者组成。

发动机故障诊断系统的功效取决于发动机的可监测性、发动机故障诊断手段(诊断方法)以及诊断管理机构(操作者和技术文件)。

发动机的可监测性是指在不从试车台上或飞机上分解和拆下的运行条件下,靠发动机结构和装备来保证获取为可靠地评价每台具体发动机的技术状态所必需的各种信息的可能性。所需的可监测性水平是由发动机设计人员通过专门的结构措施、试验工作和制定相应的文件来保证。

燃气涡轮发动机主要部件可能采用的诊断手段如图 1-3 所示。

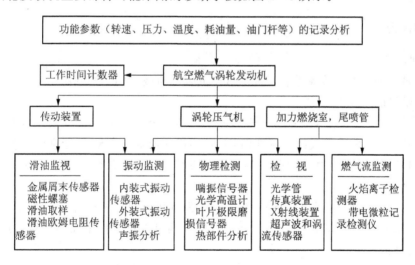

图 1-3　燃气涡轮发动机主要部件可能采用的诊断手段

发动机故障诊断手段(诊断方法)包括诊断技术和诊断算法两部分。

诊断技术是指采用以物理方法(声、光、热、电等)直接或间接识别被诊断对象的结构参数(特别是微观的结构参数,包括裂纹、腐蚀、烧蚀、蠕变等)的诊断方法。例如声振诊断装置、超声波检验仪和涡流检验仪、光学检验系统等均属于这一类诊断方法。

诊断算法是根据发动机使用过程中的参数检测结果来考察被诊断发动机的"状态"与经过长期考察得到的同类型发动机的无故障"状态"之间的差别。这类方法特别适用于正在运行中的批生产的发动机。例如基于故障方程的诊断方法就属于这一类。

1.3 发动机监控系统的能力和效益

1.3.1 发动机监控系统的能力

发动机监控系统能够提供以下信息：
-评估、控制发动机使用的监控参数数据；
-确定发动机及其单元体、零部件的剩余寿命和备用状态的各种数据；
-发现、确定、隔离发动机的故障和检验调整维修的修正量；
-跟踪发动机状态的变化并预测发展趋势；
-支持发动机的管理和后勤保障的决定。
上述能力按影响的时间可划分为短期、中期和长期能力三类。

1. 短期能力

（1）及时告警
使空勤或地勤人员注意影响任务完成或引起发动机故障的一些问题。
（2）故障预报和警告
在飞行前,发动机监控系统能显示潜在的故障预报警告,帮助进行飞行前检查。

在飞行中,当出现故障或故障征兆时,对发动机实时监控能够及时地给空勤人员发出警告,例如应减小发动机转速等;同时,自动地或由飞行员控制将故障或故障征兆的信号记录在参数记录系统(黑匣子)中。

飞行后,对于发动机监控系统的特定的项目,发动机监控系统将给出下次飞行发动机可用度"通过／不通过"(Go/NoGo)的指示。不通过的原因可以指示到单元体等级、可置换的单元(LRU)或更低的等级。

（3）自动记录
在飞行中除了自动将故障或故障征兆的信号记录到参数记录系统外,还可以显示记录发动机状态参数超限,例如超温和超转。

发动机监控系统记录的数据能帮助排除故障和证实空勤人员的报告。
（4）监视滑油系统
显示滑油系统的问题,如:滑油污染、滑油消耗量大、滑油压力过低或过高等。

(5) 振动监测

通过发动机监控系统记录、分析的发动机振动总量和频谱分析能够及时发现可能影响安全的机械故障和故障征兆。

2. 中期能力

(1) 故障分析

发动机监控系统可以根据由飞行中或在地面试验检测到的超限数据,分析引起故障的可能原因。利用故障之前和故障之后的飞机和发动机稳态和瞬态数据,能够分析引起故障的原因,以及故障发展或可能出现的问题。

(2) 状态调整

提供发动机超调显示和校正调整影响的数据。

(3) 性能参数分析

发动机监控系统能提供表明和显示发动机及单元体的性能水平和衰减的扩展数据。可以监控影响性能的发动机及非发动机的附件,从性能参数的变化较好地辨别是气路性能衰减,还是由于发动机别的原因引起的,例如引气和功率提取。

(4) 趋向分析

发动机监控系统能提供发动机趋向性例行维护计划所需的数据,还可以表明和显示发动机的状态及单元体状态。趋向性分析包括发动机性能状态和机械状态两方面的参数。

(5) 附件检测

发动机监控系统能提供事件检测,并隔离到附件和部件的等级,包括发动机和非发动机的附件和部件。

(6) 振动数据

振动分析技术能够将故障隔离到发动机单元体和零部件的等级,能够提供在一、二级维修等级中进行发动机整机平衡的参数。

(7) 无损探伤和测试

无损探伤和测试(NDI 和 NDT)技术适用于监控和评估发动机的状态,它包括孔探仪、涡流探伤、射线照相和超声波探伤等。

(8) 附加能力

可以提供附加的发动机和非发动机的监控能力,例如,齿轮箱监控、功率传递、燃油和推力管理。

3. 长期能力

(1) 数据有效性、自校准、检查和修正

发动机监控系统能提供连续的自校准、硬件和软件的自检查,例如传感器信号的可靠性、计算和校准检查,机内设备自检(BITE)。

(2) 使用跟踪

发动机监控系统能够记录和显示有寿命限制的发动机单元体、零部件的使用数据,例如发动机工作时间、起动次数、低循环疲劳(LCF)、蠕变、磨损及热端和冷端部件载荷,能够计算、预测剩余的寿命。

(3) 数据反馈

能够为用户、制造厂商和供应商提供传输和确认数据。

(4) 任务剖面

能够收集反映发动机使用的严重程度的数据,例如发动机油门杆变化范围和分析任务剖面。

(5) 数据保存

能够收集并保存发动机、单元体和零部件的与性能、使用、维修有关的数据。

(6) 自适应性和发展

模块化的发动机监控系统硬件和软件设计能够满足预期的和非预期的全部系统需要,并能够较好地综合现有的状态监控与故障诊断技术,及时增加或嵌入先进的状态监控与故障诊断技术。

1.3.2　发动机监控系统的效益

发动机监控系统能够在改善安全性、降低费用支出、增加可用度和可靠性等方面产生效益。

1. 改善安全性

及时的警告可以使空勤和地勤人员注意影响任务完成或引起发动机故障的一些问题,避免等级事故的发生。

例如,在1974年日航27架波音747飞机,一年内总飞行时间为388 000 h,计划更换发动机58台。由于使用了监控技术,结果在计划之外,根据故障情况更换了85台发动机,避免了大量事故,发动机的空中停车率降到0.04 次/kh。

2. 节省费用

应用发动机监控系统能较好地确定和管理发动机的使用状态、使用寿命和剩余寿命,可以在零部件、劳动力、燃油、使用和后勤保障五个方面节省费用的支出。

例如,汉莎航空公司的 A310/CF6—80,由于采用了 AVM 系统的数据,及时地给出需要重新平衡风扇的时机和信息,既避免了发生严重的机械故障,又免去了重新平衡转子所需要进行的专门试车。据统计,该飞机每年最少省掉 20 次专门试车,可节约 4 600 kg 油料、40 h 的飞机利用率、100～120 个人工小时,而且平衡的效果要优于专门试车的结果(据统计在发动机巡航状态时的振动水平分别为 12 mm/s 和 5 mm/s)。

3. 使用方面的效益

发动机监控系统能改善发动机和飞机可用率和任务完成率。准确和连续的发动机监控有利于对发动机许用极限和包括惯例的人为因素储备系统的使用极限——"红限"进行重新评估。长期的零部件消耗与维修人员的互相关系能够提供重新评估零部件寿命极限的基础,或适时修正用于维修零部件的准则。例如:分解是建立在依据"定时维修"、"视情维修"或"状态监控"维修方式的基础之上的。

例如,1962—1970 年日航在 JT3D 发动机上逐步采取各种监控技术,结果使发动机的大修间隔从 1 200 h 提高到 12 000 h,直至取消大修寿命。

4. 对一级维修的改善

运用发动机监控系统的数据能够根据发动机的状态和部件寿命帮助计划的和非计划的维修,快速采集和显示数据能够减少故障隔离时间,帮助确定所需要的维修和评估发动机的可用度。发动机监控系统还可以检验维修工作的质量。

5. 对二级维修的改善

发动机监控系统能改善:
① 维修的预报和计划;
② 周转时间;
③ 故障隔离和检查修理要求;
④ 人员熟练水平与维修要求的相容性。
从而对二级维修起到改善作用。

6. 对后勤保障的改善

发动机监控系统能改善:
① 备份发动机和零部件的库存量的管理;
② 人员和设备的计划和利用;
③ 发动机分解、修理和大修的适当时机。
从而对地面维修计划及后勤保障起到改善作用。

7. 发动机管理方面的效益

通过检测发动机的问题、零部件的消耗和运转数据的分析、相互关系和反馈信息,获得较好的发动机管理决策。随着保修条款及对商用和军用发动机两者诱惑力的增加,发动机监控系统能够用来使用户和制造商分担的费用和成本节省的份额数量化。

1.4　发动机性能参数的录取

发动机性能参数的录取是通过发动机监控系统(EMS)进行的。在此特作一简单介绍。

1.4.1　典型 EMS 参数

典型 EMS 参数如表 1-1 所列。

表 1-1　典型 EMS 参数及功能

参　　数	功　　能					
	热　端	机械系统	性　能	控　制	跟　踪	趋　势
马赫数(Ma)			×	×	×	
高度和进口压力	×	×	×		×	×
进口总温			×	×	×	×
发动机燃气温度(EGT)	×		×	×	×	
油门杆角度	×				×	×
高压转子转速(n_2)		×	×	×	×	
低压转子转速(n_1)		×	×	×	×	
燃油流量(FF)			×	×	×	×
发动机压比(EPR)			×			
中间级压气机压力		×	×	×		
压气机出口压力		×	×	×		
中间级压气机温度			×			
压气机出口温度			×			
振动		×				×
滑油消耗量		×				×
滑油温度		×				
滑油压力差		×				
滑油污染		×				×
排气喷口位置			×	×		
不连续		×	×		×	×
静子位置			×			×
用户引气			×			×

1.4.2　基本 EMS 结构

发动机数据采集与处理系统如图 1-4 所示。

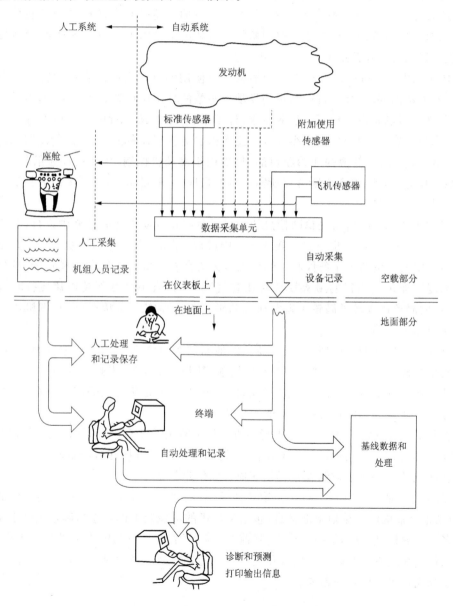

图 1-4　发动机数据采集与处理系统

1.4.3　发动机性能参数录取的基本要求

发动机性能参数录取的基本要求如下：

① 发动机性能参数（可测参数）主要是在工作着的发动机上收集的。在善于提取诊断信息的情况下，对这些参数进行连续或足够频繁的测量和记录可用于发现一系列早期阶段的故障、追踪它们的发展史以及预报下一步的发展趋势。

② 现代批生产和试验用发动机在台架试车时使用的测量系统的容量和特性完全可以满足参数诊断方法的要求。在运行中测量的发动机参数的种类比台架试车时为少，但是在很多飞机上，也仍然可以满足参数诊断方法的要求。近年来，有增加从飞行中的飞机上直接获取有关发动机状态信息容量的趋势。为获得这种信息所需要的机载设备的大部分（传感器、通信设备、协调装置等）也可用于其他的非诊断目的，例如用于发动机控制，用于解决领航任务，用于飞行状态最佳化等。因此，参数诊断方法所需信息的录取，一般说来，并不需要或者只需要补充不多的专门设备。

③ 发动机故障诊断所需的诊断信息的测量既可以在发动机地面维修中进行（在飞行前后的试车中，在定检工作中），也可以直接在飞行中进行。而从飞行中录取数据有以下几个优点：

- 飞行中发动机的工作条件和工作状态是无法在发动机地面试车中模拟的。例如很高的高度下亚声速飞行的最大换算转速和气流的低压，小高度下超声速飞行时气流的高压，大涵道比双转子涡轮风扇发动机低压涡轮的高空工作状态，以及飞机机动飞行时进口压力场等。
- 在飞行中发现的某些现象，在发动机的地面试车时常常不能成功地复现。例如滑油系统的故障，在一定飞行状态下振动的增强，某些喘振现象，燃烧过程的异常等。
- 飞行中参数的测量不需要额外消耗时间、燃料和耗费发动机的使用寿命。这些情况在地面试车录取诊断信息时是不能避免的。

基于上述理由，总是希望直接在飞行中收集尽可能全的发动机诊断信息。当然这并不排除利用"地面"信息。在工厂的发动机试车中，系统和有组织地直接在各种试车（调试试车、长期试车、专门试车等）中录取被测参数仍是获取诊断信息的源泉。

④ 无论是在地面还是在飞行中录取被测参数，可以用手工方法，也可以用专门的自动记录器。自动记录器能够连续地录取信息（包括发动机的不稳定工作状态），确定实际上是同时测量的许多参数数值，以及其他一些优点。目前在运行中常常是由机组人员进行手工记录（通常是每次飞行中在巡航状态记录一次或几次），然后随着自动记录的成本、质量和尺寸的下降，有用自动系统代替手工记录的趋势。

1.5　发动机的状态和故障

1.5.1　状　态

所谓状态也就是发动机的技术状况,通常发动机的基本状态分为正常状态、异常状态和故障状态。

当发动机、发动机附件或子系统的(以设计目的为表征的)功能指标或物理指标均处于规定的范围内时称为正常状态,这时发动机可以正常地完成规定的任务。处于正常状态下的发动机一般没有缺陷或者虽有缺陷但在允许的范围之内(实际上某些缺陷几乎是不可避免的,例如燃烧室裂纹)。

异常状态通常是一个相对的状态,这时发动机、发动机附件和子系统的功能指标或物理指标相对其原始数值发生了较大的偏差,但仍处在规定的范围之内,例如发动机推力下降或排气温度升高、振动量增加等,发动机尚可以完成规定的任务。异常状态一般是由于发动机的某种缺陷已有一定的扩展或出现了某种缺陷而引起的。

当发动机、发动机附件或子系统(以设计目的表征的)功能指标或物理指标低于规定的最低限制值时称为故障状态,这时发动机将无法完成规定的任务。故障往往是由于某种缺陷不断扩大经由异常状态后进一步发展而形成的,但故障并不意味着失效。

发动机的状态是由其内在的本质和外在环境条件共同决定的,由于内在品质和外在环境的变化,必然导致发动机状态的变化。如果允许发动机一直使用下去,那么发动机随着使用时间的增加必然会出现从正常状态经历异常状态、而后发展为故障状态的演变过程。但是,根据现行的管理体制,实际上大多数发动机并未发展到异常状态或故障状态就进行了预防性维修,甚至已经退役。

由于理论和技术的限制以及状态划分本身的模糊性,对发动机的基本状态的认识可能存在着主观和客观上的差别,这种差别在理论上讲是无法完全消除的,所以既存在着发生各种等级事故的可能性和必然性(即主观认为发动机处在正常状态,而客观上发动机已经处在故障状态,仍然在继续使用),同时也存在着大量的过度维修现象(即主观认为发动机处在或将处在故障或异常状态,而客观上发动机尚处在正常状态,就进行了发动机的维修、更换甚至大修)。从某种意义上讲,状态监控与故障诊断的工作就是要尽可能地减小这种差别。

1.5.2　状态量(状态参数)

能够表征并区分发动机技术状况的各种连续的或离散的可测参数均可以称为状态量或状

态参数(一般在基本理论中称为状态量,在实施技术、装备中称为状态参数)。通常,这些参数中既包括了发动机的各种工作参数,也包括了专门的监控参数,例如发动机的转速、排气温度、振动、叶片裂纹尺寸等。即使对于同一个型号的发动机,由于个体差异和使用的差异,状态量随着发动机的使用将形成一个连续或离散的随机(时间)变化过程,利用测量、记录设备(仪器)得到的这个随机过程的图形称为机械图像。在状态监控与故障诊断工作中将所有使用的状态量的集合称为状态向量。在实际应用中,由于使用的诊断和监控的方法不同,通常只选择使用状态向量的一个特定的子集。

1.5.3　故障的分类

根据故障的特点可以从以下几个方面进行分类。按故障形式可分为结构型故障(如裂纹、磨损、腐蚀、不平衡、不对中等)与参数型故障(如失速喘振、共振、超温等);按故障危险程度可分为危险性的与非危险性的;按故障的发展速度可分为渐发性的(能通过早期试验或测试来预测的故障)与突发性的(不能靠早期试验或测试来预测的故障);按故障影响程度可分为局部性的(导致某些功能丧失,但不会引起所需功能的全部丧失)与全局性的(完全丧失所需的功能);按故障持续时间可分为临时性的与持续性的;按故障的原因可分为先天性的、劣化性的与滥用性的;按故障预防的角度可分为随机故障和可预测故障;按故障征兆的特点可分为征兆可观测和不可观测;在可靠性研究中可分为早期(致命)性、偶发性及随机性故障。显然,人们特别注意的故障是危险性、突发性、全局性和持续性的故障,因为它们往往会造成灾难性的损失,比较难以防范。

1.6　发动机健康管理(EHM)系统简介

1.6.1　发动机健康管理的基本概念

目前,国外先进飞机的状态监控与故障诊断系统已经结合结构寿命管理技术而发展为健康管理(Health Management,HM)系统。

发动机健康管理(Engine Health Management,EHM)是指利用传感器获取发动机状态的数据信息,借助各种传统的和现代的数学方法来评估发动机及各系统的健康状态,预测发动机性能状态的发展趋势和可能发生的故障,并提供科学和恰当的排故和维修建议;在结构载荷监测的基础上,对发动机在保证工作安全条件下的剩余使用寿命进行预测。

发动机健康管理(EHM)是预测和健康管理(Prognostics and Health Management,PHM)技术在航空发动机领域的运用。系统的主要功能如下:

① 航空发动机可测参数的数据采集与处理;

② 测试系统及传感器自检及故障隔离(BIT);

③ 发动机重要参数超限警告;

④ 航空发动机状态监视及趋势分析;

⑤ 发动机常见和危险性故障诊断及故障隔离;

⑥ 发动机关键部件载荷统计和寿命评估;

⑦ 提供发动机地面维修决策和维护、修理建议。

目前,航空燃气涡轮风扇发动机是大型民用客机和运输机的主要动力。在多数航空发动机型号中,涡扇发动机的安全工作和可靠性等级都已经达到相当高的水平,使用和维修技术也已趋于稳定。但是,尽管发动机已经有了很高的可靠性,由于种种原因,发动机在飞行过程中仍偶有失效。而发动机在空中失效所产生的灾难性后果,仍然需要建立适当的状态监控程序,寻求适当的手段和方法,进一步提高发动机工作的可靠性,避免严重后果的发生。不久前法航的一架 A330 型飞机失事,造成 200 多人遇难,就再一次向人们敲响了警钟。

先进航空发动机技术更先进,系统也越来越复杂。为了同时保证性能的先进性、工作的可靠性和使用的经济性,会面临许多无法调和的矛盾。在整个飞机各系统中,发动机的运行成本和发动机的故障影响都占据很大的比重。

EHM 系统能够在保障可靠性及飞行安全的同时,降低使用、维修和故障影响带来的运营成本,有效缓解航空发动机高性能与低成本这一难以调和的尖锐矛盾,使高性能的发动机在保证安全的前提下,在经济上具有可承受性。因此,在航空发动机状态监控与故障诊断系统基础上,融合现代科学的先进技术发展而来的发动机健康管理系统应运而生。

多数故障情况下,在首次出现机械故障和完全破坏之间存在着一段显著的时间间隔。在其初始阶段,一个机械故障会诱发发动机飞行性能的少量损失,表现在发动机可测参数发生微小的变化,或在发动机滑油系统中产生金属屑末。状态监控技术利用这一段时间间隔收集有关的资料作为状态监控信息供航空公司营运者使用。此信息在发动机部件完全破坏前被诠释去鉴别发动机部件的状态,在部件失效前,通过有效的修理或更换,像空中发动机失火或发动机空中停车(IFSD)这样的严重事件就可以避免。这是采用机载状态监控和健康管理系统,预知和化解故障,提高航空发动机工作的可靠性的科学依据。

发动机健康管理是在传统的发动机状态监视、故障诊断的基础上发展而来的。在提升故障诊断准确性的基础上,进一步提出了故障的预测能力,增加了寿命管理能力,并进一步与飞机上的综合信息系统融合,互为补充。EHM 系统综合利用计算机技术、信息技术、人工智能等学科的研究成果产生的各种新的解决方案,对发动机可测参数提供的信息进行获取、处理、特征提取、辨识和融合,采取积极主动的方式监视发动机的健康状态,预测发动机性能变化趋势、部件故障发生的可能性和剩余使用寿命,通过提供恰当的维护和修理建议来减缓发动机的性能衰退、失效的过程,避免部件故障引发的意外事件。

1.6.2　国内外相关技术的研究概况、水平和发展趋势

早在 2000 年，PHM 技术就被列入美国国防部的《军用关键技术》报告中。美国国防部最新的防务采办文件将嵌入式诊断和预测技术视为降低装备全寿命费用和实现最佳战备完好性的基础，进一步明确确立了 PHM 技术在实现美军装备完好性和经济可承受性方面的重要地位。

在航空方面，美国在高性能涡轮发动机综合技术（IHPTET）计划成功结束后，美国国防部、能源部、NASA 和工业界联合发起了多用途经济可承受先进涡轮发动机（VAATE）计划。该计划的目的是在提高发动机性能的同时改善发动机的经济可承受性，即降低发动机的寿命期费用。在该计划采用的众多新技术中，EHM 被视为支柱技术进行重点研究开发。同时，在由美国海军发起，波音公司牵头，包括夏威夷大学、Referentia 系统一体化公司及 Impact Technologies 公司参与的综合飞机健康管理（IAHM）计划和 NASA 的航空安全计划（AVSP）下的综合飞行器健康管理（IVHM）项目中，EHM 都占有非常重要的地位。由此可见，EHM 在研制高性能、低成本的先进发动机中占有非常重要的地位。实施 EHM 已经成为缓解发动机向高性能、低成本这两个相互矛盾的方向发展的不可或缺的途径。

从上述计划的相关资料看，目前国外的 EHM 已经发展到工程验证阶段，许多技术已经在C—17，F/A—18 等平台上进行过验证演示，并且表明实施 EHM 能够显著提升发动机的性能，降低发动机的使用、维修保障费用，提高发动机的可靠性和安全性。

在民机领域，美国波音公司已经将具有健康管理功能的"飞机健康管理"系统（AHM）应用于美、日、法等多个国家的 15 家航空公司的大型客机和运输机上，如 B777，B747—400，A320，A330，A340 等。据估计，采用 AHM 系统可以使航空公司节省 25％ 的因航班延误和取消而导致的费用，并支持机队管理中的长期可靠性计划的实现。

目前，国内对 EHM 的研究刚刚起步，基本处在跟踪国外技术和概念探索研究阶段，但是国内的许多单位和专家学者已经意识到开展 EHM 研究的重要意义和可以带来的巨大收益，对于 EHM 的基本概念和研究范围等已经明确，并在这个领域做了大量的工作，取得了丰富的成果。

1.6.3　发动机健康管理的主要研究内容

国内的技术水平与国外相比尚有相当大的差距，要使我国的发动机水平不被拉开更大的差距，必须进一步开展对 EHM 的研究，及时追踪国外大型运输机维修保障的先进理念和方法，研制符合我国装备技术水平和具有自主知识产权的机载发动机健康管理技术及设备，为在下一代先进飞机上的应用提供研制经验和技术装备，保证飞机在性能上的先进性、工作的可靠性和使用的经济性。EHM 技术的研究需要在以下几个方面开展。

1. 机载发动机健康管理系统的技术标准

标准的制定是技术装备发展的前提，是提高技术水平，减少失误、少走弯路的重要保障。

机载发动机健康管理系统的技术标准包括总体模块结构设计、功能设计、性能指标设计、可靠性设计、维修性设计、信息安全设计等方面的内容。

2. 发动机故障研究

在广泛收集故障信息资料的基础上，进行故障模式研究、安全性分析、故障数据统计规律研究，并对故障处置方法的难度进行分析评估，为后面的维修保障决策提供参考。

3. 智能化发动机故障诊断算法的工程应用研究

目前已有的并在国外大型飞机上使用的诊断方法很多，如：趋势分析技术、发动机状态诊断算法（也叫故障方程法）、指印图法、振动诊断算法及滑油屑末分析技术等。正在发展的有模糊模式识别方法、人工神经网络方法等。但是，要把这些算法由理论转变成实际工程应用，并非易事，还需要解决很多工程实际问题。

4. 发动机状态及寿命评估技术研究

把目前结构寿命评估的经验运用于发动机的寿命评估，探寻能代表发动机部件载荷和应力循环的特征参数，把地面采用的可靠性寿命评估方法移植到机载设备上去。

5. 发动机健康管理系统综合技术设计

发动机健康管理系统是多功能和多种诊断与预测算法共存的系统，所以系统的综合性设计非常重要。如诊断策略的逻辑决断和解决方案的优化等。

6. 机载发动机健康管理系统硬件设计

需要解决功能需求分析、CPU 选型、维修性要求、电源管理、热管理、抗振及电磁防护，还有相应的实验技术等问题。

思 考 题

1. 发动机故障诊断学的研究对象和主要任务是什么？
2. 简述发动机状态监控和故障诊断学的基本体系。
3. 什么是发动机的可监控性？
4. 航空发动机监控系统是怎样组成的？主要有哪些监控参数？

5.发动机监控系统的短期能力、中期能力和长期能力各有哪些?将产生哪些效益?

6.发动机性能参数录取的基本要求是什么?

7.简述什么是"状态"和"状态量"。

8.什么是传统维修方式和现代维修方式?

9.试论发动机状态监控与故障诊断技术和维修方式变革之间的关系。

10.根据已有的知识,列举航空发动机的实际故障,并指出其所属的故障类型。

11.发动机健康管理与以往的状态监控相比有哪些变化?

第 2 章   发动机状态诊断

发动机状态诊断方法又称故障方程法,是基于发动机热力状态方程的故障诊断方法,是气路分析方法之一。它包含两方面的意义:一是它所采用的故障诊断算法是故障方程法,即它要根据发动机的气动热力学模型及故障建立发动机的故障方程并求解;二是它的应用对象是与发动机热力性能有关的部件(即气路部件)。发动机状态诊断方法要涉及发动机的特性方程、故障模型和故障样本,是进行发动机故障诊断的重要方法,也是最具特色的方法之一。

实施发动机状态诊断的前提条件是:

① 已知发动机的原始数学模型并能够据此建立发动机的故障方程;

② 已知发动机测量参数数值。

发动机状态诊断的适用范围是:

① 对于发动机测量参数数值有明显影响的故障;

② 测量参数的测量误差和数据处理误差在合理范围之内。

发动机的状态诊断主要适用于发动机稳态的气路分析(部件性能分析),但是从状态诊断的基本原理来说,它并不仅限于气路分析。

状态诊断的基本假设:

① 在不同时间(彼此之间不是相隔太远),同一状态、同一试车或运行条件下所测量的同一个具体发动机样本的参数,在发动机正常工作条件下始终是不变的。因而该参数的变化就代表了发动机的某种故障状态。

② 发动机状态诊断是建立在故障方程的基础之上的,因此状态诊断的可靠性取决于故障方程的准确性。

③ 发动机测量参数(征兆量)的测量误差以及数据处理误差(基线误差、数据平滑误差、初始值的误差等)应在合理的范围之内。

④ 对于基于发动机小偏差故障方程的状态诊断,假设发动机故障引起的性能参数变化都是属于小偏差范围内的。基于经验故障方程的状态诊断可允许故障的偏差值较大,但要求实际故障与建立故障方程所依据的故障样本的故障严重程度相差不远。

⑤ 本书所讨论的发动机状态诊断方法仅仅是对发动机的稳态工况而言的。

2.1　发动机状态诊断概述

2.1.1　故障信息的传递过程

发动机实际故障与部件性能和可测参数之间的关系如图 2-1 所示。

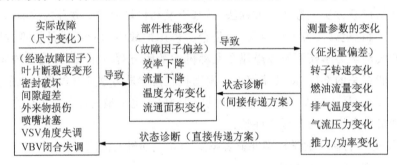

图 2-1　发动机故障诊断的信息传递

由图 2-1 可见：发动机零、部件的物理故障(叶片断裂、变形、外来物损伤,喷嘴堵塞,可调导向叶片或放气活门偏离预定位置等)常表现为发动机机件的尺寸变化,而发动机机件的尺寸变化将导致部件性能恶化,部件性能的恶化会引起发动机的性能衰减,如转速、燃油流量、排气温度和功率输出的改变,即使发动机的可测量参数发生变化。发动机的性能退化(可测量参数的变化)则是发动机这种故障状态的特征。因此,利用发动机可测参数的异常变化与发动机实际物理故障之间的内在联系,可以作为发动机故障诊断的依据。

2.1.2　基本原理

设被测对象全部可能发生的状态(包括正常状态和故障状态)组成状态空间,它的可测量特征的全部可能取值范围形成特征空间。当系统处于某一状态 S 时,它将具有确定的特征 Y,即存在映射 g:

$$g:S \to Y$$

反之,一定的系统特征也对应确定的状态,即存在着映射 f:

$$f:Y \to S$$

如果 f 和 g 是双射函数,即特征空间和状态空间存在一对一的映满的映射,则由特征空间可以唯一地确定系统的状态。因此,可以根据可测量的特征向量判断系统处于何种状态。映射 g 可以由系统的故障原理和相应的理论求得。故障诊断的任务就是找到映射 f,即根据发动机的性能确定发动机的几何尺寸和部件特性。

2.1.3　基本方法

状态诊断根据不同的故障信息传递途径而有以下两种主要方法。

1. 间接方案

根据发动机可测参数的变化确定发动机的部件性能,再根据发动机的部件性能最终达到故障定位,称为间接方案。这是基于小偏差故障方程的状态诊断的基本原理。

2. 直接方案

由发动机性能参数的变化直接判断发动机的物理故障,称为直接方案。这是基于经验故障方程的状态诊断的基本原理。

2.1.4　基本步骤

基于小偏差故障方程的发动机状态诊断的基本步骤如下:

1) 确定被诊断对象,测量参数以及状态诊断的参考工况。

2) 建立故障方程:

① 建立正常状态的原始数学模型;

② 引入故障因子,建立故障状态的数学模型;

③ 对所得数学模型进行线性化处理,得出线性化故障方程。

3) 求状态量偏差:

① 建立征兆量换算参数的基线,即同一类型发动机正常状态下的征兆量换算参数随发动机工作状态和外部条件的平均变化关系式。

② 建立征兆量换算参数偏差的初值,即在某一工况下,每一台发动机在正常状态下的征兆量换算参数与相应的基线的差值。

③ 录取征兆量数据,并记录对应的发动机工况的外部条件。

④ 计算征兆量偏差:

　　a. 计算征兆量的换算参数;

　　b. 计算对应于实际工况和外部条件的基线值;

　　c. 计算征兆量偏差,即用换算参数减去相应的基线值;

　　d. 对所得到的各个航班的征兆量偏差进行数据平滑处理;

　　e. 求得所需的征兆量偏差,即将平滑处理后的征兆量偏差减去它的初值。

4）求解故障方程。

5）对计算结果进行分析。

2.1.5　状态诊断的基本概念

1. 状态与故障

所谓状态也就是发动机的技术状况,通常发动机的基本状态分为正常状态、异常状态和故障状态。

当发动机或其子系统的功能指标或物理指标均处在规定的范围之内时称为正常状态。处在正常状态的发动机一般没有缺陷或缺陷在允许范围之内,这时发动机可以正常地完成规定的任务。

异常状态通常是一个相对的状态,这时发动机或其子系统的功能指标或物理指标相对其标准数值发生了较大的偏差,但仍处在规定的范围之内,例如发动机推力下降、振动量增加等,这时发动机尚可以完成规定的任务。

当发动机或其子系统的功能指标或物理指标低于规定最低限制值时则称为故障状态。故障并不意味着失效,但这时发动机已经无法完成规定的任务。一般来说,故障的范畴可以包括以下内容:

① 引起发动机立即丧失其功能的破坏性事件;

② 与降低发动机性能相关联的事件;

③ 由于环境条件恶化或人为因素使发动机偏离正常状态的事件。

2. 状态量和状态向量

能够表征并区分发动机技术状况的各种连续的或离散的可测量参数均可称为状态量或状态参数(一般在基本理论中称为状态量,在实施技术中称为状态参数)。通常,这些参数既包括了发动机的各种工作参数,也包括了专门的监控参数,例如发动机的转速、排气温度、振动量,甚至叶片的裂纹尺寸等。一般将各部件特性方程中的因变量称为状态量,其他变量称为工作参数。

在状态监控与故障诊断中,将使用的所有状态量的集合称为状态向量。在实际应用中,通常根据需要只选择使用状态向量的一个特定的子集。在发动机故障诊断中通常也不直接使用状态量的测量值,而是使用它的换算参数或换算参数与该参数的设计值的差值。

状态量应满足以下要求:

① 状态量是可以测量的,且比较容易测量;

② 状态量的测量误差和数据处理误差应显著小于故障所引起的变化范围;

③ 应可以反映发动机的状态变化,即当发动机发生某种故障时,应当有显著的变化,一般说来,燃油流量和排气温度是两个最有价值的状态量;

④ 应能对发动机不同的故障状态有不同的反映,即发动机的不同状态不应导致状态量的成比例变化;

⑤ 数目应不小于最小数量要求,即状态诊断的基本要求。

状态量可分为两类:简单状态量和复杂状态量。只含一个自变量的状态量称为简单状态量,否则为复杂状态量。在状态诊断中,应尽可能使用简单状态量。

典型的状态量有发动机的高、低压转子转速(n_1、n_2),排气温度(EGT)和燃油流量(FF)等。

3. 特征量和故障因子

特征量是指在状态诊断中需要分析的发动机的部件特性参数或几何参数,如压气机(风扇)效率、压气机(风扇)可调整流叶片角度和涡轮导向器面积等。在这里特征量通常是不可测量的(针对限定的研究对象),也就是未知数。而特征量的确定意味着发动机部件特征的确定。故障因子是表征发动机部件故障状态的变量,其数值是故障严重程度的定量估计。故障因子可以从特征量引出,也可以直接根据故障定义。

每一个部件的某个特性因为故障而发生的变化都可以用一个相应的故障信息变量来表征,这个故障信息变量就叫故障因子。

为进行故障诊断,每一个部件的每一个特性都应引入一个相应的故障因子,因而发动机状态诊断问题可以归结为根据测量参数和故障方程来对故障因子的求解问题。

2.2　故障方程

发动机状态诊断就是要根据被诊断系统的故障方程进行故障辨识。所以,建立发动机的故障方程是进行故障诊断的前提。所谓故障方程就是系统的可测性能的变化 Δy 与引起这些变化的系统内部状态(故障因子)的变化 Δx 之间的关系式。故障方程可以分为小偏差故障方程和经验故障方程两大类,两类方程的建立方法有较大的区别。下面,将通过理论和实例说明故障方程的基本概念和建立故障方程的方法。

2.2.1　发动机故障模型的建立与求解的一般原则

建立故障模型与求解的一般原则如下:

① 写出原始数学模型,确认出全部状态量,并且原则上应当给出每一个状态量的特性方程。对简单状态量和特性变化十分平缓的复杂状态量,可以不必给出其特性方程。对于一般情

况下的复杂状态量,如果不给出相应的特性方程,则只能得到相应复杂状态量的解而无法得到相应部件的故障因子的信息。

② 向每一个特性方程中引入一个第一类故障因子(特性线平移法引入故障因子),而对于简单状态量或特性变化十分平缓的复杂状态量,可以删除其特性方程而令相应的状态量为故障因子,即由原来的常数变为未知的变量(删除特性方程法引入故障因子)。这样得到的数学模型就是发动机的当量故障模型或简称为故障模型。但应注意,只要能确定某状态量的特性可能发生变化,就必须向特性方程中引入故障因子并把它变为当量故障特性,而删除特性方程中相应的正常部件特性。

③ 为求解所得到的故障模型,必须从数学模型的变量中选定测量参数(征兆量)。测定参数的具体选择可以是任意的,但是其个数不应少于当量故障方程与被删除的特性方程的个数之和。对于严格意义上的建立故障模型的方法,测量参数的数目不应少于故障因子的数目(参看 2.2.3 节)。

2.2.2 发动机的原始数学模型

建立发动机故障方程的过程可概括为 3 步:建立正常状态下发动机的原始数学模型;引入故障因子,建立故障状态的数学模型;对所得数学模型进行线性化处理,得出线性化故障方程。

发动机原始数学模型就是通过发动机理论和试验建立起来的发动机部件的性能参数和几何参数与发动机的可测量参数之间的数学关系。一般地说,发动机原始数学模型(正常状态的数学模型)的关系式是由以下 4 部分条件构成的:

① 发动机的部件特性关系式(简称部件特性);
② 发动机的部件匹配关系式(热力学关系式);
③ 发动机的外部条件;
④ 发动机的控制条件。

发动机原始数学模型的一般形式为

$$\psi(\boldsymbol{Y}, \boldsymbol{X}, \boldsymbol{S}) = 0 \tag{2.1}$$

或

$$\varphi(\boldsymbol{Z}) = 0 \tag{2.2}$$

式中:$\boldsymbol{Y}$ 为 p 维发动机的状态向量;$\boldsymbol{X}$ 为 q 维特征向量,包括气动热力参数类和几何参数类的特征向量;$\boldsymbol{S}$ 为 k 维控制向量,即确定发动机工作条件的参数向量,包括发动机本身的调节规律,油门杆位置和外部条件(Ma 和 H);$\boldsymbol{Z}$ 为由 $\boldsymbol{Y}$、$\boldsymbol{X}$ 和 $\boldsymbol{S}$ 的各参数组成的 t 维向量,$t = p + q + k$。

对于给定的工作点而言,向量 $\boldsymbol{S}$ 实际上是一个常数向量,这时数学模型即表述了发动机特征向量和状态向量之间的关系。通常是根据特征向量来确定状态向量,即根据部件特性和几何尺寸来计算发动机性能,而在发动机状态诊断中则是根据状态向量来判断特征向量。

[**例 2.1**]　单轴涡轮喷气发动机的原始数学模型。

压气机效率特性($n =$ 常数)

$$\eta_c^* = 0.561\,7 + 0.038\,25\pi_c^* + 0.001\,116(\pi_c^*)^2 \tag{2.3}$$

压气机流量特性($n =$ 常数)

$$q_m = 98.00 + 4.500\pi_c^* - 0.361\,1(\pi_c^*)^2 \tag{2.4}$$

涡轮效率特性($n =$ 常数)

$$\eta_T^* = 0.910\,0 \tag{2.5}$$

第一级涡轮导向器临界截面面积特性

$$A_T = 0.072\,325\ \text{m}^2 \tag{2.6}$$

压气机进出口截面参数关系

$$T_2^* - T_1^* = T_1^*\left[(\pi_c^*)^{m_a} - 1\right]/\eta_c^* \tag{2.7}$$

压气机与涡轮之间的连续方程(假设涡轮导向器出口截面临界)为

$$q_m = K\sigma_B p_1^* \pi_c^* A_T/(T_3^*)^{0.5} \tag{2.8}$$

压气机与涡轮之间的功率平衡:

$$c_{pa}T_1^*\left[(\pi_c^*)^{m_a} - 1\right]/\eta_c^* = c_{pg}T_3^*\left[(\pi_T^*)^{-m_g} - 1\right]/\eta_T^*\,\eta_m \tag{2.9}$$

上式也可以简写为

$$c_{pa}(T_2^* - T_1^*) = c_{pg}(T_3^* - T_5^*)\eta_m \tag{2.9a}$$

涡轮进出口截面参数关系为

$$T_3^* - T_5^* = T_3^*\left[1 - (\pi_T^*)^{-m_g}\right]\eta_T^* \tag{2.10}$$

燃烧室能量平衡为

$$q_m c_p(T_3^* - T_2^*) = \eta_B q_f H_u \tag{2.11}$$

涡轮与尾喷口之间的连续方程(假设尾喷管出口截面临界)为

$$\pi_T^* A_T/(T_3^*)^{0.5} = A_E/(T_5^*)^{0.5} \tag{2.12}$$

式中:η_c^* 为压气机效率;η_T^* 为涡轮效率;η_m^* 为涡轮轴传动的机械效率;η_B 为燃烧效率;σ_B 为燃烧室总压恢复系数;π_c^* 为压气机增压比;π_T^* 为涡轮落压比;q_m 为空气流量;q_f 为燃油流量;H_u 为低热值;A_T 为第一级涡轮导向器临界截面面积;A_E 为发动机尾喷管出口截面面积;T_1^* 为发动机进口截面总温;p_1^* 为发动机进口截面总压。

$$c_p = \frac{c_{pa} + c_{pg}}{2},\quad m_a = \frac{\gamma_a - 1}{\gamma_a},\quad m_g = \frac{\gamma_g - 1}{\gamma_g}$$

式中:γ_a、γ_g、c_{pa} 与 c_{pg} 分别代表空气与燃气的等熵指数和定压比热容。

下标 1、2、3 和 5 分别代表压气机进口、出口、燃烧室进口和涡轮出口。

另外,还有燃烧效率特性、燃烧室流阻特性、尾喷管出口截面面积特性三个部件特性,发动机进口截面总温、发动机进口截面总压两个发动机的外部条件和一个控制条件($n =$ 常数或 EPR = 常数)没有一一列出,但式(2.3)和式(2.4)已经利用了 $n =$ 常数这一条件,不必另列。

在以上原始数学模型中,一共有 10 个方程,其中共包含 10 个未知参数,即:η_c^*、π_c^*、π_T^*、T_2^*、T_3^*、T_5^*、q_m、q_f、η_T^* 和 A_T。这 10 个未知参数都可以由方程组解出。

2.2.3　发动机的故障模型

1. 发动机故障模型的意义

发动机状态诊断的目的在于判断发动机是否处于故障状态以及故障的严重程度。而对于发动机状态诊断问题而言,发动机的故障状态指的是发动机某个或某些部件的某个或某些特性发生了变化,这时描述发动机状态的数学模型也随之改变。发动机的故障模型即描述发动机故障状态的数学模型。在故障状态下,发动机各部件的正常特性将不再成立,发动机状态诊断的任务就归结为确定发动机各部件的特性变化。因此,为进行状态诊断,必须建立发动机的故障模型。

2. 发动机故障模型

下面利用特性线平移法来建立发动机的故障模型。

所谓用特性线平移法建立发动机故障模型,就是在发动机各正常部件特性中加上一项平移项,这个平移项称为故障因子。而加有故障因子项的部件特性称为部件的当量故障特性。将各部件特性"改造"为当量故障特性之后的发动机数学模型称为发动机的当量故障模型,简称为故障模型。建立故障模型的过程就是向正常部件特性中引入故障因子的过程。

设发动机某部件的某个正常特性为

$$x = x^0(z) \tag{2.13}$$

式中:$z = [z_1, z_2, \cdots, z_k]^T$ 为特性方程中的工作参数向量;而上标"0"表示正常状态。那么相应的故障特性将是:

$$x = x^0(z) + \tilde{x} \tag{2.14}$$

式中:$\tilde{x}$ 就称为故障因子。

[例 2.2]　对于由式(2.3)～式(2.12)组成的发动机原始正常模型,可以写出当量故障模型为

$$\eta_c^* = 0.561\,7 + 0.038\,25\pi_c^* + 0.001\,1116(\pi_c^*)^2 + \tilde{\eta}_c^* \tag{2.15}$$

$$q_m = 98.00 + 4.500\pi_c^* - 0.361\,1(\pi_c^*)^2 + \tilde{q}_m \tag{2.16}$$

$$\eta_T^* = 0.910\,0 + \tilde{\eta}_T^* \tag{2.17}$$

$$A_T = 0.072\,325\ \text{m}^2 + \tilde{A}_T \tag{2.18}$$

$$T_2^* - T_1^* = T_1^*[(\pi_c^*)^{m_a} - 1]/\eta_c^* \tag{2.19}$$

$$q_m = K\sigma_B p_1^* \pi_c^* \tilde{A}_T/(T_3^*)^{0.5} \tag{2.20}$$

$$c_{pa} T_1^* \left[(\pi_c^*)^{m_a} - 1 \right] / \eta_c^* = c_{pg} T_3^* \left[(\pi_T^*)^{-m_g} - 1 \right] / \widetilde{\eta}_T^* \, \eta_m \tag{2.21}$$

或

$$c_{pa} (T_2^* - T_1^*) = c_{pg} (T_3^* - T_5^*) \eta_m \tag{2.21a}$$

$$T_3^* - T_5^* = T_3^* \left[1 - (\pi_T^*)^{-m_g} \right] \widetilde{\eta}_T^* \tag{2.22}$$

$$q_m c_p (T_3^* - T_2^*) = \eta_B q_f H_u \tag{2.23}$$

$$\pi_T^* \, \widetilde{A}_T / (T_3^*)^{0.5} = A_E / (T_5^*)^{0.5} \tag{2.24}$$

发动机正常模型改造成故障模型之后,未知变量的数目将有所增加。所增加的未知数的个数等于发动机原始模型中所含的部件特性的个数,也即所引入的故障因子的个数 n。因此,为求解故障模型,必须补充若干条件,其个数 m 不应小于故障因子的个数 n。补充条件的方法就是对发动机原始数学模型中的 m 个未知变量进行测量,使这些参数成为已知数,从而补充 m 个已知条件。这些测量参数又称为征兆量。

2.2.4　故障因子

发动机状态诊断的目的在于判断发动机是否处于故障状态以及故障的严重程度。而发动机故障状态的特征是部件特性的变化,因此发动机状态诊断的任务就归结为确定发动机各部件特性的变化。

前面已经提到故障因子的概念。每一个部件的某个特性因为故障而发生的变化都可以用一个相应的故障信息变量来表征,这个故障信息变量就称为故障因子。为进行故障诊断,每一个部件的每一个特性都应引入一个相应的故障因子。

故障因子的定义可以有两种表述方法。

第 1 种:可以定义为部件特性的平移,亦即

$$x = x^0(z) + \widetilde{x} \tag{2.25}$$

或

$$\widetilde{x} = x(z) - x^0(z) \tag{2.25a}$$

将特性线平移称为第一类故障因子。

第 2 种:故障因子又可定义为发动机在实际状态下的状态量偏差与工作点位移之差,又称为状态偏差的故障分量,亦即

$$\Delta \widetilde{x} = \Delta x - \Delta \bar{x} \tag{2.26}$$

式中:Δx 为状态量偏差,$\Delta x = x(z) - x^0(z^0)$;$\Delta \bar{x}$ 为发动机工作点沿部件正常特性线的位移,称为工作点位移,$\Delta \bar{x} = x^0(z) - x^0(z^0)$,它通常是在部件本身特性正常时,由于其他特性变化而引起的;z 为状态参数向量,$z = [z_1, z_2, \cdots, z_k]^T$。

将 $\Delta \widetilde{x} = \widetilde{x} - \widetilde{x}^0$ 称为第二类故障因子。

而

$$\Delta \widetilde{x} = \Delta x - \Delta \bar{x} = x(z) - x^0(z^0) - \left[x^0(z) - x^0(z^0) \right] = x(z) - x^0(z)$$

比较式(2.25a)可见,$\Delta\tilde{x} = \tilde{x}$。所以 $\Delta\tilde{x}$ 与 $\tilde{x}$ 本质上是等同的,可以不加区别。

Δx、$\Delta\bar{x}$ 与 $\tilde{x}$ 之间的关系如图 2-2 所示。

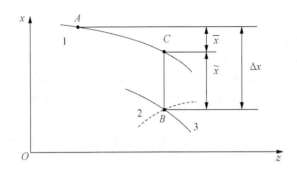

图 2-2　复杂状态量的工作点位移和特性线平移

图中:

　　　　曲线 1　$x = x^0(z)$——正常特性;

　　　　曲线 2　$x = x(z)$——故障特性(虚线);

　　　　曲线 3　$x = x^0(z) + \tilde{x}$——当量故障特性。

按"平移法"建立的部件特性称为当量故障特性,它不是部件的真实故障特性。每一个部件的每一个因故障引起的特性变化都可以用一个相应的故障因子表征;故障因子可以从特征量引出,也可以直接定义;引入故障因子后,故障诊断问题就归结为根据测量参数和故障方程来对故障因子求解问题。

2.2.5　建立故障方程

在 2.2.3 小节中讨论了建立发动机故障模型的基本方法。将发动机非线性的故障模型线性化,即将发动机特征量和状态量之间的关系转变为线性关系,就成为线性的故障方程。

在引入 n 维故障因子向量 $\tilde{x}$ 以后,可以将发动机的故障模型改写为

$$\psi(\boldsymbol{Y},\boldsymbol{X},\boldsymbol{S}) = f(\tilde{x}) \tag{2.27}$$

或

$$\varphi(\boldsymbol{Z}) = f(\tilde{x}) \tag{2.28}$$

该故障模型是非线性的。对于比较简单的故障模型来说,可以直接求解,进行状态诊断。但是一般来说,实际发动机的非线性数学模型往往是非常复杂的,能够直接给出解析形式方程已十分少见,直接求解就更为困难。所以,要将发动机非线性的故障模型线性化,即将发动机特征量和状态量之间的关系转变为线性关系,建立便于求解的线性故障方程。

对非线性故障模型的线性化可以利用两种方法进行。一种是解析线性化方法,这种方法虽

然理论上比较简单,即在工作点处对故障模型进行微分,再由差分代替微分即可,但具体操作却相当繁琐,现在已经很少采用。另一种是数值线性化方法,目前使用广泛。在此着重讨论后一种方法。

1. 故障方程的定义

故障方程是以故障因子为自变量,以其他变量(征兆量或状态量或工作参数)偏差为响应的线性模型,并将满足这种定义的故障方程特别称为标准故障方程。如不加说明,故障方程均指标准故障方程。

故障方程的矩阵形式为

$$\delta \boldsymbol{y} = \boldsymbol{A} \delta \tilde{\boldsymbol{x}} \tag{2.29}$$

式中:$\delta \boldsymbol{y} = \Delta \boldsymbol{y}/\boldsymbol{y}^0$ 为 $m \times 1$ 相对响应向量(其分量为征兆量或状态量或工作参数的相对偏差);$\delta \tilde{\boldsymbol{x}} = \Delta \tilde{\boldsymbol{x}}/\boldsymbol{x}^0$ 为 $n \times 1$ 故障因子相对偏差向量,而 $\boldsymbol{A} = (a_{ij})$ 为 $m \times n$ 矩阵,称为故障系数矩阵或影响系数矩阵,a_{ij} 称为故障系数或影响系数。

故障系数的定义:当故障方程中某一个故障因子 $\tilde{x}_j$ 变化一个单位,而其他故障因子 $\tilde{x}_k(k \neq j)$ 不变时,响应 y_i 的变化量。

发动机的小偏差故障方程是对发动机故障模型进行线性化处理而得到的。在引入了故障系数的概念以后,建立小偏差故障方程的问题实际上就是确定故障系数矩阵的问题。

2. 用数值线性化方法建立小偏差故障方程

① 写出原始非线性模型;
② 对于发动机的正常参考状态,算出各个响应$(y_i)^0$ 值,上标"^{0}"表示正常状态;
③ 利用线性平移法引入故障因子,得出非线性当量故障模型;
④ 计算故障系数。
• 理论公式

$$a_{ij} = \frac{(x_j)^0}{(y_i)^0} \frac{\partial y_i}{\partial \tilde{x}_j}$$

• 差分公式

令其他特性不变(故障因子为零),对于某一个故障因子 $\tilde{x}_j$,按下式给定一个信号增量的"正增量":

$$\tilde{x}_{j+} = D(x_j)^0$$

代入非线性当量故障模型,可以求得一组 y_{j+} 值。式中,D 为变化尺度,通常取为 0.01。注意,式中右边的$(x_j)^0$ 是正常状态下的状态量的数值,而不是该状态下的故障因子之值。

然后,再按下式给定一个信号增量的"负增量":

$$\tilde{x}_{j-} = -D(x_j)^0$$

代入非线性当量故障模型,可得到一组 y_{i-} 值,则故障系数为

$$a_{ij} = \frac{(x_j)^0}{(y_i)^0} \frac{y_{i+} - y_{i-}}{2D(x_j)^0} = \frac{y_{i+} - y_{i-}}{2D(y_i)^0} \tag{2.30}$$

3. 几个问题的说明

(1) 故障因子增量的计算方案

一种方案是上述步骤中故障因子的增量方向取为正负两个方向,这种方案称为双向变化方案。可以证明,当原始非线性模型在 (y^0, x^0) 点附近为抛物线时,按上述方法求出的故障系数的误差为零。如果原始非线性模型在 (y^0, x^0) 点附近不是抛物线,则所得的故障系数将有一定的误差。但是双向变化方案的计算误差受变化尺度的影响较小。

另一种方案是只计算故障因子在一个方向的增量(通常取为正增量),这种方案称为单向变化方案。单向变化方案得出的故障系数在很大程度上取决于变化尺度的选取,并且由线性化引起的误差与增量的符号很有关系,故障系数的使用范围是不对称的。

(2) 变化尺度 D 的取法

故障系数的计算值的误差与变化尺度 D 的数值有关。适当减小 D 值可以减小方法误差。但当某些响应的数值小到与计算机的计算精度为同一数量级时,会引起故障系数的很大误差。最有利的 D 值可以这样确定:当 D 值在这一数值附近的一定范围内变化时,对故障系数的数值基本上没有影响。

2.2.6 建立经验故障方程

这里只讨论利用发动机的故障样本建立经验故障方程的方法。在无法获得被诊断对象的理论数学模型时,或者当已掌握有较充分和可靠的故障样本(故障经验数据)时,可以利用经验故障样本建立故障方程。这种方法与小偏差故障方程的根本区别在于:经验故障方程是以发动机故障本身作为故障因子,而不是以部件性能参数的变化作为故障因子的。发动机的每种故障状态(例如高压涡轮叶片断裂),都对应一定的故障类型以及一定的故障严重程度。故障因子就是根据这种类型和程度的数值化定义的。再以该故障所引起的发动机可测参数的变化作为状态量偏差,就可以建立起故障方程,这种故障方程称为经验故障方程。

1. 经验故障方程的基本原理

① 从发动机状态诊断的信息传递方案上说,经验故障方程与小偏差故障方程的区别在于,前者属于直接传递方案(不经过发动机部件性能参数),而后者属于间接传递方案(经过发动机附件性能参数的中间环节)。

② 从建立故障方程所依据的原始信息的来源上说,经验故障方程与小偏差方程的区别在

于,后者所依据的是发动机部件匹配的理论关系式,而前者所依据的是发动机故障信息的经验数据。

③ 经验故障方程与利用单因子试验方法建立的故障方程的区别主要在于,所利用的经验数据是发动机的故障样本,而不是专门进行的发动机单因子故障模拟试验的结果。

2. 经验故障方程的特点

① 这种方法不需要知道发动机部件匹配的理论关系式,也不需要进行专门的故障模拟试验,可以仅仅依靠已知的故障样本而建立故障方程。因此,只有注意积累一定数量的故障样本,就可以据此进行故障诊断而不需要特别的条件(如发动机的小偏差系数)或花费巨大的代价(如进行专门的单因子故障模拟试验)。

② 凡是故障会引起状态量的变化,就可以建立相应的故障方程,并据此进行故障诊断。因此,这种方法特别适用于发动机理论关系不易描述的故障类型的诊断(例如根据滑油中的金属屑含量进行机械故障的诊断等)。

③ 这种方法特别适用于常见故障的诊断。

④ 经验故障方程直接来源于发动机的故障样本,避免了很多误差因素的影响(如"二次偏差"的影响,测量误差的影响,数据换算和数据平滑的误差影响等),因此它的可靠性较小偏差故障方程为高。

⑤ 小偏差方程的故障因子是发动机部件性能和几何参数的个别分量(如压气机的效率和流量),而一个实际的故障可能影响到多个部件性能和对应于几个几何参数的同时变化,同时发生变化的故障因子数目越多,利用这种方法进行状态诊断就越困难。而对于经验故障方程而言,一种发动机的故障状态(无论实际的故障类型或部件性能和几何参数的数目如何)只对应一个故障因子,这将有利于故障诊断的实施。

⑥ 基于经验故障方程的故障诊断不要求故障必须属于小偏差范围,但要求实际故障程度应该与建立故障方程时所用的故障样本的严重程度相差不太远。

⑦ 基于经验故障方程的故障诊断方法有学习功能。在发动机的故障诊断过程中,对于新出现的故障,一旦确诊,便可以利用新得到的信息建立相应的经验故障方程,从而使故障诊断功能能够不断扩充和完善。

3. 建立经验故障方程的方法

设已知 n 个故障模式(故障类型), $\boldsymbol{x} = [x_1, x_2, \cdots, x_n]^{\mathrm{T}}$,又已知 m 个征兆量(可测量特性参数), $\boldsymbol{y} = [y_1, y_2, \cdots, y_m]^{\mathrm{T}}$,并且第 i 个征兆量与第 j 个故障模式之间的关系可用经验故障系数 a_{ij} 表示,可写出如下的经验故障方程:

$$\boldsymbol{y} = \boldsymbol{A}\boldsymbol{x} \tag{2.31}$$

式中:

$$a_{ij} = y_i/x_j \tag{2.32}$$

具体做法如下：

① 收集故障样本 $\Delta\tilde{x}_j$ 及 $\Delta\tilde{y}_j$。在一般情况下我们感兴趣的是单故障样本,即每个故障样本中只包括一种类型的故障,但无论是单故障样本还是多故障样本,一个故障样本只对应于一个故障因子。

② 对于一个故障因子 $\Delta\tilde{x}_j$,相应有一组状态量偏差值 $\Delta\tilde{y}_j$(含 m 个参数),即

$$\Delta\tilde{y}_j = [\Delta y_{1j}, \Delta y_{2j}, \cdots, \Delta y_{mj}]^T$$

③ 收集 n 个故障样本。n 个故障样本对应于 n 个故障因子 $\Delta\tilde{x}^*$,即

$$\Delta\tilde{x}^* = [\Delta\tilde{x}_1^*, \Delta\tilde{x}_2^*, \cdots, \Delta\tilde{x}_n^*]^T$$

每一个故障样本(对应于故障因子 $\Delta\tilde{x}_j^*$)又对应于一组(m 个)状态量偏差值,故有 n 组:

$$\Delta y_j^* = [\Delta y_{1j}^*, \Delta y_{2j}^*, \cdots, \Delta y_{mj}^*]^T = [a_{1j} \quad a_{2j} \quad \cdots \quad a_{mj}]^T \Delta\tilde{x}_j^*, \quad j=1\sim n$$

④ 计算 a_{ij}。对于 j 个故障样本有:

$$a_{ij} = \Delta y_{ij}^*/\Delta\tilde{x}_j^*, \quad i=1,\cdots,m \tag{2.33}$$

对于 $j=1,\cdots,n$ 个故障样本,便可分别求出 $m\times n$ 个故障系数 a_{ij}。

4. 故障因子的定量化

对于经验故障样本来说,故障模式以及故障征兆往往不是定量参数,而是故障的严重程度(如:火焰筒变形),即故障因子的定性估计;而有些发动机的故障状态(如:叶片断裂)虽然提供有定量信息(尺寸变化),但是这种信息很难作为故障信息定量表示。发动机还有些参数的数值过大或过小,与其他参数的数值不协调,有可能影响到数据模型的稳定性。这些问题就要用所谓的定性资料的定量化方法来解决。因此,要进行故障因子的定量化。

故障因子的定量化问题,可以参考采用如下的方法处理。

(1) 定性资料的定量化处理

对于任何一种故障状态可以人为地确定一个严重程度的定量估计 K_j(例如对于较轻的故障可定为 2%,对于较重的故障可以定为 4% 等)。应该指出,这种定量化方法虽然是人为的,并且并不严格地代表发动机部件的性能参数变化,但是它还是反映了相应部件的性能恶化程度。事实上,发动机的某些故障状态是与部件性能变化相对应的,只是它们之间的"换算比例"无法知道罢了。在某些情况下(特别是对局部突然性故障的诊断),我们所关心的就是故障本身而不是部件的性能。这时利用经验故障因子进行诊断反而更直接一些。

(2) 利用状态量偏差

利用状态量偏差(比如排气温度偏差 ΔEGT)值作为故障因子的定量估计,这是一种确定的定量化方法。处理方法和故障因子本身有数值时相同(参见(3))。

(3) 故障因子具有确定的数值

如果故障因子具有确定的数值,可根据需要选取适当的偏差单位 L_j。注意,这里的单位通

常不取常用的单位物理量,如 1 ℃、1 mm、1％ 等,而常常取为非单位物理量,如 5 ℃,25 mm,
—20％ 等,并相应地确定它的单位数 K_j 为

$$K_j = \Delta \tilde{x}_j / L_j \qquad\qquad (2.34)$$

单位数 K_j 确定以后,故障系数可用下式计算:

$$a_{ij} = \frac{\Delta y_i}{K_j}$$

因为 $a_{ij} = \dfrac{\Delta y_i}{\Delta \tilde{x}_j}$,而 $K_j = \Delta \tilde{x}_j / L_j$。

5. 故障模式和征兆量的定量化

在研究的问题中,可能遇到一些故障模式和征兆量之间的关系只有定性的表述,而没有定量的关系,而用故障方程法解决问题的时候却要求定量的描述。要将那些定性关系表示为定量关系,就要用所谓的定性信息的定量化方法来解决。在线性回归分析中就常常会遇到定性信息的定量化问题,类似的方法可以用于经验方程的建立上。

定性信息的定量化方法可以分三种情况加以说明:

① 对于任何一种故障状态可以人为地确定一个严重程度的定量估计 K_j(例如对于较轻的故障可定为 2％,对于较重的故障可以定为 4％ 等)。

② 故障模式和故障征兆均为定性信息。这时可以用数量 1 表示任一故障模式或故障征兆的成立,而用数量 0 表示任一故障模式或故障征兆的不成立。

③ 故障模式和征兆量中的一个为定性信息,另一个为定量信息。如故障模式高压涡轮叶片断裂、发动机振动加强等。这时可以对于该定性信息人为地规定一个数值 K,然后便可根据式(2.32)确定出经验故障系数。

例如可以规定该故障样本的严重程度为 $K = 1$。那么,x 或 $y = 1$ 就表示该故障或征兆的严重程度与该故障样本的一样,而 x 或 $y = 2$ 就表示该故障或该征兆的严重程度相当于该故障样本的 2 倍等,而 x 或 $y = 0$ 则表示该故障或该征兆不存在。

我们还会遇到一种更为复杂的情况,即故障模式和故障征兆均为定性信息,但是故障模式与征兆量之间的关系即故障系数是根据经验进行估计的,例如有时可以用模糊数学的方法来估计故障模式与征兆量之间的关系。在这种情况下仍然可以用数量 1 表示任一故障模式或故障征兆的成立,而用数量 0 来表示任一故障模式或故障征兆的不成立。但是,这时的关系已经不是通常意义下的函数关系了。这样的方程称为模糊经验故障方程,在第 5 章的模糊诊断原理一节中将会讲到。

应该指出,定量化的方法虽然是人为的,而且并不严格地代表发动机部件的性能参数变化,但是它还是相应地反映了相应部件的性能恶化程度。

[例 2.3]　计算经验故障系数。

已知 JT9D 发动机 3.0 放气活门不能关闭所引起的 ΔEGT 为 25 ℃,计算其故障系数。

解

本例的故障因子具有明确的定量意义,例如可以以 3.0 放气活门某种开度作为该故障的单位。现取 $K = -5$ 对应于 3.0 放气活门全开,亦即 $K = +1$ 时对应于 3.0 放气活门打开 $-1/5$ 即 -20%(实际上活门打开负值无物理意义,K 值不允许是正值,合理的结果必然对应于负的 K 值),$L = -20\%$。

经验故障系数为

$$a = \Delta EGT/K = 25/(-5) = -5$$

如果实际测得的 ΔEGT 为 5 ℃,则

$$K = \Delta EGT/a = 5/(-5) = -1$$

3.0 放气活门的实际开度 $\Delta x = -1 \times (-20\%) = 20\%$。

[例 2.4]　已知 CF6 发动机高压系统发生某种故障所引起的 $\Delta EGT = 10$ ℃,求对应于 ΔEGT 的该故障的经验故障系数。

解

令高压系统故障的故障因子为 $\Delta \tilde{x}$,故障样本的 $\Delta \tilde{x}$ 是不知道的。在这种情况下,最方便的方法是取故障样本的 ΔEGT 值作为其故障因子 $\Delta \tilde{x}$ 的"代表",即取 $\Delta \tilde{x} = 10$ ℃(ΔEGT),$L = 5$ ℃,则相应的单位数为 $K = 10/5 = 2$,于是经验故障系数为

$$a = \Delta EGT/K = 10/2 = 5$$

现假设某 CF6 发动机高压系统有故障,测得的 $\Delta EGT = 50$ ℃,则有:

$$K = \Delta EGT/a = 50/5 = 10$$

而

$$\Delta \tilde{x} = KL = 10 \times 5 = 50 \text{ ℃}$$

表 2-1 和表 2-2 给出了 JT9D—7R4 发动机在巡航状态和海平面静止状态的故障系数表。

表 2-1　JT9D—7R4 发动机的故障系数

(巡航状态,$Ma = 0.8$,$H = 35\ 000$ ft,EPR = 常数)

序　号	故障因子			状态量偏差			
	名　称	偏差单位	偏差方向	$\Delta n_1/\%$	$\Delta n_2/\%$	$\Delta EGT/℃$	$\Delta FF/\%$
1	3.0 放气活门不能关闭	-20%	—	$+0.00$	-0.20	-5.00	-0.90
2	3.5 放气活门不能关闭	-20%	—	-0.02	-0.14	-6.40	-1.40
3	3.0+3.5 放气活门不能关闭	-20%	—	-0.04	-0.24	-11.20	-2.40
4	3.5+3.5 放气活门不能关闭	-20%	—	-0.02	-0.28	-13.60	-2.80
5	防冰系统打开	-20%	—	-0.02	-0.00	-1.20	-0.30
6	涡轮冷却系统关闭	-20%	—	$+0.04$	$+0.04$	-2.80	-0.30
7	第 8 级引气泄漏	-1%	—	-0.05	-0.15	-5.00	-1.20

序　号	故障因子			状态量偏差			
	名　称	偏差单位	偏差方向	Δn_1 /%	Δn_2 /%	ΔEGT /℃	ΔFF /%
8	第 15 级引气泄漏	−1%	−	−0.01	−0.05	−8.50	−1.90
9	PT2 探头泄漏	−1%	−	+0.35	+0.15	+3.00	+1.30
10	PT7 探头泄漏	−1%	−	−0.35	−0.15	−3.00	−1.30
11	大气总温偏差	+0.01	±	−1.00	−1.00	−16.00	−1.00
12	马赫数	+0.01	±	−0.10	−0.00	−0.00	−1.00
13	高度表偏差	+500 ft	±	−0.90	−1.00	−1.00	−1.00
14	风扇效率	+1%	−	−0.25	−0.05	−1.00	−0.25
15	风扇流量	+1%	−	0.85	+0.05	+4.50	0.80
16	低压压气机效率	+1%	−	+0.10	−0.15	−2.00	−0.15
17	低压压气机流量	+1%	−	−0.20	−0.05	−2.00	−0.40
18	高压压气机效率	+1%	−	−0.10	+0.10	−7.00	−0.85
19	高压压气机流量	+1%	−	−0.00	−0.25	−0.50	−0.10
20	高压涡轮效率	+1%	−	−0.10	+0.20	−8.50	−1.05
21	第 1 级导向器面积	+1%	+	+0.05	−0.15	+2.50	+0.35
22	低压涡轮效率	+1%	−	+0.45	−0.00	−4.50	−0.00
23	第 3 级导向器面积	+1%	+	−0.30	+0.10	−2.50	−0.60
24	主喷口面积	+1%	+	+0.55	+0.15	+1.50	+1.00
25	风扇涵道面积	+1%	+	+0.20	+0.05	−1.00	−0.10
31	BETA ANGLE	+1	±	+0.00	−0.40	−1.50	−0.15

表 2 - 2　JT9D − 7R4 发动机的故障系数

（起飞状态，$Ma = 0$，$H = 0$，$EPR = 1.445$）

征兆量		故障因子										
		偏差单位为 +1.0%					偏差单位为 +1.0%					
变量名	单位	FAN EFF	LPC EFF	HPC EFF	HPT EFF	LPT EFF	FAN FCAP	LPC FCAP	A_5	A_6	A_{je}	A_{jd}
F_{NT}	%	+0.31	+0.11	−0.09	−0.09	+0.57	+0.18	−0.27	+0.04	−0.41	+0.93	+0.25
$n_1 C_2$	%	+0.24	+0.07	−0.05	−0.05	+0.39	−0.80	−0.17	+0.02	−0.26	+0.53	+0.17
$n_2 C_2$	%	−0.04	−0.14	+0.21	+0.29	−0.02	+0.19	−0.06	−0.16	+0.20	+0.16	−0.02
$T_{t3} C_2$	DEGF	+1.32	−1.60	−1.31	−1.63	+1.90	−4.31	+1.44	+0.53	−2.15	+1.64	+0.84

征兆量		故障因子										
		偏差单位为 +1.0%							偏差单位为 +1.0%			
变量名	单 位	FAN EFF	LPC EFF	HPC EFF	HPT EFF	LPT EFF	FAN FCAP	LPC FCAP	A_5	A_6	A_{je}	A_{jd}
$T_{tr}C_2$	DEGF	-0.34	-3.38	-5.88	+3.07	+0.38	+0.99	-0.59	-4.14	+1.47	+3.82	+0.05
$T_{t77}C_2$	DEGF	-3.40	-3.67	-11.25	-14.33	-8.87	+10.97	-4.58	+4.72	-3.21	+1.20	-1.86
p_{t3}/p_{t2}	%	+0.68	+0.08	-0.81	-1.02	+0.95	-2.28	+0.84	+0.30	-1.22	+0.76	+0.44
p_{s4}/p_{t2}	%	+0.00	+0.00	+0.10	+0.32	+0.19	-0.12	+0.06	-1.03	+0.02	+0.93	+0.08
$W_{at}C_2$	%	+0.27	+0.08	+0.03	+0.04	+0.38	-0.12	+0.01	-0.21	+0.57	+0.64
$W_{ae}C_2$	%	+0.10	+0.13	+0.43	+0.55	+0.27	-0.43	+0.20	-0.18	+0.16	+0.77	+0.12
$W_{ft}C_2$	%	-0.34	-0.16	-0.73	-0.91	-0.81	+0.99	-0.44	+0.30	-0.43	+1.17	-0.10

注:1 征兆量的测量误差的标准差为

$$\boldsymbol{\sigma} = [0.1, 0.2, 0.7, 3.0, 3.0, 5.0, 0.5, 0.3, 0.5, 0.5, 0.4]^T$$

　　2 表内某些符号说明:

F_{nt}—— 推力;

n_1—— 低压转子转速;

n_2—— 高压转子转速;

C_2—— 换算参数;

T_t—— 总温;

p_t—— 总压;

p_s—— 静压;

W_{at}—— 总(内涵加外涵)空气流量;

W_{ae}—— 内涵空气流量;

W_{ft}—— 总燃油流量;

A_{je}—— 发动机尾喷管出口面积;

A_{jd}—— 外涵出口面积;

A_5—— 高压涡轮导向器排气面积;

A_6—— 低压涡轮导向器排气面积。

2.3　故障方程求解的数学基础

　　由于故障方程的病态问题,因此不能使用求解线性方程组的传统解法,如:高斯法、约旦消元法等,而要采用线性模型未知参数统计估计的极大似然估计法或最小二乘法。在方程解求出之后,按照数理统计的理论还要对模型的假设进行检验,以保证判断的可靠性。因此,在故障方程的求解和故障诊断过程中,要用到一些数理统计方面的基本理论和方法。本节先作一简要的介绍。

2.3.1　故障方程的病态问题

[**例 2.5**]　对于如下的方程组：

$$x_1 + x_2 = -1.00$$
$$x_1 + 1.01x_2 = y_2$$

当 y_2 取不同值时，x_1 和 x_2 的解为

y_2	-0.99	-1.00	-1.005	-1.01	-1.02
x_1	-2.00	-1.00	-0.500	0.00	1.00
x_2	1.00	0.00	-0.500	-1.00	-2.00

可以看到，y_2 的微小变化会引起方程解 x_1 和 x_2 的很大变化。

在数值分析中将这种由方程组本身特性所决定的而与计算中的舍入误差无关，因原始数据的微小变化引起方程组的解的很大变化的现象称为方程组的病态问题。而由于计算中的舍入误差引起计算结果的很大变化的现象称为算法的稳定性不良。

造成线性方程病态的原因主要是方程系数矩阵中某些行向量和列向量近似线性相关，这些近似线性相关的行向量或列向量称为相关系数向量，它们所对应的自变量称为相关变量。由于相关系数向量的存在引起的线性方程组的病态问题在线性回归分析中称为多重共线性问题。线性方程的病态会引起解的严重失真，而且通常会存在多个近似解。

2.3.2　多元线性模型

设 Z 是一随机变量，$b_1,b_2,\cdots,b_n$ 是 n 个确定性变量，它们之间的关系如下：

$$Z = b_1X_1 + b_2X_2 + \cdots + b_nX_n \tag{2.35}$$

式中：$X_1,X_2,\cdots,X_n$ 是未知变量，称为参数，它们的值需根据对 Z 的观测结果来估计。（在回归分析中称为回归系数）

对变量 $b_1,b_2,\cdots,b_n,Z$ 作 m 次观测，得到 m 组观测值，即

$$(b_{i1},b_{i2},\cdots,b_{in},Z_i),\quad i=1,2,\cdots,m$$

从而有

$$\left.\begin{array}{l} Z_1 = b_{11}\hat{X}_1 + b_{12}\hat{X}_2 + \cdots + b_{1n}\hat{X}_n + \varepsilon_1 \\ Z_2 = b_{21}\hat{X}_1 + b_{22}\hat{X}_2 + \cdots b_{2n}\hat{X}_n + \varepsilon_2 \\ \vdots \\ Z_m = b_{m1}\hat{X}_1 + b_{m2}\hat{X}_2 + \cdots + b_{mn}\hat{X}_n + \varepsilon_m \end{array}\right\} \tag{2.36}$$

式中：$\hat{X}_1,\hat{X}_2,\cdots,\hat{X}_n$ 是 $X_1,X_2,\cdots,X_n$ 的估计值；ε 是一随机变量，且服从正态分布 $N(0,\sigma^2)$，并

相互独立,即 $E\varepsilon = 0, D\varepsilon = \sigma^2$(无偏,等方差),$\mathrm{cov}(\varepsilon_i, \varepsilon_k) = 0, i, k = 1, 2, \cdots, m$ 且 $i \neq k$。

通常将式(2.36)称为式(2.35)的线性统计模型,写成矩阵形式为

$$Z = BX + \varepsilon \tag{2.37}$$

式中:

$$Z = \begin{bmatrix} Z_1 \\ Z_2 \\ \vdots \\ Z_m \end{bmatrix},$$

$$B = \begin{bmatrix} b_{11} & b_{12} & \cdots & b_{1n} \\ b_{21} & b_{22} & \cdots & b_{2n} \\ \vdots & \vdots & & \vdots \\ b_{m1} & b_{m2} & \cdots & b_{mn} \end{bmatrix},$$

$$X = \begin{bmatrix} \hat{X}_1 \\ \hat{X}_2 \\ \vdots \\ \hat{X}_n \end{bmatrix},$$

$$\varepsilon = \begin{bmatrix} \varepsilon_1 \\ \varepsilon_2 \\ \vdots \\ \varepsilon_m \end{bmatrix}。$$

2.3.3　最小二乘估计

求解具有病态性质的线性方程可以采用线性模型未知参数统计估计的极大似然估计法和最小二乘法。在这里只讨论由高斯提出的最小二乘法。

最小二乘法是线性模型未知参数统计估计的最基本的算法,因为在所有线性无偏估计中这种方法可以得到最优解。最小二乘法在试验数据处理、数值分析、回归分析以及最优估计理论中都得到广泛的应用,也是故障诊断的一种基本算法。

用最小二乘法对线性模型(2.37)进行求解,实际上是用统计方法求未知参数向量 X 的估计值。

1. 基本原理

① 定义残差

$$\hat{\boldsymbol{\varepsilon}} = \boldsymbol{Z} - \boldsymbol{B}\hat{\boldsymbol{X}} \qquad （观测值与估计值之差）$$

式中：$\boldsymbol{Z}$ 为 m 维观测向量；$\hat{\boldsymbol{X}} = \hat{\boldsymbol{X}}(z)$ 表示 $\boldsymbol{X}$ 的一个估计值。

② 作残差平方和

$$\mathrm{RSS} = \| \hat{\boldsymbol{\varepsilon}} \|^2 = \| \boldsymbol{Z} - \boldsymbol{B}\hat{\boldsymbol{X}} \|^2$$

③ 根据使 $\mathrm{RSS} = \min$ 的准则求 $\boldsymbol{X}$ 的估计值 $\hat{\boldsymbol{X}}$。满足 $\mathrm{RSS} = \min$ 的估计值 $\hat{\boldsymbol{X}}$ 即为 $\boldsymbol{X}$ 的最小二乘估计（解）。

2. 求解方法

① 作残差平方和

$$\mathrm{RSS} = \| \boldsymbol{Z} - \boldsymbol{B}\hat{\boldsymbol{X}} \|^2 = \sum_{i=1}^{m} (z_i - b_{i1}x_1 - b_{i2}x_2 - \cdots - b_{in}x_n)^2$$

② 选择 $\boldsymbol{X}$ 使 RSS 达到最小，根据高等数学求最小值的方法。

将 RSS 分别对 $x_1, x_2, \cdots, x_n$ 求偏导数，并令其为零得：

$$\left. \begin{aligned} \frac{\partial \mathrm{RSS}}{\partial x_1} &= -2 \sum_{i=1}^{m} (z_i - b_{i1}x_1 - b_{i2}x_2 - \cdots - b_{in}x_n)b_{i1} = 0 \\ \frac{\partial \mathrm{RSS}}{\partial x_2} &= -2 \sum_{i=1}^{m} (z_i - b_{i1}x_1 - b_{i2}x_2 - \cdots - b_{in}x_n)b_{i2} = 0 \\ &\vdots \\ \frac{\partial \mathrm{RSS}}{\partial x_n} &= -2 \sum_{i=1}^{m} (z_i - b_{i1}x_1 - b_{i2}x_2 - \cdots - b_{in}x_n)b_{in} = 0 \end{aligned} \right\} \tag{2.38}$$

解此方程得到的解是估计值，记为 $\hat{x}_1, \hat{x}_2, \cdots, \hat{x}_n$。

此方程可改写为

$$\left. \begin{aligned} \Big(\sum_i b_{i1}^2 \Big)\hat{x}_1 + \Big(\sum_i b_{i1}b_{i2} \Big)\hat{x}_2 + \cdots + \Big(\sum_i b_{i1}b_{in} \Big)\hat{x}_n &= \sum_i b_{i1}z_i \\ \Big(\sum_i b_{i1}b_{i2} \Big)\hat{x}_1 + \Big(\sum_i b_{i2}^2 \Big)\hat{x}_2 + \cdots + \Big(\sum_i b_{i2}b_{in} \Big)\hat{x}_n &= \sum_i b_{i2}z_i \\ &\vdots \\ \Big(\sum_i b_{i1}b_{in} \Big)\hat{x}_1 + \Big(\sum_i b_{i1}b_{in} \Big)\hat{x}_2 + \cdots + \Big(\sum_i b_{in}^2 \Big)\hat{x}_n &= \sum_i b_{in}z_i \end{aligned} \right\}$$

写成矩阵形式为

$$\begin{bmatrix} \sum b_{i1}^2 & \sum b_{i2}b_{i1} & \cdots & \sum b_{in}b_{i1} \\ \sum b_{i1}b_{i2} & \sum b_{i2}^2 & \cdots & \sum b_{in}b_{i2} \\ \vdots & \vdots & & \vdots \\ \sum b_{i1}b_{in} & \cdots & & \sum b_{in}^2 \end{bmatrix} \begin{Bmatrix} \hat{x}_1 \\ \hat{x}_2 \\ \vdots \\ \hat{x}_n \end{Bmatrix} = \begin{Bmatrix} \sum b_{i1}z_i \\ \sum b_{i2}z_i \\ \vdots \\ \sum b_{in}z_i \end{Bmatrix}$$

或 $$\boldsymbol{A}\hat{\boldsymbol{X}} = \boldsymbol{Y} \tag{2.39}$$

注意到：

$$\boldsymbol{A} = \boldsymbol{B}^{\mathrm{T}}\boldsymbol{B} = \begin{bmatrix} b_{11} & b_{21} & \cdots & b_{m1} \\ b_{12} & b_{22} & \cdots & b_{m2} \\ \vdots & \vdots & & \vdots \\ b_{1n} & b_{2n} & \cdots & b_{mn} \end{bmatrix} \begin{bmatrix} b_{11} & b_{12} & \cdots & b_{1n} \\ b_{21} & b_{22} & \cdots & b_{2n} \\ \vdots & \vdots & & \vdots \\ b_{m1} & b_{m2} & \cdots & b_{mn} \end{bmatrix}$$

$$\boldsymbol{Y} = \boldsymbol{B}^{\mathrm{T}}\boldsymbol{Z}$$

因此,式(2.39)又可写为

$$(\boldsymbol{B}^{\mathrm{T}}\boldsymbol{B})\hat{\boldsymbol{X}} = \boldsymbol{B}^{\mathrm{T}}\boldsymbol{Z} \tag{2.40}$$

上述这种形式的方程称为正规方程。

③ 最小二乘估计。由式(2.40)可得未知参数向量 $\boldsymbol{X}$ 的估计值 $\hat{\boldsymbol{X}}$ 为

$$\hat{\boldsymbol{X}} = (\boldsymbol{B}^{\mathrm{T}}\boldsymbol{B})^{-1}(\boldsymbol{B}^{\mathrm{T}}\boldsymbol{Z})。 \tag{2.41}$$

④ 最小二乘估计的最优解。

由式(2.41)可求得未知参数向量 $\boldsymbol{X}$ 的估计值 $\hat{\boldsymbol{X}}$,但是这个解一般不是最优解。理论研究表明,只有当线性模型中的随机变量满足等方差条件时,才能获得最优解。为此,需要适当选取一个加权矩阵使原方程满足等方差条件。

加权的最小二乘估计可以表示为

$$\hat{\boldsymbol{X}} = (\boldsymbol{B}^{\mathrm{T}}\boldsymbol{W}\boldsymbol{B})^{-1}\boldsymbol{B}^{\mathrm{T}}\boldsymbol{W}\boldsymbol{Z} \tag{2.42}$$

式中:$\boldsymbol{W}$ 为加权矩阵,是一个适当选取的对称的正定阵。

如果已知所有状态量的测量误差的方差,则加权矩阵取为下式时可以满足等方差条件,从而得到最优解：

$$\boldsymbol{W} = \mathrm{diag}[1/\sigma_1^2, 1/\sigma_2^2, \cdots, 1/\sigma_m^2] \tag{2.43}$$

如果 $\boldsymbol{W} = \boldsymbol{I}$,即单位矩阵,即为原最小二乘估计：

$$\hat{\boldsymbol{X}} = (\boldsymbol{B}^{\mathrm{T}}\boldsymbol{B})^{-1}(\boldsymbol{B}^{\mathrm{T}}\boldsymbol{Z}) \tag{2.44}$$

2.3.4　统计假设和假设检验

1. 基本概念

（1）统计假设

在数理统计中,把关于随机变量(分布、特征、相互关系 …)的每一种论断称为统计假设。

（2）检　验

考虑关于某个总体的统计假设 H_0,并以 H_1 表示它的对立假设。所谓假设 H_0 的检验,就是根据随机取样的结果(即来自总体的随机样本),按照一定的规则来判断 H_0 的真伪,以决定它的取舍。用来判断所作假设真伪的规则叫做检验准则,简称为检验。

（3）否定域和接受域

检验准则通常以否定域的形式给出。为此,按照一定的规则把整个样本值的集合 Z^n 分割为不相交的两部分,即:

$$Z^n = V \cup \overline{V}$$

式中:V 与 $\overline{V}$ 不相交。

检验按以下规则进行:

当样本值 $Z = (z_1, z_2, \cdots, z_n) \in V$ 时,认为所作假设 H_0 不真实,从而作出否定判断,这时自然接受它的对立假设 H_1;

相反,当 $Z = (z_1, z_2, \cdots, z_n) \in \overline{V}$ 时,认为 H_0 为真实,则作出肯定判断,从而接受 H_0(这时自然否定 H_1)。

在此,V 称为 H_0 的否定域,$\overline{V}$ 称为 H_0 的接受域。

（4）两类错误

第 1 类错误:否定了真实的假设,即 H_0 本来真实,却被否定了(弃真);

第 2 类错误:接受了不真实的假设,即 H_0 本来不真实,却被接受了(存伪)。

对于 H_0 的判断情况可用表 2-3 和图 2-3 说明。在图中以斜线部分表示出现第 1 类错误的概率,以网格部分表示出现第 2 类错误的概率。可以看到,两类错误概率之间存在对立的相依变化关系。一者增大,另者减小。例如:当 u_0 值右移时,出现第 1 类错误的概率减小而出现第 2 类错误的概率增大。

表 2 - 3　对于 H_0 的判断

假设 决 策	H_0 为真	H_0 不真
否定 H_0	第一类错误	正确
接受 H_0	正确	第二类错误

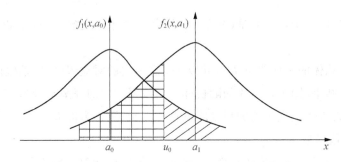

图 2 - 3　假设 H_0 两类错误的几何表示

图中：$f_1(x,a_0)$—— 出现第 1 类错误的概率密度；

$\quad\quad f_2(x,a_1)$—— 出现第 2 类错误的概率密度。

$\quad\quad u_\alpha$—— 检验统计量 U 的值。

（5）两类检验

在选定检验准则时,应力求两类错误的概率都最小。然而,当样本容量 n 固定时,建立两类错误概率都任意小的检验准则一般是不可能的。因此习惯上以及历史上处理这类问题通常遵循以下两个重要准则：

① 样本容量固定,控制第 1 类错误概率的一个上界 $\alpha(0<\alpha<1)$。对于给定的 n 和 α 选择检验准则,使它出现第 1 类错误的概率不大于 α。这时,α 称为检验的显著性水平；而根据这种原则建立的检验准则称为统计假设的 α -水平显著性检验。

② 样本容量固定,显著性水平 α 固定,使出现第 2 类错误的概率最小。在一切 α -水平显著性检验中,选择第 2 类错误概率最小的检验准则。接受不真实假设的概率即第 2 类错误概率,否定不真实假设的概率称为检验的功效。因此,按上述原则建立的检验叫做 α -水平最大功效检验。

（6）统计假设显著性检验的小概率原则和显著性水平

在应用概率论和数理统计的每一个具体的领域,总是可以根据所研究的具体问题规定一个界限 $\alpha(0<\alpha<1)$：当事件的概率 $p\leqslant\alpha$ 时,就认为事件是一实际不可能事件,认为这样的事件在一次试验中是不会出现的,这就是所谓的"小概率原则"。

显然,根据"小概率原则"所作的判断也可能发生错误。然而,发生错误的概率不大于 α,而

α 是个很小的正数。这样的界限 α 在数理统计的应用中叫做显著性水平。

小概率原则是统计假设显著性检验的基本思想。

2. 线性模型的显著性检验

（1）线性模型的显著性

设线性模型为

$$Z = b_1 X_1 + b_2 X_2 + \cdots + b_n X_n + \varepsilon, \qquad \varepsilon \sim N(0, \sigma^2)$$

要检验上述关系是否成立，只要检验 n 个变量 $x_1, x_2, \cdots, x_n$ 是否全为零。若全为零，则认为上述关系不显著，作出否定判断。从理解的角度来说，相当于齐次线性方程求解问题中的只有零解的情况。

设

$$H_0 : x_1 = 0, x_2 = 0, \cdots, x_n = 0 \tag{2.45}$$

由 m 组观测值检验它是否成立。若在显著性水平 α 下接受 H_0，则认为线性关系不显著。若作出拒绝检验假设 H_0 的判断，则认为模型的线性关系是显著的。

（2）残差分解

为理解后面将要讨论的检验准则，首先对残差作一分析。

将总离差平方和展开：

$$\mathrm{TSS} = \sum_{j=1}^{m} (Z_j - \bar{Z})^2 = \sum_{j=1}^{m} [(Z_j - \hat{Z}_j) + (\hat{Z}_j - \bar{Z})]^2 =$$

$$\sum_{j=1}^{m} (Z_j - \hat{Z}_j)^2 + \sum_{j=1}^{m} (\hat{Z}_j - \bar{Z})^2 + 2 \sum_{j=1}^{m} (Z_j - \hat{Z}_j)(\hat{Z}_j - \bar{Z})$$

可证：

$$\sum_{j=1}^{m} (Z_j - \hat{Z}_j)(\hat{Z}_j - \bar{Z}) = 0$$

所以：

$$\mathrm{TSS} = \sum_{j=1}^{m} (Z_j - \hat{Z}_j)^2 + \sum_{j=1}^{m} (\hat{Z}_j - \bar{Z})^2 = \mathrm{RSS} + \mathrm{SSR}$$

式中：$\mathrm{RSS} = \sum_{j=1}^{m} (Z_j - \hat{Z}_j)^2$ 为残差平方和，是由观测试验引起的误差；$\mathrm{SSR} = \sum_{j=1}^{m} (\hat{Z}_j - \bar{Z})^2$ 为回归平方和，代表线性回归离差；Z 为观测值；$\hat{Z}$ 为估计值；$\bar{Z}$ 为均值。

如果 $\mathrm{SSR} \gg \mathrm{RSS}$，则拒绝假设 H_0，即在假设成立的条件下，回归离差大，说明线性关系不显著，所以应该作出假设不成立的判断。

（3）显著性检验

建立新的随机变量 F_a，即

$$F_a = \frac{\dfrac{\text{SSR}}{n}}{\dfrac{\text{RSS}}{m-n}} = \frac{m-n}{n}\frac{\text{SSR}}{\text{RSS}}$$

式中：

$$\frac{\text{SSR}}{\text{RSS}} = \frac{\text{TSS}-\text{RSS}}{\text{RSS}} = \frac{\text{TSS}}{\text{RSS}} - 1 = \frac{1}{\omega^2} - 1$$

而 $\omega^2 = \dfrac{\text{RSS}}{\text{TSS}}$ 定义为为相对残差平方和。当 $\omega^2 \ll 0.5$ 时，说明 $\text{SSR} \ll \text{RSS}$。所以，应该作出拒绝检验假设 H_0 的判断，即所假设的关系不显著（不成立）。

在以上讨论中的 RSS 反映的是实际数据（观测值）与线性模型（估计值）的拟合优度，RSS 越小，拟合越好。RSS 越大，则 ω 越大，即误判风险就越大，见表 2-4。

表 2-4　误判风险 α 值与相对残差模 ω 的关系

m	n	α						
		0	0.01	0.025	0.05	0.10	0.25	0.50
3	1	0.000 0	0.141 1	0.222 2	0.312 3	0.435 8	0.661 5	0.866 0
	2	0.000 0	0.010 0	0.025 0	0.050 0	0.100 0	0.250 0	0.500 0
4	1	0.000 0	0.284 3	0.383 1	0.478 0	0.592 7	0.773 1	0.914 8
	2	0.000 0	0.100 0	0.158 1	0.223 6	0.316 2	0.500 0	0.707 1
	3	0.000 0	0.007 2	0.019 4	0.039 3	0.078 6	0.197 6	0.404 0
5	1	0.000 0	0.398 4	0.496 6	0.584 5	0.684 4	0.829 7	0.937 7
	2	0.000 0	0.215 4	0.292 4	0.368 4	0.464 2	0.629 9	0.793 7
	3	0.000 0	0.081 7	0.129 4	0.183 2	0.260 5	0.417 9	0.609 1
	4	0.000 0	0.006 7	0.016 7	0.033 3	0.066 8	0.168 3	0.347 5
6	1	0.485 0	0.577 2	0.656 2	0.742 9	0.864 5	0.951 0	
	2	0.000 0	0.316 2	0.397 6	0.473 0	0.562 5	0.707 1	0.841 0
	3	0.000 0	0.181 2	0.246 6	0.311 5	0.395 6	0.545 5	0.707 1
	4	0.000 0	0.070 8	0.112 2	0.159 3	0.226 6	0.366 1	0.540 7
	5	0.000 0	0.005 9	0.014 7	0.029 5	0.059 0	0.148 9	0.309 3

m	n	α						
		0	0.01	0.025	0.05	0.10	0.25	0.50
7	1	0.000 0	0.551 2	0.636 5	0.707 4	0.783 3	0.887 4	0.959 7
	2	0.000 0	0.396 2	0.478 3	0.549 2	0.630 9	0.758 1	0.870 5
	3	0.000 0	0.272 0	0.343 3	0.410 2	0.491 3	0.627 8	0.765 7
	4	0.000 0	0.159 6	0.217 5	0.275 7	0.350 9	0.488 7	0.643 7
	5	0.000 0	0.063 3	0.100 4	0.142 5	0.203 2	0.329 7	0.492 4
	6	0.000 0	0.005 3	0.013 3	0.026 7	0.053 4	0.135 0	0.281 3
8	1	0.000 0	0.603 0	0.681 5	0.745 7	0.813 0	0.903 8	0.965 7
	2	0.000 0	0.464 1	0.540 7	0.607 1	0.681 5	0.793 9	0.890 9
	3	0.000 0	0.348 5	0.420 5	0.485 3	0.561 5	0.685 5	0.804 7
	4	0.000 0	0.242 7	0.307 1	0.367 9	0.442 4	0.571 7	0.707 1
	5	0.000 0	0.144 2	0.196 9	0.249 9	0.318 6	0.446 5	0.594 1
	6	0.000 0	0.057 8	0.091 6	0.130 3	0.185 7	0.302 5	0.454 5
	7	0.000 0	0.004 9	0.012 3	0.024 5	0.049 2	0.124 3	0.259 4
9	1	0.000 0	0.644 5	0.716 8	0.775 0	0.835 5	0.915 7	0.970 2
	2	0.000 0	0.517 9	0.590 4	0.651 7	0.719 5	0.820 4	0.905 7
	3	0.000 0	0.412 0	0.482 2	0.543 9	0.614 9	0.727 4	0.832 5
	4	0.000 0	0.314 5	0.380 4	0.440 6	0.511 9	0.630 9	0.751 2
	5	0.000 0	0.221 4	0.280 6	0.336 6	0.406 1	0.528 0	0.659 4
	6	0.000 0	0.132 7	0.181 2	0.230 1	0.294 1	0.413 8	0.553 8
	7	0.000 0	0.053 6	0.084 9	0.120 5	0.172 2	0.280 7	0.424 5
	8	0.000 0	0.004 6	0.011 4	0.022 9	0.045 8	0.115 8	0.258 2
10	1	0.000 0	0.678 3	0.745 1	0.798 4	0.853 3	0.925 3	0.973 6
	2	0.000 0	0.562 3	0.630 6	0.687 6	0.750 1	0.840 7	0.917 0
	3	0.000 0	0.465 2	0.532 7	0.590 9	0.667 1	0.758 7	0.853 3
	4	0.000 0	0.375 3	0.440 5	0.498 8	0.566 1	0.675 2	0.783 7
	5	0.000 0	0.289 6	0.350 3	0.406 6	0.474 0	0.588 2	0.707 1
	6	0.000 0	0.204 9	0.259 9	0.312 5	0.377 6	0.492 7	0.621 4
	7	0.000 0	0.123 5	0.168 8	0.214 5	0.272 4	0.387 2	0.521 1
	8	0.000 0	0.050 1	0.079 4	0.112 8	0.161 2	0.263 5	0.399 0
	9	0.000 0	0.004 3	0.010 7	0.021 5	0.043 0	0.108 9	0.227 8

m	n	α						
		0	0.01	0.025	0.05	0.10	0.25	0.50
11	1	0.000 0	0.706 4	0.768 3	0.817 6	0.867 8	0.932 9	0.976 4
	2	0.000 0	0.599 5	0.663 9	0.716 7	0.774 1	0.857 5	0.925 9
	3	0.000 0	0.509 9	0.574 2	0.629 2	0.690 9	0.784 2	0.869 6
	4	0.000 0	0.427 0	0.490 6	0.546 0	0.609 5	0.710 2	0.808 7
	5	0.000 0	0.347 3	0.408 5	0.463 3	0.527 7	0.633 5	0.742 4
	6	0.000 0	0.269 2	0.326 6	0.379 6	0.443 7	0.553 2	0.670 6
	7	0.000 0	0.191 7	0.243 5	0.292 9	0.354 3	0.464 2	0.588 2
	8	0.000 0	0.116 0	0.158 6	0.201 6	0.258 2	0.365 0	0.494 3
	9	0.000 0	0.047 2	0.074 9	0.106 4	0.152 1	0.248 7	0.378 4
	10	0.000 0	0.004 1	0.010 2	0.020 3	0.040 7	0.103 0	0.216 2
16	1	0.000 0	0.795 9	0.841 2	0.876 2	0.911 1	0.955 5	0.984 4
	2	0.000 0	0.719 8	0.768 3	0.807 3	0.848 2	0.905 9	
	3	0.000 0	0.655 9	0.706 4	0.748 1	0.792 9	0.858 2	
	4	0.000 0	0.597 3	0.649 1	0.692 3	0.739 9	0.812 0	0.878 4
	5	0.000 0	0.540 9	0.593 8	0.638 3	0.687 8	0.764 9	
	6	0.000 0	0.486 0	0.539 0	0.584 0	0.635 5	0.716 5	0.797 5
	7	0.000 0	0.431 8	0.484 1	0.530 1	0.582 0	0.667 5	0.753 6
	8	0.000 0	0.377 2	0.429 1	0.474 6	0.527 8	0.615 5	0.707 1
	9	0.000 0	0.322 1	0.372 8	0.417 7	0.471 6	0.561 4	0.657 7
	10	0.000 0	0.266 2	0.314 7	0.358 8	0.411 7	0.503 2	0.603 0
	12	0.000 0	0.150 4	0.191 6	0.231 1	0.280 6	0.371 6	0.477 3
	15	0.000 0	0.003 3	0.008 2	0.016 5	0.033 0	0.083 5	0.175 8

（4）线性模型不显著的原因

① Z 与 X 无关；

② Z 与 X 的关系不是线性的；

③ 影响 Z 的因素除 X 外还有其他不可忽视的因素。

（5）关于 F 分布及表 2 - 4 的说明

F 分布的分布函数为

$$F = F(r, m - t) = \frac{m - t}{r} \frac{\text{SSR}}{\text{RSS}}$$

式中：r 为 H_0 的自由度，即假设参数值为 0 的参数个数；m 为样本容量，即观测值参数个数；t 为待估计参数(即 x 的分量) 的个数。

当 H_0 的自由度与待估计参数的个数相等时,可令 $r = t = n$,所以

$$F = F(n, m - n)$$

因为 $m = n, F \equiv 0$ 可直接根据 ω 的大小判断可能的解,所以 $m \geqslant n + 1$。

注意:线性模型的显著性检验为全部参变量为零的显著性检验。

2.4　故障方程的求解

在建立了小偏差故障方程或经验故障方程之后,故障诊断问题就归结为故障方程的求解问题,这是一项长期的、不间断的工作。

2.4.1　故障方程求解的基本概念

1.故障方程求解的必要条件

设故障方程中的变量总数为 t,其中包括三类变量:m 个状态变量、n_1 个故障因子和 n_2 个中间变量。其中只有状态变量是已知量,而故障因子和中间变量都是未知量。设未知变量的系数矩阵为 $\boldsymbol{H}$,矩阵 $\boldsymbol{H}$ 的秩为 r,则故障方程组中的独立方程的个数为 r。注意,所谓独立方程是指系数矩阵的行向量或列向量彼此线性独立的方程。为了使故障方程组存在唯一解或最小二乘解,必须满足以下几个条件:

必要条件之一:独立方程的个数 r 应当不少于未知变量的个数 $n_1 + n_2$,即

$$r \geqslant n_1 + n_2 \tag{2.46}$$

注意,这里的 r 必须理解为独立方程的个数。因为实际工作中存在着这样的误解:当状态量数目不足时,以为借助于增加测量次数就能使本来不能求解的问题得以求解。实际上,故障诊断问题与试验数据处理中的曲线拟合问题是不同的。在曲线拟合问题中,观测点的自变量是可以任意选取的,只要观测点的自变量数值不相同,每增加一个观测点就增加一个独立的方程,然而在故障诊断问题中,故障方程的系数(相当于曲线拟合问题中的自变量)则是固定不变的,因而增加观测次数并不能给出新的独立方程。

必要条件之二:状态量的数目 m 应当不少于故障因子的数目 n^*,即

$$m \geqslant n^* = n_1 - n_3 \tag{2.47}$$

式中:n^* 为独立故障因子的数目;n_3 为故障因子之间存在的函数关系式的数目。所谓独立故障因子是指各故障因子之间没有确定的函数关系,或称为线性独立的。

通常发动机状态参数(已知信息)的数目远少于故障类型(待确定的未知信息)的总数,即 $n_1 > m$,因此组成的方程组是超定的。例如常用的状态参数只有两个转子的转速、排气温度和

燃油消耗量等有限的几个,而常见的故障至少有数十个。

2. 故障方程的求解策略

为了能用有限个测量参数进行故障诊断,可以将 n_1 个故障因子根据某种原则排列组合成每组仅包括 $n(n \leqslant n_1)$ 个故障因子的 l 个组(l 最大等于 $C_n^{n_1}$),这样每组就已经缩减到问题可解的范围了。但故障方程也相应地增加了 l 组,称为子故障方程,而解出的故障因子也将有 l 组(每个故障因子均可能在多个分组中出现),这就需要判断哪些是合理解(即真实故障被分在该组中)。由于故障方程解的这种不唯一性,使得最后得出的是按误判风险排队的几组"合理解",而后用无损检测等方法进一步检查,以确定故障的真实原因。

3. 故障方程的病态问题

[**例 2.6**]   表 2-1 中对应于 x_{14}, x_{15}, x_{17} 和 x_{18} 等 4 个故障因子的故障系数矩阵为

$$A = \begin{bmatrix} -0.25 & -0.85 & -0.20 & -1.0 \\ -0.05 & 0.05 & -0.05 & 0.10 \\ -1.00 & 4.50 & -2.00 & -7.00 \\ -0.25 & 0.80 & -0.40 & -0.85 \end{bmatrix}$$

当状态量偏差向量 $\Delta y = [0.50 \quad -0.50 \quad 35.00 \quad 4.25]^T$ 时,故障方程的解为 $\Delta x = [0.00 \quad 0.00 \quad 0.00 \quad -5.00]^T$。而当 $\Delta y = [0.50 \quad -1.00 \quad 35.00 \quad 4.25]^T$ 时,即 Δy_2 由 -0.50 变为 -1.00,而其余值不变,则有 $\Delta x = [-499.04 \quad 40.00 \quad 472.99 \quad -43.04]^T$。可见,$\Delta y_2$ 的微小变化导致了 Δx 的很大变化。

所以,如例题 2.6 所述,发动机的故障方程一般是病态的。造成故障方程病态的原因主要是故障系数矩阵中某些行向量和列向量近似线性相关,这些近似线性相关的行向量或列向量称为相关故障系数向量,它们所对应的故障因子称为相关故障因子。因相关故障系数向量的存在引起的线性方程组的病态问题在线性回归分析中称为多重共线性问题。故障方程的病态会引起解的严重失真,而且通常会存在多个近似解。

2.4.2　故障方程的求解方法

由于故障方程通常都是病态方程,因此不能使用求解线性方程组的传统解法:高斯法、约旦消元法等,而要采用线性模型未知参数统计估计的极大似然估计法和最小二乘法。在这里仅介绍由高斯提出的最小二乘法。

最小二乘法是线性模型未知参数统计估计的最基本的算法,因为在所有线性无偏估计中这种方法可以得到最优解。最小二乘法在试验数据处理、数值分析、回归分析以及最优估计理论中得到广泛的应用,也是故障诊断的一种基本算法。

1. 最小二乘法

设故障方程组的形式为

$$\Delta y = A \Delta x \qquad (2.48)$$

式中：Δy 为 m 维状态量偏差向量；Δx 为 n 维故障因子偏差向量；而 A 为 $m \times n$ 阶故障系数矩阵，$m \geqslant n$。

以 $\Delta \hat{x}$ 表示 Δx 的一个估计，$\hat{e}$ 表示 m 维残差向量（$\hat{e} = \Delta y - A\Delta \hat{x}$），则残差平方和 RSS、总平方和 TSS、相对残差平方和 ω^2 分别可以表示为

$$\mathrm{RSS} = (\hat{e}, \hat{e}) = (\Delta y - A\Delta \hat{x})^{\mathrm{T}} W (\Delta y - A\Delta \hat{x}) \qquad (2.49)$$

$$\mathrm{TSS} = (\Delta y, \Delta y) = \Delta y^{\mathrm{T}} W \Delta y \qquad (2.50)$$

$$\omega^2 = \mathrm{RSS/TSS} \qquad (2.51)$$

使残差平方和 RSS 值在全局为最小的加权估计值称为 Δx 的最优最小二乘估计，即满足下述条件的解 Δx。

$$\mathrm{RSS} = \min[(\Delta y - A\Delta \hat{x})^{\mathrm{T}} W (\Delta y - A\Delta \hat{x})] \qquad (2.52)$$

式中：W 为加权矩阵，是一个适当选取的对称的正定阵。如果已知所有状态量的测量误差的方差，则加权矩阵取为式（2.43），即

$$W = \mathrm{diag}[1/\sigma_1^2, 1/\sigma_2^2, \cdots, 1/\sigma_m^2]$$

满足式（2.52）的加权最小二乘估计可以表示为

$$\Delta \hat{x} = (A^{\mathrm{T}} W A)^{-1} A^{\mathrm{T}} W \Delta y \qquad (2.53)$$

根据线性假设的显著性检验理论，最小二乘估计的显著性水平 α（这里也称为误判风险）符合 F 分布（F 分布的内容可参看数理统计的教材），其 F 统计量为

$$F_a = [(m-n)/n](1/\omega^2 - 1) \qquad (2.54)$$

表 2-4 给出了误判风险 α 值与相对残差模 ω 之间的关系，其中 m 是状态参数的数量，n 是故障因子的数量。α 值越大，相对残差模 ω 也越大，则式（2.45）定义的假设 H_0 成立的可能性就越大，说明本组包括真实故障因子的可能性越小；α 值越小时相对残差模 ω 也越小，则式（2.45）定义的假设 H_0 成立的可能性就越小，说明本组包括真实故障因子的可能性越大。用否定假设 H_0 成立的方式来进行假设检验，是因为 α 小时误判风险也小。一般把合理解的临界值取为 $\alpha = 0.05 \sim 0.10$ 这样一个界限，并认为大于这个界限的分组中不可能包括真实的故障因子。

2. 有约束的最小二乘法

根据发动机的物理条件，故障因子偏差在偏差数值和偏差方向上都会有一些限制，比如：

① 发动机部件的效率、流量、总压等参数的数值是不可能增加的；

② 涡轮导向器面积通常是增大的（导向叶片变形、烧蚀），或者虽有减小（积碳），但数值不会太大；

③ 对于某些硬故障(或称为完全故障,如放气活门不能关闭等),相应的故障因子偏差数值基本上是固定的。

在求解故障方程时,如果将上述限制条件作为约束条件,利用有约束的最小二乘法进行求解可以有效地改善算法的不稳定性。这时的求解问题转变为

$$RSS = \min_{\Delta x \in D}[(\Delta y - A\Delta \hat{x})^T W(\Delta y - A\Delta \hat{x})] \tag{2.55}$$

$$D = \{\Delta x \mid \Delta x \in \mathbf{R}^n, Q_i(\Delta x) \geqslant 0, i = 1 \sim q; P_j(\Delta x) = 0, j = 1 \sim p\}$$

式中:D 为可行集,为满足{}内条件的一个区域;属于 D 的点称为可行点,$Q_i(\Delta x)(i = 1 \sim q)$ 和 $P_j(\Delta x)$ $(j = 1 \sim p)$ 称为约束条件,假设在 $\mathbf{R}^n$ 上连续。

解决这个有约束问题的一种算法是通过建立上式的制约函数将问题转换为无约束最小二乘法:

$$\min_{\Delta x \in \mathbf{R}^n}[RSS + \theta S(\Delta x)] \tag{2.56}$$

式中:θ 为正的常数,称为惩罚因子;$S(\Delta x)$ 称为惩罚函数;$\theta S(\Delta x)$ 称为惩罚项;而 $RSS + \theta S(\Delta x)$ 称为广义目标函数。

$$S(\Delta x) = \sum_{i=1}^{q} S_1[Q_i(\Delta x)] + \sum_{j=1}^{p} S_2[P_j(\Delta x)] \tag{2.57}$$

式中:
$$S_1(t) = \begin{cases} |t|^\alpha & t < 0 \\ 0 & t \geqslant 0 \end{cases}$$

$$S_2(t) = |t|^\beta$$

而 α 和 β 是不小于1的常数,通常取为等于1或2。

[**例 2.7**]　对于如下的方程组:

$$\begin{cases} x_1 + x_2 = -1.00 \\ x_1 + 1.01x_2 = -1.02 \end{cases}$$

约束条件是 $x_1 \leqslant 0$ 和 $x_2 \leqslant 0$,广义目标函数为

$$S(x) = (-1 - x_1 - x_2)^2 + (-1.02 - x_1 - 1.01x_2)^2 + \theta \alpha_1 x_1^2 + \theta \alpha_2 x_2^2$$

由 $dS/dx_1 = 0$ 和 $dS/dx_2 = 0$ 可得

$$x_1 = \frac{2.01 \times 2.030\,2 - 2.02(2.020\,1 + \theta \alpha_2)}{(2.020\,1 + \theta \alpha_2)(2 + \theta \alpha_1) - 2.01 \times 2.01}$$

$$x_2 = \frac{2.01 \times 2.02 - 2.030\,2(2 + \theta \alpha_1)}{(2.020\,1 + \theta \alpha_2)(2 + \theta \alpha_1) - 2.01 \times 2.01}$$

当 $\alpha_1 = \alpha_2 = 0$ 时得无约束最小二乘解 $x_1 = 1.0, x_2 = -2.00$,x_1 为非可行点,x_2 为可行点,故取 $\alpha_1 = 1.0, \alpha_2 = 0.0$。于是,当 $\theta \to \infty$ 时得 $x_1 = 0, x_2 = -1.005$。这是原问题的最优估计。

2.4.3　合理解的选择

在得到了各子故障方程的最小二乘估计以后,首先需要判断哪些解是合理的。通常可以由以下 3 个原则来判断。

1. 根据故障相关性准则

① 凡是故障相关准则在规定范围之内(如误判风险 $\alpha \leqslant \alpha^* = 0.05 \sim 0.10$)的是合理解,否则是不合理解。

② 如果符合 $\alpha \leqslant \alpha^*$ 的解不只一组,则表示这些解都是现实可能的。

③ 如果不存在 $\alpha \leqslant \alpha^*$ 的解,而状态量又超过正常范围,则表明实际故障无法诊断,但并不意味着发动机是正常的。实际故障无法诊断的可能原因是:

- 实际故障不属于已知的故障类型范围。在确诊以后可以把这个故障样本加入故障因子中,并建立起新的故障系数矩阵。
- 原始数据误差过大。
- 无论具有唯一解、多个解或者无解,这些结果都不可认为是绝对正确的。

2. 根据最少故障原则

由于现在使用的航空发动机都是比较成熟的产品,具有较高的可靠性,故障率很低,而同时发生多种故障的概率就更小(偶然性的局部故障通常不过是一两个因子,因发动机老化所引起的部件衰退对应的故障因子也不过 10 个左右),而同时发生多种故障时通常已经为更加直观的故障现象所证实。因此,尽管全部可能的故障因子是很多的,但需要同时确定的故障因子总是很有限的。可以认为,在所有分组方案中同时发生故障最少的方案是最可能的方案,这就是故障诊断理论中普遍承认的最少故障原则。根据这个原则可以帮助我们确定最终的合理解。

3. 根据物理合理准则

① 根据偏差方向性选择合理解。

② 根据小偏差原则选择合理解。

③ 根据定偏差原则选择合理解。

④ 根据部件间偏差分配合理性原则选择合理解。

对于风扇、压气机和涡轮等部件,如果每个部件都具有两个故障因子,那么当这些部件发生故障时,相应的两个故障因子的偏差应当具有一定的比例关系,否则是不正常的。例如诊断的结果是压气机流量下降 5%,而压气机效率却基本不变,那么这一诊断结果是值得怀疑的。

⑤ 根据同一架飞机上的多台发动机间偏差一致性原则选择合理解。

⑥ 根据故障的常见性特点选择合理解。

2.5 应用实例——JT9D 发动机的性能监控

由表2-1和表2-2可以建立JT9D—7R4型发动机的经验故障方程,有了故障方程就可以对发动机实际工作中出现的异常现象进行诊断,分析判断发生异常的原因。

如果在飞行中测量的状态参数的趋向分析中发现数据出现较大的偏差(典型故障如表2-5所列),则可以根据故障方程进行故障诊断。

下面以代号为 TA40 的故障为例介绍利用故障方程进行故障诊断的过程。在表2-1中一共列举了常见的故障因子26个。为简单起见,这里只分析涉及风扇、低压压气机、高压压气机、低压涡轮和高压涡轮五大部件的10个故障因子,即使是这样也需要对故障因子进行分组处理。在下面的计算中,故障因子用表2-1的序号表示,例如14表示风扇效率,15表示风扇流量等。

表 2-5 JT9D—7R4 的故障样本

序 号	故障代号	故障类型	状态量偏差 Δy			
			$n_1/\%$	$n_2/\%$	EGT/℃	FF/%
		测量的均方差值 σ 的倒数	1.00	1.20	0.14	0.50
1	CL10	3.0+3.5 放气活门打开	−0.20	2.70	44.20	8.20
2	CL11	3.0+3.5 放气活门打开	1.00	3.70	26.00	5.60
3	CL12	3.0+3.5 放气活门打开	0.10	1.40	41.60	6.80
4	CL13	3.0+3.5 放气活门打开	0.70	0.50	20.80	6.20
5	CL14	3.0+3.5 放气活门打开	0.70	0.20	10.40	3.60
6	CL15	3.0+3.5 放气活门打开	−0.20	2.70	41.60	7.80
7	CL16	3.0 放气活门漏气	0.20	0.60	14.30	3.20
8	CL20	3.5 放气活门打开	0.70	2.90	28.60	5.00
9	CL21	3.5 放气活门打开	0.40	0.50	13.00	2.80
10	CL30	扩压机匣破裂	0.40	0.60	9.10	2.20
11	CD21	LPC&HPC 外来物损伤	0.20	0.90	16.90	1.60
12	CD24	HPC 外来物损伤	0.30	2.70	0.00	1.20
13	CD25	HPC 外来物损伤	0.40	3.00	20.80	3.20
14	CD30	HPC 第 7 级动叶脱落一片	0.70	0.80	33.80	1.80
15	TA10	第 1 级涡轮叶片损伤	0.20	−1.20	20.80	5.60
16	TA20	第 1 级涡轮叶片叶尖间隙过大	0.60	−0.70	44.40	6.00
17	TA21	第 1 级涡轮叶片叶尖间隙过大	0.00	0.30	13.00	2.20

序　号	故障代号	故障类型	状态量偏差 Δy			
			$n_1/\%$	$n_2/\%$	EGT/℃	FF/%
		测量的均方差值 σ 的倒数	1.00	1.20	0.14	0.50
18	TA22	第 1 级涡轮叶片叶尖间隙过大	−0.10	−0.90	27.30	3.00
19	TA23	第 1 级涡轮叶片磨损	0.80	−0.80	18.20	0.80
20	TA40	第 1 级涡轮导向叶片烧毁	0.20	−1.30	18.20	3.80
21	TA41	第 1 级涡轮导向叶片损伤	0.00	−0.20	5.20	1.20
22	TA50	第 2 级涡轮叶片断裂	−0.60	−1.10	10.40	0.40
23	TA52	第 2 级涡轮叶片断裂	−0.60	−0.80	23.40	5.20
24	TA53	第 2 级涡轮叶片损伤	−0.10	−0.90	16.90	2.80

2.5.1　利用高斯法求解

利用高斯法求解必须使每组有 4 个故障因子,将每个部件的两个因子始终固定在一起,则可以得到 10 个不同的分组。

例如:风扇和低压压气机部件的故障因子组成的故障方程为

$$
\begin{bmatrix}
-0.25 & -0.85 & -0.10 & -0.20 \\
-0.05 & 0.05 & -0.15 & -0.05 \\
-1.00 & 4.50 & -2.00 & -2.00 \\
-0.25 & 0.80 & -0.15 & -0.40
\end{bmatrix}
\begin{Bmatrix}
\Delta x_{14} \\
\Delta x_{15} \\
\Delta x_{16} \\
\Delta x_{17}
\end{Bmatrix}
=
\begin{Bmatrix}
0.20 \\
-1.30 \\
18.20 \\
3.80
\end{Bmatrix}
$$

所得的结果如表 2-6 所列。可见,从这个解无法确定故障的原因。

表 2 - 6　故障方程的高斯解

故障因子的组合	故障因子偏差 $\Delta x/\%$
(14,15,16,17)	(45.14, −3.32, 8.34, −47.48)
(14,15,18,19)	(−12.37, 3.26, 1.20, 8.81)
(14,15,20,21)	(−4.29, 1.50, 3.75, 15.59)
(14,15,22,23)	(8.12, 0.43, −0.34, −9.15)
(16,17,18,19)	(31.43, 23.81, −18.20, −25.70)
(16,17,20,21)	(−19.44, −6.68, 21.27, 58.70)
(16,17,22,23)	(−14.55, 27.50, 1.88, −21.05)
(18,19,20,21)	(18.52, −6.88, −12.83, 15.38)
(18,19,22,23)	(48.87, −5.14, −38.50, −74.71)
(20,21,22,23)	(−192.40, −45.20, 165.38, 304.00)

2.5.2   利用有约束的最小二乘法

对于上面相同的方程利用有约束的最小二乘法可以得到合理解。所得的结果如表 2-7 所列。这时无法得到误判风险 α，但 ω 的值越小说明可能性越大，从中可以得到 ω 为最小的 4 组解：

$(14_-,15_-,20_-,21_+)$ 包括两个故障（风扇效率下降和一导面积增加）；

$(16_-,17_-,20_-,21_+)$ 包括两个故障（低压流量下降和一导面积增加）；

$(18_-,19_-,20_-,21_+)$ 包括两个故障（高压流量下降和一导面积增加）；

$(20_-,21_+,22_-,23_+)$ 包括一个故障（一导面积增加）。

根据故障最少原则应该是一导面积增加，面积增加了 7.35%。检查发现实际的故障是一片第一级导向叶片被烧毁。

表 2-7   故障方程的有约束的最小二乘解

故障因子的组合	故障因子偏差 $\Delta x/\%$	ω
$(14_-,15_-,16_-,17_-)$	$(\ 0.00 \quad 0.00 \quad -1.64 \quad -7.43)$	0.12
$(14_-,15_-,18_-,19_-)$	$(-1.58 \quad 0.00 \quad -2.40 \quad 0.00)$	0.10
$(14_-,15_-,20_-,21_{+\ -})$	$(-0.97 \quad 0.00 \quad 0.00 \quad 6.96)$	0.07
$(14_-,15_-,22_-,23_{+\ -})$	$(-8.51 \quad 0.00 \quad -2.17 \quad 0.00)$	0.14
$(16_-,17_-,18_-,19_-)$	$(0.00 \quad -2.57 \quad -1.89 \quad 0.00)$	0.10
$(16_-,17_-,20_-,21_{+\ -})$	$(\ 0.00 \quad -1.26 \quad 0.00 \quad 6.34)$	0.07
$(16_-,17_-,22_-,23_+)$	$(0.00 \quad -7.03 \quad -0.94 \quad 0.00)$	0.11
$(18_-,19_-,20_-,21_{+\ -})$	$(\ 0.00 \quad -0.89 \quad 0.00 \quad 7.34)$	0.07
$(18_-,19_-,22_-,23_{+\ -})$	$(-2.63 \quad 0.00 \quad 0.00 \quad 0.00)$	0.10
$(20_-,21_+,22_-,23_+)$	$(0.00 \quad 7.35 \quad 0.00 \quad 0.00)$	0.07

2.5.3   单因子的最小二乘法

可以取得的最小分组是每组只包括一个故障因子，这时可以利用最小二乘法来求解。根据式（2.43）最优加权矩阵的开方为

$$R = \boldsymbol{W}^{1/2} = \mathrm{diag}[1.0, 1.2, 0.14, 0.50]$$

$$\Delta \boldsymbol{y} = [0.20, -1.30, 18.20, 3.80]^{\mathrm{T}}$$

令

$$\Delta \boldsymbol{Z} = R \Delta \boldsymbol{y} = [0.20, -1.56, 2.548, 1.9]^{\mathrm{T}}$$

$$\| \Delta \boldsymbol{Z} \|^2 = (0.20)^2 + (-1.56)^2 + (2.548)^2 + (1.9)^2 = 12.575\,904$$

以 x_{21} 为例,由表 2-1 可知故障系数为

$$\boldsymbol{A}_{21} = [0.05, -0.15, 2.50, 0.35]^{\mathrm{T}}$$

令

$$\boldsymbol{B}_{21} = \boldsymbol{A}_{21}^{\mathrm{T}} R = [0.05, -0.18, 0.35, 0.175]$$

$$\parallel \boldsymbol{B}_{21} \parallel^2 = (0.05)^2 + (-0.18)^2 + (0.35)^2 + (0.175)^2 = 0.188\,025$$

$$\Delta x_{21} = \frac{\boldsymbol{B}_{21} \Delta \boldsymbol{Z}}{\parallel \boldsymbol{B}_{21} \parallel^2} =$$

$$\frac{0.05 \times 0.02 + (-0.18) \times (-1.56) + 0.35 \times 2.548 + 0.175 \times 1.9}{0.188\,025} = 8.010\,1$$

$$\omega = 1 - \Delta \widetilde{x}_{21}^2 \parallel \boldsymbol{B}_{21} \parallel^2 / \parallel \Delta \boldsymbol{Z} \parallel^2 =$$

$$1 - 8.010\,1^2 \times 0.188\,025/12.575\,904 = 0.040\,70$$

其他故障因子的结果如表 2-8 所列。由这个结果可以非常清楚地看出故障的原因依次是一导面积增加和高压涡轮效率下降。这两个故障的组合是合理的,因为第一级导向叶片的烧毁必然影响高压涡轮的效率。

表 2-8 单因子的最小二乘解($m = 4, n = 1$)

序号	不加权			加权		
	$\Delta x \%$	ω	α	$\Delta x \%$	ω	α
14	−16.97	0.255 3	< 0.01	−5.43	0.872 9	> 0.25
15	3.92	0.211 0	< 0.01	1.64	0.852 2	> 0.25
16	−9.06	0.202 5	< 0.01	−4.39	0.897 9	> 0.25
17	−9.02	0.128 1	< 0.01	−6.42	0.685 0	> 0.10
18	−2.63	0.101 4	< 0.01	−3.01	0.398 1	< 0.05
19	−12.87	0.981 9	> 0.50	3.84	0.944 2	> 0.50
20	−2.17	0.094 9	< 0.01	−2.51	0.339 7	< 0.025
21	7.35	0.067 8	< 0.01	8.01	0.201 7	> 0.01
22	−4.00	0.240 8	< 0.01	−2.53	0.833 9	> 0.25
23	−7.15	0.113 1	< 0.01	−5.39	0.516 8	< 0.05

以上问题也可以利用双因子方案来求解。

这一章只是对发动机故障的状态诊断方法作了一个粗浅简略的介绍,希望读者通过讨论能够对这种方法有所了解。实际上,这种方法还有许多更丰富、更深层次的内容。读者需要时请查阅专门论著。

思考与练习题

1. 什么是状态诊断?它的诊断对象和应用范围有哪些?

2. 简述状态诊断的基本原理。

3. 状态量与特征量有何区别?

4. 什么是发动机的原始数学模型?

5. 什么是发动机的故障模型?

6. 什么是故障因子?如何引入故障因子?

7. 引入故障因子建立的故障模型是否是发动机的真实故障模型?

8. 什么是故障方程?

9. 故障方程有哪两种类型?两种类型的故障方程各是如何建立的?

10. 两类故障方程中的故障因子有何不同?

11. 写出用数值线性化方法建立小偏差故障方程的步骤。

12. 试述经验故障方程的基本原理和特点。

13. 为什么要进行故障因子的定量化?如何进行故障因子的定量化?

14. 简述故障方程求解的必要条件和求解策略。

15. 什么是线性方程的病态问题?

16. 简述用最小二乘法求解故障方程的原理,并写出最小二乘估计的表达式。

17. 对故障方程为什么要分组求解,最多可分多少组?

18. 在得到了各个子方程组的最小二乘估计后,如何选择合理解?

19. 求出方程的最小二乘估计值 $\hat{X}$ 后,为什么还要进行假设检验?

20. RSS 和 SSR 的意义是什么? ω 的大小说明什么?

21. 为什么假设 H_0 一般以否定域形式给出?

22. 在表 2-4 中选择 4 个故障样本,试利用单因子最小二乘法进行故障诊断。(样本 10 和 21 除外。样本 10 无相应故障因子,样本 21 已作为例题使用。)

第3章　发动机振动诊断方法

在航空发动机故障诊断技术领域,发动机振动诊断方法是最常规和易用的。这种方法的使用时间已经很长,在理论上比较成熟,应用技术上也比较简便易行,因而已经得到了广泛使用。振动诊断方法不仅是故障诊断的重要方法,也是发动机状态监控的主要技术手段。

航空发动机振动监控和故障诊断方法主要用于发动机结构系统,特别是转子系统的机械状态。发动机的振动诊断方法包括两个方面的内容:一是对发动机振动故障本身的原因进行诊断;二是利用振动诊断方法对发动机其他子系统的故障进行诊断。通常认为,振动信号所包含的机械状态的信息是非常丰富的,包括幅值、频率、相位、模态等多种信息,能够直接、广泛地反映结构系统的工作状况;同时,对于高速旋转机械来说,振动,尤其是发动机的非正常振动,又往往是最常见的问题和症结之一。因此,一般均把发动机振动监控和故障诊断放在重要位置。

非正常发动机振动(突发或有明显趋势的)一般可能是发动机的故障征兆。非正常发动机振动可以因压气机或涡轮叶片损坏、转子不平衡或轴承损坏、安装在发动机上附件中的旋转件和附件转动齿轮的失效或其他的故障引起。发动机振动过大,还会引起其他的严重问题,如发动机空中停车。发动机故障的早期告警可使发动机避免严重的二次损伤。所以,无论是在民用还是军用飞机上,都装有发动机振动监视系统 AVM(Airborne Vibration Monitoring)。

一些民用航空发动机所使用的机载振动监视系统 AVM 如表 3-1 所列。

表 3-1　航空发动机 AVM 系统简表

发动机型号 / 飞机型号	加速度计的位置 / 数目	信号处理
CF6 − 50/DC10,A300,B747	风扇轴承、涡轮 /2	宽带
CF6 − 80/A310,B747,B767	风扇轴承、涡轮 /2	跟踪滤波,风扇修正平衡
CFM56 − 3/B737,CFM56 − 5/A320,A340	风扇轴承、涡轮 /2	跟踪滤波,风扇修正平衡
JT8D/B747,B767	(速度传感器),风扇机匣、涡轮 /2	宽带(跟踪)滤波
JT9D − 7J/B747	风扇机匣(风扇轴承)/1(2)	宽带(跟踪)滤波
JT9D − 7R4E/B767,A310	风扇机匣(风扇轴承)/1(2)	宽带(跟踪)滤波
PW4000/B767,B747,A310	风扇机匣(风扇轴承)/1(2)	宽带,跟踪滤波
RB211 − 524/B747	压气机机匣(两个背对背)/2	宽带,跟踪滤波
RB211 − 525/B757	压气机中介机匣(双元素加速度计)/1	宽带,跟踪滤波
V2500/A320	压气机中介机匣(双元素加速度计)/1	跟踪滤波,风扇修正平衡 FFT 分析
D − 30KY/IL − 62M,TY − 154M	压气机、涡轮 /2	跟踪滤波

3.1　振动监视系统概述

发动机振动监视系统包括用于监视和分析发动机振动的全部硬件系统和软件系统。有的自成一个独立的系统,有的作为发动机状态监控系统的一部分。

3.1.1　振动监视系统的组成

典型的机载 AVM 系统由加速度传感器、信号调节器、信号的显示终端和记录仪、屏蔽可靠的传输通道等组成。其中,信号调节器是系统的核心,其作用是对振动信号进行电荷放大、滤波、积分、A/D 转换等处理,如图 3-1 所示。

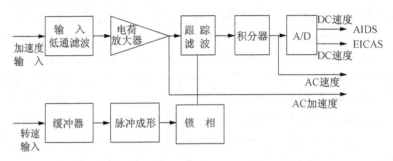

图 3-1　典型的 AVM 系统框图

3.1.2　振动监视系统的监视和诊断功能

完善的振动监视系统通常具有告警、趋势分析、响应特性分析、频谱分析和本机平衡功能。

（1）告警功能

告警功能给机组提供事件或 AVM 系统状况恶化的警告。最主要的告警功能是振动超限告警。

（2）趋势分析功能

考察振动数据的变化趋势及趋势的变化速率,并据以发现潜在的故障。更完善的系统还具有预测、预报功能,甚至具有故障识别和决策的功能。

（3）响应特性分析

测量和记录每台发动机各振动传感器位置在整个飞行过程中的加速、减速及稳态过程的振动响应曲线。利用与转子系统动力响应特性曲线或与典型故障的响应曲线进行对比,实施故障诊断。

（4）频谱分析功能

频谱分析的方法后面将专门讨论。

（5）本机平衡功能

现代民用发动机 AVM 系统可以提供振动的振幅和相位信号，因而在必要时可以在试车台或停机坪对低压转子（风扇）进行原位平衡。这也是提高发动机性能、改善维修性的重要措施之一。

3.2　发动机的主要激振源

发动机振动是很复杂的，激起发动机振动的原因有很多。发动机振动按其振动本身的性质可分为强迫振动和自激振动；按相应的激振力可分为外部激振力和自激力；按激振力的物理性质可分为机械力、流体力和声波激振力等。振动的原因又往往与发动机的某些零部件有关，因而按其关系可将振源划分为：转子源、轴承源、传动齿轮源、结构源（支板、静叶）以及压气机喘振、加力振荡、机匣共振等。

3.2.1　转子激振源

转子激振源是高速旋转机械最基本和最主要的激振源。转子激振的根源主要有两个：转子不平衡和支承不对中。

1. 转子不平衡与转子的临界转速

虽然在发动机总装之前，转子部件要在平衡机上进行严格的静、动平衡，在总装之后还进行过原位平衡，但是，转子的不平衡量仍然不可能为零。前面所做的一切只是在提高转子的平衡精度。当转子高速旋转时，微小的不平衡量也会产生很大的离心惯性力。所以，在一般情况下，转子不平衡是发动机的主要振源。转子不平衡引起的发动机振动，其特征是振动的频率始终与转速相等。工程上是通过限制不平衡量来保证发动机振动在允许的范围之内。一般发动机转子的不平衡量限制在 10 g·cm 以下，对于小发动机有的仅允许不大于 1 g·cm 的不平衡量。

发动机在使用过程中，由于高速、高温、高载荷的作用，转子可能发生变形、磨损、连接及刚性的变化，工作叶片可能折断或因蠕变而伸长，这些都可能导致发动机转子原有的平衡状态被破坏而发生转子不平衡引起的发动机振动问题。

从发动机的振动曲线可以看到：发动机的振动量是随着转速的提高逐渐增大的。但是有这样一种现象：当发动机的转速接近某一转速值时，振动量会显著增加，当转速超过这一转速值时，振动量又会明显减小。这一转速就叫做转子的"临界转速"。临界转速是转子-支承系统的一个固有特性，在概念上与机械振动系统的固有频率类似。所以，在临界转速下振动显著增大的现象也是由于"共振"引起的。由于发生了共振，平衡得再好的转子，不平衡度再小，不平衡惯性力也会引起强烈的振动，因此应该避免发动机在临界转速附近工作。同时，在结构上也要采取一定的措施(如挤压油膜阻尼器)以减小共振时的振幅。对于这一点，在发动机设计和制造阶段已经考虑到，比如说发动机转子的临界转速一般设计在巡航状态的工作转速以下。但是发动机在工作时仍然可能出现这方面的问题，如由于某种原因临界转速值发生了变化，移动到了发动机经常工作的转速范围以内；或结构上的减振措施失效。所以，在进行发动机振动故障诊断时，应该考虑到这些问题的可能性。

2. 转子支承不对中

所谓支承不对中是指转子-支承的几何轴心和机匣的几何轴心不在一条直线上或当转子具有三个以上支点时，各支点的中心不在一条直线上(或称为转子的多个支点不同轴)。后一种情况在地面汽轮机上是很常见的。从发动机的结构特点可以看出，转子-支承-机匣不同心的情况在很多时候是无法避免的。支承不对中会引起旋转机械的振动，其特征是频率为转子转速2倍的振动分量。

3.2.2　气动激振力

气动激振力也是燃气涡轮发动机最基本和最主要的激振源。其中：一类气体激振力的产生与转子的运动无关，如压气机喘振和旋转失速，这些是大家已经熟知的；另一类气体激振力则是由于转子的运动而引起的，如篦齿密封装置的气弹效应和涡轮叶尖间隙的气弹效应等，这些力是高速的叶轮及密封装置旋转件与静子间的小间隙处气弹效应造成的。前一类气体激振力使发动机发生受迫振动，后一类则使发动机发生自激振动。气体激振力的能量很大，因为它的能源来自高温、高压和高速的气流，一旦发生，其振动总能量往往大于转子源的能量，所以危害也很大。

下面以篦齿密封装置的气弹效应为例，说明气弹效应的机理。

篦齿密封装置的气弹效应，可以用图3-2来加以说明。为便于分析，设这一装置只有两道篦齿。密封装置前的压力是 p_0，密封装置后的压力是 p_2，$p_0 > p_2$；密封腔内的压力 p_1 的大小，取决于 p_0、p_2 及密封齿隙 δ_1、δ_2。现假定因制造误差，使进气齿隙 δ_1 大于排气齿隙 δ_2。设转子因受到初始扰动而产生了进动，则在任一径向平面内，封严篦齿就相对静子作径向振动。如果假定气体在密封腔内没有周向流动，则周向任一角度 θ 处密封腔内的压力只和该平面内的进、排气齿隙有关。

再来分析某一径向平面内的封严篦齿。密封腔内的气体压力正比于其中的气体量，假定在篦齿之偏移为零时，漏入与漏出之气流量相等，处于动态平衡状况。那么，在篦齿径向偏移大于平均间隙(偏移为零)，即篦齿自平衡位置偏离静子，到间隙达到最大，再趋近静子，直至回到平衡位置的这半周振动过程中,由于平均间隙 $\delta_1 > \delta_2$,故排气面积将始终比进气面积相对增大得多。这就是说,这半周内,排气量始终大于进气量,因而 p_1 是不断减小的。在这一半周振动结束,即篦齿再回到平衡位置时,p_1 达到其最小值。

在随后的半周振动中,篦齿自平衡位置趋向静子,其间隙达到最小,再偏离静子,直至再回到平衡位置,封严齿隙始终小于平均间隙,故排气面积始终比进气面积减小得多。这就是说,在这一半周振动过程中,排气量始终小于进气量,故密封腔内的压力是不断增大的。在这一半周末了,篦齿再回到平衡位置,也即上一个半周的起始位置时,p_1 又达到最大值。

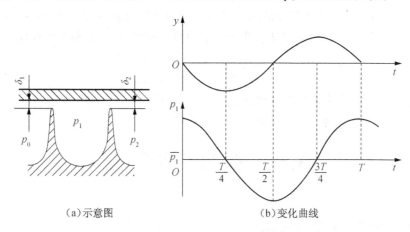

（a）示意图　　　　　　　　　（b）变化曲线

图 3-2　封严篦齿的气弹效应

上述过程,如图 3-2(b) 中位移 y、密封腔压力 $p_1(\theta)$ 的变化曲线所示。由此可见,在 $t = \dfrac{T}{4} \sim \dfrac{3}{4}T$ 的半周内,篦齿始终向静子趋近,而密封腔内压力 p_1 始终小于其平均值 p_{1a};反之,在另一半周期内,篦齿振动始终为偏离静子方向,而密封腔内压力 p_1 始终大于其平均压力 p_{1a}。因此,在这一振动过程中,气流对篦齿的振动是输入功的。所以,封严篦齿的气弹效应是一种自激因素。

在航空燃气涡轮发动机中,转子自激振动的特征是振动信号中出现的频率是发动机转速的分数倍(即 1/2,2/3 等)的振动分量,被称为付谐波振动。

3.2.3　轴承激振源

轴承也是发动机振动的激振源。滚动轴承的各个元件的几何不精确度、外环弹性变形和滚动体上载荷分布不均匀造成的可变的柔度以及保持架在游隙内的活动等均是产生轴承振动的原因。其振动频率主要与轴承工作转速、滚子直径、滚子数量等有关。而轴承中的缺陷(如滚珠、内环、外环、保持架等的缺陷),还会引起旋转中心偏离几何中心线,产生冲击性的振动。例如轴承内环保持架的壁厚差会导致转子的一阶谐波频率的振动,内环的椭圆度则会导致二阶谐波频率的振动等。一般轴承的振动信号比较复杂,相对其他振动信号太弱,研究时要采取专门的测试方法。

3.2.4　齿轮激振源

通常发动机的附件传动齿轮箱、涡桨和涡轴发动机的减速器产生的振动不大,特点是频率范围很宽、频谱密集。产生这些振动的原因是齿轮传动的运动误差、齿轮的不均匀度、啮合齿在载荷作用下的变形等。该振动随传动载荷和转速的增大而增大,其频率等于齿轮齿数与旋转速度的乘积的整数倍,即

$$f = izn/60 \qquad i = 1,2,3,\cdots$$

式中:z 为齿轮齿数;n 为齿轮每分钟转速。

只有共振或其他较大振动时,才会造成严重故障。

3.3　信号分析基础

3.3.1　振动信号的分类

振动是物体机械运动的一种特殊形式。振动常用运动的时间历程函数来描述,如用位移、速度或加速度的时间函数来表示。按照振动过程的数学特征,可将振动信号分类,如图 3 - 3所示。

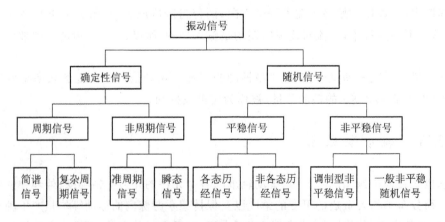

图 3 - 3　振动信号的分类

1. 确定性信号

确定性信号是由确定性振动过程产生的。所谓确定性过程即该系统的振动状态可以用确切的时间函数来表述。

周期信号是一种周期性重复变化的信号,包括简谐信号和复杂周期信号。表述简谐信号的基本物理量是频率、振幅和初相位;复杂周期信号由若干简谐信号合成(各信号频率之间有公倍数),可借助于傅里叶级数展开成一系列简谐分量之和,其中任意两个分量的频率之比都是有理数。

非周期信号包括准周期信号和瞬态信号。准周期信号也是由一些离散频率的简谐信号合成的信号,但它不具有周期性。组成它的简谐分量中总有两个信号的频率之比为无理数;瞬态信号的时间函数为各种脉冲函数或衰减函数,如有阻尼自由振动的时间历程函数就是瞬态信号。对于瞬态信号可借助于傅里叶变换得到确定的连续频谱函数。

常见的确定性信号如图 3-4 所示。

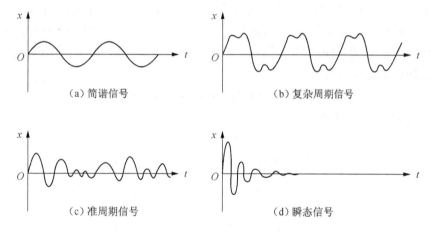

(a) 简谐信号　　　　　　　　　　(b) 复杂周期信号

(c) 准周期信号　　　　　　　　　　(d) 瞬态信号

图 3-4　确定性信号

2. 随机信号

如果系统的状态不可以用确切的时间函数来表述,无法确定状态变量在某瞬时的确切数值,且其物理过程具有不可重复性和不可预知性,则称这样的振动过程是随机振动,所得到的描述其运动过程的信号即是随机信号。随机信号的特征是信号波形复杂,变化无规律,且没有明显的频率和周期特征。随机信号虽然具有不确定性,但却具有一定的统计规律性,可以借助于概率论和随机过程理论来描述。

图 3-5 所示为一段随机信号。

图 3 - 5　随机信号样本

在工程实践中,通常是在相同的条件下,对某台设备(或同一型号的设备)进行大量的重复试验,并对实验所得的数据进行统计分析,来研究其规律性。对于该物理(振动)过程所做的各次观测,可以得到一系列时间历程函数 $x_i(t)$, $i=1,2,\cdots$。这些函数的集合总体

$$X(t)=\{x_1(t),x_2(t),\cdots,x_N(t),\cdots\}$$

就表达了该随机振动过程。

观测过程称为随机试验,观测所得到的时间函数称为样本函数,简称样本。在一般情况下,所谓随机试验要求在相同条件下,同一台(或同一型号)设备,大量重复的试验。从理论上讲:时间函数的数量应该是许许多多乃至无穷,且时间区间为无限长。而要满足这样的条件实际上是不可能的。实践中我们只能进行有限次、有限时间的随机试验,因而只能获得有限数目(N)和有限长度的样本记录,即:

$$X(t)=\{x_1(t),x_2(t),\cdots,x_N(t)\}$$

样本函数如图 3 - 6 所示。

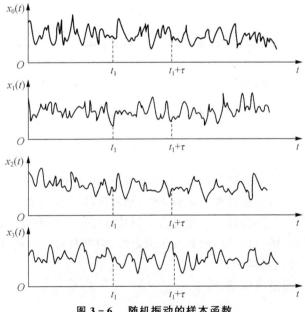

图 3 - 6　随机振动的样本函数

3. 平稳随机信号和各态历经信号

若随机信号 $X(t)$ 的统计特性（E、均方值、均方差值等）不随时间原点的选取而变化，则称为平稳随机信号；反之，称为非平稳随机信号。对于平稳随机信号，通过一段时间的随机试验，就可以得到总体的统计特性。这时，虽然仍需进行尽可能多次的随机试验来得到该振动过程的统计特性，但时间历程函数（样本）的长度可以是有限长的。这些给研究该振动过程的统计特性带来了可能。

如果随机振动过程的每一单个样本记录都能遍历过程的各种可能的状态，则可以作为整个过程的充分代表，这样就可以用任意一个样本记录的统计特性代表总体的统计特性。这种特征称为各态历经性或遍历性（ergodic）。具有以上特性的振动过程称为各态历经过程。

对于各态历经过程，因为只要有一个样本函数就可以描述整个随机振动过程，因此对任意一次随机试验得到的样本记录进行统计分析就可以得到总体的统计特性。一般认为，航空发动机的振动信号是各态历经的，这是应用信号分析仪进行发动机故障诊断的前提。

3.3.2　振动信号的时域特征

振动信号的分析可以在时域、时延域和频域进行。不同域的统计特征从不同的方面描述了随机过程。本小节先简单介绍一下振动信号在时域内的统计特性，重点在于理解这些统计特征对于随机振动过程的物理意义。

1. 均值（数学期望）

均值即数学期望

$$m_x = \mathrm{E}[x(t)] = \int_{-\infty}^{+\infty} x p(x) \mathrm{d}x$$

式中：$p(x)$ 为概率密度函数，表示连续型随机变量 X 的幅值 x 的分布密度。

对各态历经过程，此值可由一个样本函数的时域平均求得，即

$$m_x = \mathrm{E}[x(t)] = \lim_{T \to \infty} \frac{1}{T} \int_0^T x(t) \mathrm{d}t$$

均值的物理意义：它是随机振动过程的摆动中心，静态分量。

2. 均方值

均方值又称为二阶原点矩。

$$\psi_x^2(t) = \mathrm{E}[x^2(t)] = \int_{-\infty}^{+\infty} x^2 p(x) \mathrm{d}x$$

对各态历经过程，此值可由一个样本函数在各时刻幅值平方的平均来计算，即：

$$\psi_x^2(t) = \mathrm{E}[x^2(t)] = \lim_{T \to \infty} \frac{1}{T} \int_0^T x^2(t) \mathrm{d}t$$

均方值反映了随机振动过程的能量特征,是随机振动过程总功率的统计平均值。

3. 均方差值

均方差值又称为二阶中心矩和标准离差。

$$\sigma_x^2 = \mathrm{E}\{[x(t) - \mathrm{E}_x(t)]^2\} = D[x(t)] = \int_{-\infty}^{+\infty} (x - m_x)^2 p(x) \mathrm{d}x$$

对各态历经过程,其表达式为

$$\sigma_x^2 = \lim_{T \to \infty} \frac{1}{T} \int_0^T (x - m_x)^2 \mathrm{d}t$$

均方差值是分散度或偏离程度的测度,反映了随机振动过程幅值的平均离差,是随机振动过程的动态分量。

4. 各特征信息之间的关系

均值、均方值及均方差值之间的关系为

$$\sigma_x^2 = \psi_x^2 - m_x^2$$

3.4 振动分析方法

3.4.1 相关分析

相关分析是对两个随机变量之间相互关联的统计分析。这种统计关系,通常用相关函数来描述。对于平稳随机过程,相关函数又随着时间坐标的移动(简称时差或时延)而变化。相关函数一般包括自相关函数和互相关函数。

自相关函数的意义如下:

① 表示现在的波形(或图像)与时间坐标移动了 τ 之后的波形(或图像)之间的相似程度。

② 建立随机过程一个时刻的幅值(或图像)与另一个时刻的幅值(或图像)之间的依赖关系。

③ 给出观察的时间过程 T 内,同一随机过程中相隔时间为 τ 的两个幅值乘积的集合平均值。

自相关函数有以下几个主要用途:

① 可以检测混淆于随机过程中的周期性信息。

② 可以定量地知道信号的总能量、静态分量、动态分量以及所含的频率成分是丰富、宽

广还是贫乏、窄小。

③ 描述过程随时延坐标变化的相关性。

互相关函数的意义如下：

① 表示两个随机波形（或图像）之间的相关程度与时延坐标的关系。

② 给出观测时间过程 T 内，两不同随机过程中相隔时间为 τ 的两个幅值乘积的集合平均值。

由于互相关函数比自相关函数提供更多的信息，因而更为重要，也应用得更为广泛。其重要用途如下：

① 检拾与回收噪声中的信号；

② 测量滞后时间；

③ 确定传递通道；

④ 确定各振源在振动响应中所占的比重。

1. 自相关函数

同一随机过程在时刻 t_1 和 t_2 的两个实随机变量 $x(t_1)$ 与 $x(t_2)$ 之乘积的集合平均，即

$$\phi_{xx}(t_1, t_2) = \mathrm{E}[x(t_1)x(t_2)] \tag{3.1}$$

称为自相关函数。

对平稳随机过程，自相关函数只与两时刻之差值 τ 有关，与 t_1 和 t_2 的具体值无关，故 $\phi_{xx}(t_1, t_2)$ 可记作 $\phi_{xx}(\tau)$，则有

$$\phi_{xx}(\tau) = \mathrm{E}[x_1(t)x_2(t+\tau)] = \int_{-\infty}^{\infty}\int_{-\infty}^{\infty} x_1 x_2\, p(x_1, x_2)\mathrm{d}x_1 \mathrm{d}x_2 \tag{3.2}$$

式中：$p(x_1, x_2)$ 为 t 和 $t+\tau$ 时刻的随机变量 x_1 和 x_2 的联合概率密度函数。

对于各态历经过程，自相关函数又等于单个样本函数上 $x(t)$ 和 $x(t+\tau)$ 的时间平均

$$\phi_{xx}(\tau) = \lim_{T\to\infty} \frac{1}{T}\int_0^T x(t)x(t+\tau)\mathrm{d}t \tag{3.3}$$

自相关函数的主要数学性质如下：

① 若随机过程中的变量是实数，则 $\phi_{xx}(\tau)$ 是实偶函数，即 $\phi_{xx}(\tau) = \phi_{xx}(-\tau)$。若随机过程中的变量是复数，则 $\phi_{xx}(\tau)$ 一般是复数，且有 $\phi_{xx}(\tau) = \phi_{xx}^{*}(-\tau)$。这里"$*$"表示共轭。

② 在 $\tau = 0$ 时，自相关函数为最大值，且等于均方值，即

$$\phi_{xx}(0) = \phi_{xx}(\tau)_{\max} = \mathrm{E}[x^2] = \psi_x^2$$

③ 在 $\tau = \infty$ 时，自相关函数趋近于平均值的平方，即

$$\lim_{\tau\to\infty}\phi_{xx}(\tau) = \phi_{xx}(\pm\infty) = m_x^2$$

④ 自相关函数是有界的，即

$$-\sigma_x^2 + m_x^2 \leqslant \phi_{xx}(\tau) \leqslant \sigma_x^2 + m_x^2$$

⑤ 如果随机信号 $x(t)$ 由噪声信号 $n(t)$ 和与之不相关的信号 $\lambda(t)$ 组成,则有

$$\phi_{xx}(\tau) = \phi_{\lambda\lambda}(\tau) + \phi_{nn}(\tau)$$

以上各式中: ψ_x^2 为均方值; σ_x^2 为标准方差,且

$$\sigma_x^2 = \lim_{T\to\infty} \frac{1}{T} \int_0^T [x(t) - m_x]^2 \, \mathrm{d}t$$

2. 互相关函数

若考虑时刻为 $t_1 = t, t_2 = t + \tau$,则两个实随机过程 X 和 Y 之间的互相关函数为

$$\phi_{xy}(t_1, t_2) = \mathrm{E}[x(t)y(t+\tau)] \tag{3.4a}$$

$$\phi_{yx}(t_1, t_2) = \mathrm{E}[y(t)x(t+\tau)] \tag{3.4b}$$

与自相关函数类似,两个实平稳随机过程的互相关函数为

$$\phi_{xy}(\tau) = \mathrm{E}[x(t)y(t+\tau)] = \int_{-\infty}^{\infty}\int_{-\infty}^{\infty} x_1 y_2 \, p(x_1, y_2) \mathrm{d}x_1 \mathrm{d}y_2 \tag{3.5a}$$

$$\phi_{yx}(\tau) = \int_{-\infty}^{\infty}\int_{-\infty}^{\infty} x_2 y_1 \, p(x_2, y_1) \mathrm{d}x_2 \mathrm{d}y_1 \tag{3.5b}$$

对于各态历经过程,互相关函数可用单个样本的时间历程来平均,即

$$\phi_{xy}(\tau) = \lim_{T\to\infty} \frac{1}{T} \int_0^T x(t)y(t+\tau) \mathrm{d}t \tag{3.6}$$

互相关函数的主要数学性质如下:
① 互相关函数不是 τ 的偶函数,即

$$\phi_{xy}(\tau) \neq \phi_{xy}(-\tau)$$

而是

$$\phi_{xy}(\tau) = \phi_{yx}(-\tau)$$

对于两个复函数的复互相关,有

$$\phi_{xy}(\tau) = \phi_{yx}^*(-\tau)$$

$$\phi_{yx}(\tau) = \phi_{xy}^*(-\tau)$$

式中:" $*$ "表示共轭。
② 互相关函数与协方差 $C_{xy}(\tau)$ 之间的关系为

$$\phi_{xy}(\tau) = C_{xy}(\tau) + m_x m_y$$

$$\phi_{yx}(\tau) = C_{yx}(\tau) + m_y m_x$$

③ 互相关函数是有界的,即

$$(-\sigma_x\sigma_y + m_x m_y) \leqslant \phi_{xy}(\tau) \leqslant (\sigma_x\sigma_y + m_x m_y)$$

④ 在 $\tau = \infty$ 时刻,一般 x 与 y 之间不存在相关性,所以

$$\phi_{xy}(\tau \to \infty) \to m_x m_y$$

$$\phi_{yx}(\tau \to \infty) \to m_y m_x$$

⑤ 互相关函数的最大值,一般不在 $\tau = 0$ 处。

3. 计算相关函数的步骤

相关函数的计算步骤如下:

① 对各态历经过程,取一个相当长时间的样本函数(对周期函数可取一个周期),分区写出函数关系式。

② 若样本函数可用数学关系式表达,则可用时间平均法通过积分计算自相关函数或互相关函数,见式(3.3)和式(3.6)。

③ 若样本函数不能用数学关系式表达,则积分式只能用有限的求和式来代替。将样本函数用时间间隔 Δt 分割成一系列不连续的离散值,若采样时间为 T,则样点数 $N = \dfrac{T}{\Delta t} + 1$,于是自相关函数为

$$E[x(t)y(t+\tau)] = \frac{1}{N}\sum_{i=1}^{N} x_i(t)x_i(t+\tau)$$

式中:τ 应取 Δt 的整数倍。互相关函数的求法与此类似。

现在,相关函数的计算通常都是由计算机或信号分析仪来完成的。

[**例 3.1**]　利用互相关函数确定两路信号之间的相位差。

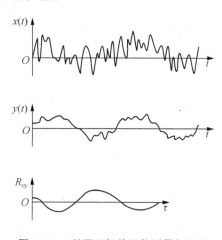

在研究转子篦齿密封装置气弹效应的实验中,测试了两路信号,一路 $y(t)$ 是转子的挠度信号,另一路 $x(t)$ 是同一位置密封腔内的动态压力信号,如图3-7所示。问题是要确定在不同实验条件下,两路信号的相位关系,因为此相位关系决定着篦齿密封装置气弹力的性质,其机理已经在3.3节进行了讨论。因为两路信号都是随机信号,波形比较复杂,使得无法精确测量相位角,因此想到利用相关分析中的互相关函数解决此问题。如图3-7所示的第三条曲线 R_{xy} 为信号 $x(t)$ 与 $y(t)$ 的互相关函数。因为转子的振动信号与转子转速有关,具有明显的周期性,而动态压力也依转子的挠度(径向位移)变化,也具有和转速同频的

图 3-7　利用互相关函数测量相位差

周期性。根据相关函数的性质,互相关函数 R_{xy} 也是周期性函数,其频率应是转速频率的 2 倍。已知:实验装置的工作转速为 3 000 r/min,实测得到互相关函数最大值位置的滞后时间 τ 为 2.7 ms,所以可以算出 $x(t)$ 与 $y(t)$ 的相位差为 305°〔或 $y(t)$ 比 $x(t)$ 超前 55°〕。

3.4.2　频谱分析

从发动机上直接测得的信号是振动幅值对时间的函数,称为振动的时间历程,是振动过程在时间域的描述.对于简单的振动,这种描述方法也同时给出了振动的频率.但是,发动机的振动是复杂的随机振动,对于这样的振动,时间域的描述往往不易全面、深刻地反映振动的特点.例如,不易看出振动含有哪些频率成分,何种频率成分占优势,各种频率的振动能量分别是多少等,而这些正是振动诊断中要分析的.这就需要描述振动过程频率特征的函数.把振动的时间历程通过傅里叶变换转变为在频率域描述的函数,或者说把复杂的振动波形分解为不同频率的振动分量,这一过程称为频率分析.这样得到的是频域函数,其中最常用的是功率谱密度函数,或简称谱密度.

在物理现象中,谱的概念总是和频率联系在一起.光谱分析可以把白色的阳光分解为七色彩虹,声谱分析可以在同一音阶上将小提琴和钢琴的声音区分开来,而功率谱则给出了振动能量在频率域上的分布.通过对功率谱的研究,可以得到更多的振动信息,发现更隐蔽的振源,为故障诊断提供更充分、更科学的依据.

1. 傅里叶级数到傅里叶积分

已知:如果 $f(t)$ 是以 T 为周期的周期函数,并且在 $\left(-\dfrac{T}{2},\dfrac{T}{2}\right)$ 上满足狄氏条件,则 $f(t)$ 可以展开成傅里叶级数,即

$$f(t)=\frac{a_0}{2}+\sum_{n=1}^{\infty}(a_n\cos n\omega t+b_n\sin n\omega t) \tag{3.7}$$

式中:$a_n=\dfrac{2}{T}\displaystyle\int_{-\frac{T}{2}}^{\frac{T}{2}}f(t)\cos n\omega t\,\mathrm{d}t \qquad n=0,1,2,\cdots$

$\qquad b_n=\dfrac{2}{T}\displaystyle\int_{-\frac{T}{2}}^{\frac{T}{2}}f(t)\sin n\omega t\,\mathrm{d}t \qquad n=0,1,2,\cdots$

$\qquad \omega=\dfrac{2\pi}{T}$

常用的周期函数有三角波、矩形波、锯齿波等.

狄氏条件:

① $f(t)$ 在该区间上或者连续,或者只有有限个第一类间断点.

注:在第一类间断点 c 上,函数的左极限 $f(c-0)$ 和右极限 $f(c+0)$ 存在,它们或相等或不等,但都不等于 $f(c)$.

② $f(t)$ 在该区间至多有有限个极值点,亦即可以把区间 $\left(-\dfrac{T}{2},\dfrac{T}{2}\right)$ 分成 $f(t)$ 的有限个单

调区间。

引用欧拉公式：

$$\cos n\omega t = \frac{e^{jn\omega t} + e^{-jn\omega t}}{2}$$

$$\sin n\omega t = \frac{e^{jn\omega t} - e^{-jn\omega t}}{2j}$$

代入傅氏级数的三角形式(3.7)，得傅氏级数的复数形式为

$$f(t) = c_0 + \sum_{n=1}^{\infty}(c_n e^{jn\omega t} + d_n e^{-jn\omega t}t)$$

式中：$c_0 = \dfrac{a_0}{2} = \dfrac{1}{T}\displaystyle\int_{-\frac{T}{2}}^{\frac{T}{2}} f(t)\mathrm{d}t$

$$c_n = \frac{a_n - jb_n}{2} = \frac{1}{T}\int_{-\frac{T}{2}}^{\frac{T}{2}} f(t)(\cos n\omega t - j\sin n\omega t)\mathrm{d}t = \frac{1}{T}\int_{-\frac{T}{2}}^{\frac{T}{2}} e^{-jn\omega t}\mathrm{d}t \qquad n = 0,1,2,\cdots$$

$$d_n = \frac{a_n + jb_n}{2} = \frac{1}{T}\int_{-\frac{T}{2}}^{\frac{T}{2}} f(t)(\cos n\omega t + j\sin n\omega t)\mathrm{d}t = \frac{1}{T}\int_{-\frac{T}{2}}^{\frac{T}{2}} e^{jn\omega t}\mathrm{d}t \qquad n = 0,1,2,\cdots$$

或

$$f(t) = \sum_{n=-\infty}^{+\infty} c_n e^{jn\omega t} = \frac{1}{T}\sum_{n=-\infty}^{+\infty}\left[\int_{-\frac{T}{2}}^{\frac{T}{2}} f(\tau)e^{-jn\omega t}\mathrm{d}\tau\right]e^{jn\omega t} \tag{3.8}$$

式中：$c_n = \dfrac{1}{T}\displaystyle\int_{-\frac{T}{2}}^{\frac{T}{2}} f(t)e^{-jn\omega t}\mathrm{d}t \qquad n = \pm 0,\pm 1,\pm 2,\cdots$

对于非周期函数 $f(t)$，可以把它看做是周期函数 $f_T(t)$ 当 $T \to \infty$ 时的极限。由式(3.8)，令 $T \to \infty$ 取极限，即得：

$$f(t) = \lim_{T\to\infty} f_T(t) = \lim_{T\to\infty}\frac{1}{T}\sum_{n=-\infty}^{\infty}\left[\int_{-\frac{T}{2}}^{\frac{T}{2}} f_T(\tau)e^{-jn\omega\tau}\mathrm{d}\tau\right]e^{jn\omega t} \tag{3.9}$$

令 $\omega_n = n\omega,\Delta\omega = \omega_n - \omega_{n-1}$，则

$$\Delta\omega = n\omega - (n-1)\omega = \omega = \frac{2\pi}{T}$$

$$T = \frac{2\pi}{\Delta\omega} \qquad T \to \infty,\Delta\omega \to 0,\omega_n \to \omega$$

代入式(3.9)得

$$f(t) = \lim_{\substack{T\to\infty \\ \Delta\omega\to 0}}\frac{1}{2\pi}\sum_{n=-\infty}^{\infty}\left[\int_{-\frac{T}{2}}^{\frac{T}{2}} f_T(\tau)e^{-j\omega_n\tau}\mathrm{d}\tau\right]e^{j\omega_n t}\Delta\omega =$$

$$\frac{1}{2\pi}\int_{-\infty}^{\infty}\left[\int_{-\infty}^{\infty} f_T(\tau)e^{-j\omega\tau}\mathrm{d}\tau\right]e^{j\omega t}\mathrm{d}\omega \tag{3.10}$$

存在定理：

若 $f(t)$ 在任何有限区间上满足狄氏条件，并且在 $(-\infty,+\infty)$ 绝对可积，即 $\displaystyle\int_{-\infty}^{\infty}|f(t)|\mathrm{d}t$

存在,则有:

$$\frac{1}{2\pi}\int_{-\infty}^{\infty}\left[\int_{-\infty}^{\infty}f_T(\tau)\mathrm{e}^{-\mathrm{j}\omega\tau}\,\mathrm{d}\tau\right]\mathrm{e}^{\mathrm{j}\omega t}\,\mathrm{d}\omega=\begin{cases}f(t) & \text{当 }t\text{ 为连续点}\\[2mm]\dfrac{f(t+0)+f(t-0)}{2} & \text{当 }t\text{ 为不连续点}\end{cases}$$

在这里把周期函数的傅里叶级数公式扩展为非周期函数的傅里叶积分。

2. 傅里叶变换的定义

由式(3.10)

$$f(t)=\frac{1}{2\pi}\int_{-\infty}^{\infty}\left[\int_{-\infty}^{\infty}f_T(\tau)\mathrm{e}^{-\mathrm{j}\omega\tau}\,\mathrm{d}\tau\right]\mathrm{e}^{\mathrm{j}\omega t}\,\mathrm{d}\omega$$

设

$$F(\omega)=\int_{-\infty}^{\infty}f_T(\tau)\mathrm{e}^{-\mathrm{j}\omega\tau}\,\mathrm{d}\tau \qquad \omega\in(-\infty,+\infty) \tag{3.11}$$

则式(3.10)可改写为

$$f(t)=\frac{1}{2\pi}\int_{-\infty}^{\infty}F(\omega)\mathrm{e}^{\mathrm{j}\omega t}\,\mathrm{d}\omega \tag{3.12}$$

式中:$F(\omega)$ 为自变量且为实数的复函数。

由式(3.11)、(3.12)可见:$f(t)$ 和 $F(\omega)$ 通过指定的积分运算可以互相表达;式(3.11)称为 $f(t)$ 的傅里叶变换(简称傅氏变换);式(3.12)称为 $F(\omega)$ 的傅氏逆变换;把式(3.11)、(3.12)一起称为傅氏变换对。

存在条件:傅氏积分存在定理的条件,也是 $f(t)$ 的傅里叶变换存在的一种充分条件。

[**例 3.2**] 求指数衰减函数的傅氏变换。

解 指数衰减函数为

$$f(t)=\begin{cases}0 & t<0\\ \mathrm{e}^{-\beta t} & t\geqslant 0\end{cases}$$

式中:$\beta>0$,如图 3-8 所示。

由式(3.11)

$$F(\omega)=\int_{-\infty}^{+\infty}f(t)\mathrm{e}^{-\mathrm{i}\omega t}\,\mathrm{d}t=\int_{-\infty}^{+\infty}\mathrm{e}^{-\beta t}\mathrm{e}^{-\mathrm{i}\omega t}\,\mathrm{d}t=$$

$$\int_{-\infty}^{+\infty}\mathrm{e}^{-(\beta+\mathrm{i}\omega)t}\,\mathrm{d}t=-\frac{1}{\beta+\mathrm{i}\omega t}\mathrm{e}^{-(\beta+\mathrm{i}\omega)t}\Big|_{0}^{+\infty}$$

因为 β、ω、t 都是实数,又 $\beta>0$,$|\mathrm{e}^{-(\beta+\mathrm{i}\omega)t}|=\mathrm{e}^{-\beta t}$,当 $t\to+\infty$ 时,$\mathrm{e}^{-\beta t}\to 0$,所以 $\lim\limits_{t\to+\infty}\mathrm{e}^{-(\beta+\mathrm{i}\omega)t}=0$。于是

$$F(\omega)=\frac{1}{\beta+\mathrm{i}\omega}=\frac{\beta-\mathrm{i}\omega}{\beta^2+\omega^2}$$

这就是指数衰减函数的傅氏变换。

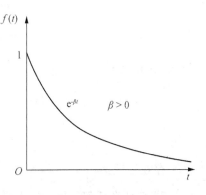

图 3-8 指数衰减函数

$F(\omega)$ 一般为复函数(复数含有相位信息),它的共轭复数 $F^*(\omega)$ 为

$$F^*(\omega) = \frac{\beta + i\omega}{\beta^2 + \omega^2}$$

3. 傅里叶变换的物理意义

引进有限样本函数

$$x_T(t) = \begin{cases} x(t) & -\dfrac{T}{2} \leqslant t \leqslant \dfrac{T}{2} \\ 0 & |t| > \dfrac{T}{2} \end{cases}$$

对 $x(t)$ 进行傅氏变换

$$X_T(\omega) = \int_{-\infty}^{+\infty} x_T(t) e^{-i\omega t} dt$$

$$x_T(t) = \frac{1}{2\pi} \int_{-\infty}^{+\infty} X_T(\omega) e^{i\omega t} d\omega$$

已知均方值 —— 该信号的总功率为

$$\hat{\psi}_x^2 = \frac{1}{T} \int_{-\frac{T}{2}}^{+\frac{T}{2}} x_T^2(t) dt =$$

$$\frac{1}{T} \int_{-\infty}^{+\infty} x_T(t) \left[\frac{1}{2\pi} \int_{-\infty}^{+\infty} X_T(\omega) e^{-i\omega t} d\omega \right] dt =$$

$$\frac{1}{2\pi T} \int_{-\infty}^{+\infty} X_T(\omega) \left[\int_{-\infty}^{+\infty} x_T(t) e^{-i\omega t} dt \right] d\omega =$$

$$\frac{1}{2\pi T} \int_{-\infty}^{+\infty} X_T(\omega) X^*(\omega) d\omega =$$

$$\frac{1}{2\pi T} \int_{-\infty}^{+\infty} |X_T(\omega)|^2 d\omega$$

式中: $X^*(\omega)$ 是复函数 $X(\omega)$ 的共轭。当 $T \to \infty$,得

$$\hat{\psi}_x^2 = \lim_{T \to \infty} \frac{1}{T} \int_{-\frac{T}{2}}^{+\frac{T}{2}} x_T^2(t) dt = \frac{1}{2\pi} \int_{-\infty}^{+\infty} \lim_{T \to \infty} \left\{ \frac{1}{T} |X_T^2(\omega)| \right\} d\omega$$

式中: $\lim\limits_{T \to \infty} \dfrac{1}{T} |X_T(\omega)|^2 = S(\omega)$ 称为功率谱密度函数。因为它在 $-\infty \leqslant \omega \leqslant +\infty$ 上定义,故又称为双边功率谱密度。

由此可见:在时域 $-\infty \leqslant t \leqslant +\infty$ 和频域 $-\infty \leqslant \omega \leqslant +\infty$ 上有

$$\frac{1}{T} \int_{-\infty}^{+\infty} x^2(t) dt = \frac{1}{2\pi} \int_{-\infty}^{+\infty} S(\omega) d\omega$$

这就是著名的帕塞瓦尔定理,它说明振动信号在频域上的总功率等于时域上的总功率。所以,在振动信号分析领域,可以将 $X(\omega)$ 理解为振动信号中频率为 ω 的振动信号分量的幅值,称

为频谱。通过傅氏变换,可以将时域信号转换为频域函数。发动机振动信号是复杂的随机信号,而它的傅里叶变换——频谱函数,却是稳定和清晰的,因而可以作为发动机故障诊断的工具。

4. 傅里叶变换的应用

在上面的讨论中,定义了一个函数:

$$S(\omega) = \lim_{T \to \infty} \frac{1}{T} \mid X_T(\omega) \mid^2$$

称为双边功率谱密度函数。式中:$X_T(\omega) = \int_{-\infty}^{+\infty} x_T(t) \mathrm{e}^{-\mathrm{j}\omega t} \mathrm{d}t$ 是由 $x_T(t)$ 的傅氏变换得到的。

由帕塞瓦尔定理可知:功率谱密度函数是振动信号总能量在频域的分布,是傅氏变换在信号分析方面的一个重要应用。

由于工程上只有非负频率($\omega > 0$),对于某一频率 ω 的功率密度应为 $S(\omega) + S(-\omega)$,而 $S(\omega)$ 是实偶函数,所以在 $-\infty \leqslant \omega \leqslant +\infty$ 上定义单边功率谱密度函数,记为 $G(\omega)$,且

$$G(\omega) = \begin{cases} 2S(\omega) & 0 \leqslant \omega \leqslant +\infty \\ 0 & \omega < 0 \end{cases}$$

在数学上是通过对相关函数进行傅里叶变换来求功率谱密度函数。对应于自相关函数 $R_{xx}(t)$ 和互相关函数分别有自功率谱密度函数和互功率谱密度函数,其物理意义不尽相同。

(1)自功率谱密度函数

由自相关函数的傅里叶变换得到:

$$S_{xx}(\omega) = \frac{1}{2\pi} \int_{-\infty}^{\infty} \phi_{xx}(\tau) \mathrm{e}^{-\mathrm{i}\omega\tau} \mathrm{d}\tau \tag{3.13}$$

或

$$S_{xx}(f) = \int_{-\infty}^{\infty} \phi_{xx}(\tau) \mathrm{e}^{-\mathrm{i}2\pi f \tau} \mathrm{d}\tau \tag{3.14}$$

对于各态历经的随机过程,功率谱密度函数可以由样本函数 $x(t)$ 经过傅里叶变换来计算:

$$S_{xx}(f) = \lim_{T \to \infty} \frac{1}{T} A(f) A^*(f) \tag{3.15}$$

式中:

$A(f) = \int_{-\infty}^{\infty} x(t) \mathrm{e}^{-\mathrm{i}2\pi f t} \mathrm{d}t, x(t) = x_T(t)/u(t), u(t)$ 为截断函数;

$A^*(f)$ 为 $A(f)$ 的共轭复数。

自功率谱密度函数 $S_{xx}(\omega)$ 的主要性质有:

① 谱密度曲线下的面积等于响应的均方值,即

$$\int_{-\infty}^{\infty} S_{xx}(\omega) \mathrm{d}\omega = \phi_{xx}(0) = \mathrm{E}[x^2]$$

② $S_{xx}(\omega)$ 是 ω 的实偶函数。

（2）互功率谱密度函数

由互相关函数的傅里叶变换得到：

$$S_{xy}(\omega) = \frac{1}{2\pi} \int_{-\infty}^{\infty} \phi_{xy}(\tau) e^{-i\omega\tau} \, d\tau \qquad (3.16)$$

或

$$S_{xy}(f) = \int_{-\infty}^{\infty} \phi_{xy}(\tau) e^{-i2\pi f \tau} \, d\tau \qquad (3.17)$$

互功率谱密度函数 $S_{xy}(\omega)$ 的主要性质有：

① $S_{xy}(\omega)$ 是复函数。$S_{xy}(\omega)$ 与 $S_{yx}(\omega)$ 组成复共轭对：

$$\begin{cases} S_{xy}(\omega) = S_{yx}^{*}(\omega) \\ S_{yx}(\omega) = S_{xy}^{*}(\omega) \end{cases}$$

② 互谱模的平方不大于对应自谱的乘积，即

$$\mid S_{xy}(\omega) \mid^{2} \leqslant S_{xx}(\omega) S_{yy}(\omega)$$

5. 傅里叶变换的数值计算公式

现在,在工程上要得到自功率谱密度函数已经非常方便,主要有两种方法:一是用数值计算方法,目前广泛采用快速傅里叶变换(FFT)算法编程计算。现成的通用应用程序很多,在许多数据处理、信号分析和动态谱分析的软件包里均有此软件,也可以从网上下载,有兴趣的读者请参阅有关资料和应用程序。二是使用信号分析仪,现在大多信号分析仪、振动分析仪都具有此项功能。信号分析仪有模拟式和数字式两种类型,由于计算机技术的发展,现在信号分析仪的主导产品已是数字式的,如丹麦 B&K 公司的 3560 型振动多分析仪。数字式信号分析仪实际上还是通过数值计算方法得到各种谱函数。过去能进行在线实时 FFT 变换的动态谱分析仪是通过固化的硬件完成计算过程,使复杂的运算在瞬间完成,因而实现了对动态信号的实时分析功能。

因为振动信号是连续变化的时间历程的机械量,所以进行振动信号分析需包括振动信号采集、模/数转换和数值计算三个基本环节,现简述如下。

（1）采　样

采样是振动信号的采集和转换过程。一般是通过某种类型的振动传感器将发动机振动的机械信号(位移、速度或加速度)转变为电信号,并将连续变化的时间历程信号变成离散的数据样本,通常等间隔进行。

设信号长度(采样时间)为 T,采样点数为 N,采样周期为 Δt,则有：

$$T = N \Delta t$$

式中：N 一般选 1 024(2^{10})；Δt 的选取应符合采样定理,即采样频率为

$$f_{\mathrm{S}} = \frac{1}{\Delta t} \geqslant 2f_{\mathrm{C}}(\text{截止频率}), \Delta t \leqslant \frac{1}{2f_{\mathrm{C}}}$$

（2）模／数（A/D）转换

由振动传感器得到的连续变化的时间历程信号是模拟量电信号，如果采用数字式频谱分析方法，则需要将模拟信号转换为数字信号（二进制），称为 A/D 转换，一般通过专用的硬件（A/D 板）完成。

（3）数值计算

利用计算机进行频谱分析还需将前文所讨论过的傅里叶变换的解析公式变化为离散化的数值计算公式，称为离散傅里叶变换（DFT）。

已知：

$$X(f) = \int_{-\infty}^{\infty} x(t)\mathrm{e}^{-\mathrm{j}2\pi ft}\,\mathrm{d}t$$

对于一段时间（$0 \sim T$）内的信号采样，得到的是估计谱（不是真谱），记为

$$\hat{X}(f) = \int_{0}^{T} x(t)\mathrm{e}^{-\mathrm{j}2\pi ft}\,\mathrm{d}t$$

且

$$\hat{x}(t) = \int_{-f_{\mathrm{C}}}^{f_{\mathrm{C}}} X(f)\mathrm{e}^{\mathrm{j}2\pi ft}\,\mathrm{d}f$$

式中：f_{C} 为频率上限（截止频率）。

将积分变成求和：

$$\hat{X}(f) = \sum_{n=0}^{N-1} x(n\Delta t)\mathrm{e}^{-\mathrm{j}2\pi fn\Delta t}\,\Delta t$$

计算结果只能得到有限多频谱线，设为 N_{S}（谱线数）

$$N_{\mathrm{S}}\Delta f = f_{\mathrm{C}}, \qquad f = k\Delta f$$

$$\hat{X}(f) = \hat{X}(k\Delta f) \qquad k = \pm 1, \pm 2, \cdots, \pm N_{\mathrm{S}}$$

将 $\hat{x}(n\Delta t)$ 记为 x_n，将 $\hat{X}(k\Delta f)$ 记为 X_k，取

$$N_{\mathrm{S}} = \frac{1}{2}N \qquad (f_{\mathrm{S}} \geqslant f_{\mathrm{C}})$$

式中：N_{S} 为谱线条数；N 为采样点数；f_{S} 为采样频率；f_{C} 为截止频率。

$$X_k = \Delta t \sum_{n=0}^{N-1} x_n \mathrm{e}^{-\mathrm{j}2\pi fnk/N} \qquad k = 0, 1, 2, \cdots, N-1 \qquad (3.18)$$

所以

$$\Delta f\Delta t = \frac{f_{\mathrm{C}}}{N_{\mathrm{S}}}\frac{1}{2f_{\mathrm{C}}} = \frac{1}{2N_{\mathrm{S}}} = \frac{1}{N}$$

式（3.18）即为离散傅里叶变换（DFT）的数值计算公式。

由式（3.18）可见，求得一个谱需要作 $N \times N$ 次乘法运算。以 $N = 1\,024$ 为例，需作 $1\,024^2$

$\approx 10^6$ 次乘法运算。因此,在 20 世纪 60 年代中期以前,数值分析技术一直没有在振动分析中得到应用。1965 年,库利(CooLey)和图基(Tukey)提出了离散傅里叶变换的快速算法,称为快速傅里叶变换(FFT),从而使基于傅里叶变换的振动信号分析进入了一个崭新的时期。

从减少运算次数的角度来说,提高离散傅里叶变换(DFT)的变换速度的方法有很多,如快速傅里叶变换(FFT)、基于多项式变换的离散傅里叶变换和利用线性滤波法计算的离散傅里叶变换等。其中,快速傅里叶变换(FFT)就有基 2FFT 算法、基 4FFT 算法、多维 FFT 和 Rader－Brenner FFT 算法等。FFT 的基本原理是利用离散傅里叶变换(DFT)的周期性和对称性,将通过数据采集得到的样本数据按照一定的规则排序分组再求和,最后将求得之和乘以一个特定的系数,从而大大减少了乘法运算的次数。采用快速傅里叶变换(FFT)公式后可以使计算量大约减少到原来 DFT 计算量的十分之一。

下面仅举其中的一种方法作为例子,介绍一下最基本、目前应用最广泛的所谓基 2FFT 算法。这种算法采样数据量为 2 的整数次幂,即

$$N = 2^l$$

式中:l 为正整数,如最常用的 $l = 10$,则 $N = 1\ 024$。

基 2FFT 算法首先将 N 个数据一分为二,即将 $x(n), n = 0,1,2,\cdots,(N-1)$,分为 $x(n)$, $x(n + N/2), n = 0,1,2,\cdots,(N/2-1)$,于是可将 N 个数据的离散傅里叶变换写成

$$
\begin{aligned}
X(k) &= \sum_{n=0}^{N-1} x(n)W_N^{nk} = \\
&\quad \sum_{n=0}^{N/2-1} \left[x(n)W_N^{nk} + x(n + N/2)W_N^{(n+N/2)k} \right] = \\
&\quad \sum_{n=0}^{N/2-1} \left[x(n) + x(n + N/2)W_N^{kN/2} \right] * W_N^{nk}
\end{aligned} \tag{3.19}
$$

式中:$W_N^{nk} = \mathrm{e}^{-\mathrm{j}2\pi nk/N}$。

根据指数函数的性质

$$W_N^{kN/2} = \mathrm{e}^{(-\mathrm{j}2\pi/N)kN/2} = \mathrm{e}^{-\mathrm{j}k\pi} = (-1)^k$$

可以将 $X(k)$ 分为奇数和偶数两组分别进行。当 k 为偶数时,可令

$$k = 2l \qquad l = 0,1,2,\cdots,N/2-1$$

则

$$W_N^{kN/2} = (-1)^{2l} = 1$$

令

$$g(n) = x(n) + x(n + N/2)$$

并注意到

$$W_N^2 = \mathrm{e}^{(-\mathrm{j}2\pi/N)/2} = \mathrm{e}^{-\mathrm{j}2\pi/(N/2)} = W_{N/2}$$

这时,式(3.19)可以简化为

$$X(2l) = \sum_{n=0}^{N/2-1} g(n)W_N^{2ln} = \sum_{n=0}^{N/2-1} g(n)W_{N/2}^{ln}$$

当 k 为奇数时,可令

$$k = 2l+1 \qquad l = 0,1,2,\cdots,N/2-1$$

则

$$W_N^{kN/2} = (-1)^{2l+1} = -1$$

　　令

$$y(n) = x(n) - x(n+N/2)$$
$$h(n) = y(n)W_{N/2}^{ln}$$

于是 N 点离散傅里叶变换变成了两个奇、偶序列的 $N/2$ 点的离散傅里叶变换,乘法运算减少了一半。

　　事实上,$N/2$ 仍然是 2 的整数倍,上面对于 $N/2$ 各数据的 $g(n)$ 和 $h(n)$ 还可以进一步分为奇数组和偶数组,变成 4 个 $N/4$ 点的离散傅里叶变换。依此类推,直到最后进行 $N/2$ 个 2 点的离散傅里叶变换,这时的乘法运算次数只有 $(N/2)\mathrm{lb}(N/2)$ 次。目前,通过便携式计算机进行的 FFT 应用软件已经可以达到实时频谱分析的要求了,如丹麦 BK 公司的 3560 型 PULSE 多通道振动分析仪系列。

3.4.3　振动系统动态特性分析

　　所谓系统,是指能够完成一定任务的一系列互相联系的部件的集合,例如电力系统、机械系统、液压系统及生物系统等。机械产品、工程结构或机器零部件通常是由若干弹性元件、阻尼器和质量块(集中质量)或质量杆(分布质量同时又是弹性元件) 等组成的。这个相互关联的组成物受到外界激励后,会发生振动特征量的响应,这样的系统称为机械振动系统或结构动力系统。航空发动机的主体结构就属于这样的结构动力系统,它主要由转子、静子、支承、机匣和其他承力件等组成。在这样的复杂系统中,各个元件的形式、结构参数、性能和相互连接的方式均不相同,在受到同一激励的作用时,不同系统的振动响应是不同的。在维修工作中,常常需要了解在哪些转速范围可能发生较大的振动,并希望发动机振动较大的转速区域应该避开发动机经常工作的转速范围,有时还需要了解振动与哪些元件或原因有关。这就需要描述系统响应与激励之间的关系。描述系统的振动响应与激励之间关系的函数或指标称为系统的动态特性。所以,在发动机状态监控和故障的振动诊断中,动态特性分析也是非常重要的技术手段。

　　描述系统的动态特性有两种方法:一种是在频域内用"频率响应函数"描述;另一种是在时域内用"脉冲响应函数"描述。但它们之间存在着互为傅里叶变换的关系。

1.频率响应函数

　　系统在频率为 ω 的单位幅值正弦激励 $x(t)$ 的作用下,响应 $y(t)$ 的幅值称为系统的频率响应函数,用 $H(\omega)$ 表示。在一般情况下,$H(\omega)$ 是一个复函数,即

$$H(\omega) = |H(\omega)|\, \mathrm{e}^{i\theta(\omega)} \tag{3.20}$$

$$| H(\omega) | = \frac{y_0}{x_0} \tag{3.21}$$

$$\theta(\omega) = \arctan \frac{\text{Im}\{H(\omega)\}}{\text{Re}\{H(\omega)\}} \tag{3.22}$$

式中：$| H(\omega) |$ 为频率响应函数的模，又称为系统的增益因子；$\theta(\omega)$ 为频率响应函数的相角，是响应与激励之间的相位差，又称为系统的相位因子。

频率响应函数可以完整地用幅频、相频、实频、虚频和幅相特性曲线来描述，它们是质量 m、刚度 k 和阻尼 r 的函数。

求 $H(\omega)$ 的步骤如下：

① 对系统进行受力分析和运动分析，并用图表示。

② 选取适当的坐标轴（相对坐标，绝对坐标）。

③ 应用动力学定理（如牛顿第二定律、动量矩定理、拉格郎日方程等）建立系统的激励与响应之间的微分方程式。

④ 设激励为单位幅值的正弦输入，即 $x(t) = \text{e}^{i\omega t}$，则响应一定是激励的 $H(\omega)$ 倍，即

$$y(t) = H(\omega) \cdot \text{e}^{i\omega t}$$

⑤ 将激励和响应及其导数代入系统的运动方程，并消去公因子 $\text{e}^{i\omega t}$，便可得到系统的频率响应函数。或将系统的运动微分方程进行拉普拉斯变换，求出传递函数 $H(s)$，然后令 $s = i\omega$，即得频率响应函数。

2. 脉冲响应函数

对于稳定的、受激励之前处于静止状态的系统，在受到一个脉冲以后，系统的响应幅值会突然显示出来，并随时间推移衰减到原来平衡状态的位置。若系统在初始时受到单位脉冲 $\delta(t)$ 的激励，则产生的响应 $h(t)$ 称为脉冲响应函数。

工程上将单位脉冲定义为

$$\delta(t) = \begin{cases} 0 & (t \neq 0) \\ \infty & (t = 0) \end{cases} \tag{3.23}$$

以及

$$\int_{-\infty}^{\infty} \delta(t)\,\text{d}t = \int_{0-}^{0+} \delta(t)\,\text{d}t = 1 \tag{3.24}$$

为了便于理解脉冲函数，这里先考察宽为 τ 的矩形脉冲函数 $\delta_\tau(t)$：

$$\delta_\tau(t) = \begin{cases} 0 & t < 0 \\ \delta_0 & 0 \leqslant t \leqslant \tau \\ 0 & t > \tau \end{cases} \tag{3.25}$$

若要使

$$\int_{-\infty}^{\infty} \delta_\tau(t)\,\text{d}t = 1 \tag{3.26}$$

则有

$$\int_{-\infty}^{\infty}\delta_\tau(t)\mathrm{d}t = \int_0^\tau \delta_0\mathrm{d}t = \delta_0\tau$$

所以 $\delta_0 = \dfrac{1}{\tau}$。当 $\tau \to 0$ 时，$\delta_0 \to \infty$。

　　所以，可以将单位脉冲函数看做是矩形函数当 $\tau \to 0$ 时的极限，即

$$\delta(t) = \lim_{\tau\to 0}\delta_\tau(t)$$

$$\delta_\tau(t) = \begin{cases} 0 & t < 0 \\ \dfrac{1}{\tau} & 0 \leqslant t \leqslant \tau \\ 0 & t > \tau \end{cases} \tag{3.27}$$

　　所以有

$$\int_{-\infty}^{\infty}\delta(t)\mathrm{d}t = \int_{-\infty}^{+\infty}\lim_{\tau\to 0}\delta_\tau(t)\mathrm{d}t = \lim_{\tau\to 0}\int_{-\infty}^{+\infty}\delta_\tau(t)\mathrm{d}t = \lim_{\tau\to 0}\int_0^\tau \frac{i}{\tau}\mathrm{d}t = \lim_{\tau\to 0}\frac{1}{\tau}t\Big|_0^\tau = 1$$

　　函数 $\delta(t)$ 有以下重要性质：

① $\displaystyle\int_{-\infty}^{\infty}X(t)\delta(t)\mathrm{d}t = X(0)$　　　　　　　　　(3.28)

或　　$\displaystyle\int_{-\infty}^{\infty}X(t)\delta(t-\tau)\mathrm{d}t = X(\tau)$　　　　　　　(3.29)

式中：$X(t)$ 为时间 t 的任意函数。这条性质可以用中值定理来证明。

证　明

$$\int_{-\infty}^{\infty}X(t)\delta(t)\mathrm{d}t = \int_{-\infty}^{\infty}\lim_{\tau\to 0}X(t)\delta_\tau(t)\mathrm{d}t =$$

$$\lim_{\tau\to 0}\int_{-\infty}^{\infty}X(t)\delta_\tau(t)\mathrm{d}t =$$

$$\lim_{\tau\to 0}\int_{-\infty}^{\infty}X(t)\frac{1}{\tau}\mathrm{d}t = \lim_{\tau\to 0}\frac{1}{\tau}\int_0^\tau X(t)\mathrm{d}t$$

因为 $X(t)$ 是连续函数，根据积分中值定理可得：

$$\int_{-\infty}^{\infty}X(t)\delta(t)\mathrm{d}t = \lim_{\tau\to 0}\frac{1}{\tau}X(\theta\tau)\tau = X(0) \qquad 0 < \theta < 1$$

得证。

② 考察 δ 函数的傅里叶变换

$$F(\omega) = \int_{-\infty}^{+\infty}\delta(t)\mathrm{e}^{-j\omega t}\mathrm{d}t$$

且 $X(t) = \mathrm{e}^{-j\omega t}$，$X(0) = 1$；应用上述性质可得

$$F(\omega) = \mathrm{e}^{-j\omega t}\big|_{t=0} = 1 \tag{3.30}$$

式(3.30)的物理意义是很清楚的：δ 函数能量在频域上是均匀分布的，如图 3-9 所示。

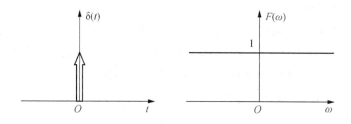

图 3 - 9　δ 函数及其傅里叶变换 $F(\omega)$

$h(t)$ 在 $t < 0$ 时是等于零的，一般情况下，它是一个时域的实不对称函数，且满足收敛条件

$$\int_{-\infty}^{\infty} \mid h(t) \mid < \infty \tag{3.31}$$

函数 $h(t)$ 与系统的质量 m、刚度 k、阻尼 r 有关。

求 $h(t)$ 的步骤如下：

① 对系统进行受力分析和运动分析，并用图表示。

② 选取适当的坐标轴（相对坐标，绝对坐标）。

③ 应用动力学定理（如牛顿第二定律、动量矩定理、拉格朗日方程等）建立系统的激励与响应之间的微分方程式。

④ 用单位脉冲函数 $\delta(t)$ 代替微分方程中的激励项，即令 $x(t) = \delta(t)$，并对方程两边从 0_- 到 0_+ 进行积分，求得方程的通解。

⑤ 应用初始条件确定解的积分常数，所得的特解 $y(t)$ 即为系统的脉冲响应函数 $h(t)$。

3. 频率响应函数和脉冲响应函数的实际应用

模式识别方法是航空发动机状态监控与故障诊断的主要方法之一。模态分析和参数识别是其在发动机故障诊断中的具体应用，是一种试验和理论分析相结合的方法。简单地说，模态分析和参数识别就是通过试验测定结构系统的传递函数，然后经过分析确定系统的模态参数（固有频率、振型等）。模态试验的过程包括激励、测量、分析 3 个基本环节。

激励，采用某种手段使待测系统发生振动，激振的形式可以是正弦激励、瞬态激励或随机激励。

测量，通过一定的测试技术或方法采集系统的振动信号和激励信号，可以是位移信号、速度信号或加速度信号。

分析，最后通过信号分析得到系统的模态信息，包括固有频率、主振型、相频特性和单位激振力作用下的振动响应等重要信息。

模态试验中的稳态正弦激励法和脉冲锤击法就是频率响应函数和脉冲响应函数的实际应用。

（1）稳态正弦激励法

这种方法是对被测系统施加一个稳定的单一频率的正弦信号。同时,测量激励信号和系统的响应信号(求振型时要多点测量),经过傅氏变换将信号由时域转换到频域,并计算出传递函数。改变激励频率,重复上述试验,即可得到各频率下的传递函数值,即频率响应函数。

测试系统框图如图 3 - 10 所示。

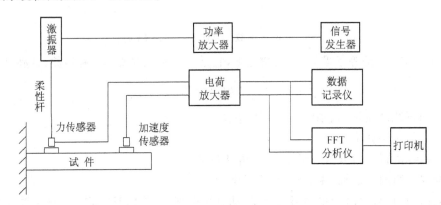

图 3 - 10   稳态正弦激励法测试系统框图

（2）脉冲锤击法

脉冲响应函数的一个重要应用是用"锤击法"进行系统动态特性分析实验。

用途:测试发动机叶片的自振频率;进行系统的模式识别或系统辨识;它是一个非常有用的工具。

前面已知 $\delta(t)$ 函数有一个重要特性:它的傅里叶变换为常数,即

$$A(f) = \int_0^\tau \delta(t) \mathrm{e}^{-\mathrm{i}2\pi ft} \mathrm{d}t = 常数$$

这一性质的物理意义是非常清楚的,即 $\delta(t)$ 的能量在频域上是均匀分布的,使我们可以不需要用变换正弦激振力频率的办法,来逐频地观察系统的振动响应频率和响应函数。因为在理论上激励中已包含了所有的频率成分,因而只需脉冲式的一次激励,即可求出系统对在全频域的频率响应。

锤击法就是通过锤击(或其他产生瞬时冲击的手段,如对超大型结构采用放炮的方法)对被测系统施加一个瞬时力 —— 相当于 δ 函数的脉冲力。根据单位脉冲函数的能量在频域均匀分布的性质,脉冲激励是一种宽频带激励,以此激励便可以代替频率的扫描过程,因而以此激励就可以测出各阶模态(振型),是一种快速测试技术。

脉冲锤击法测试系统框图如图 3 - 11 所示。

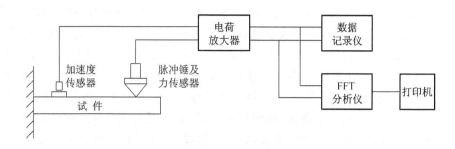

图 3 - 11　脉冲锤击法测试系统框图

由于实际过程中,锤击产生的激励不是完全的脉冲函数,与理论上的单位脉冲存在差异,所以它的激振力能量在频域的分布并不是常数,因而在试验时要同时测量激励和系统振动响应(必要时也要多点测量)两路信号。通过信号分析仪(FFT)对两路信号进行傅里叶变换就可以直接求出传递函数 $h(t)$,也就是振动分析中的频率响应函数。

① 力锤,由锤头、锤体(附加质量)和力传感器等组成。一般备有若干个锤头,由不同的材料制成,可根据不同的测试要求更换。各种材料的锤头的测试频率范围如下:

钢——2 ～ 5 kHz;

铜——1 ～ 3 kHz;

有机玻璃——1 kHz 以下;

尼龙——500 Hz 左右;

橡胶——500 Hz 以下。

锤体:也备有若干个,质量不同。当被测对象质量大时,系统固有频率低,需要用的锤体就更重。

② 信号分析设备,一般是双通道或多通道的,能够对激励信号和振动响应信号进行采样、A/D 转换、FFT 变换、功率谱、传递函数等运算。由于计算机技术的不断提高,现在的动态信号分析仪已经能够很容易地实现实时频谱分析、相关分析或动态特性分析,并具有选择采样频率、分析范围、分辨率和进行细化等功能。过去曾需要昂贵的分析仪器才能够进行的运算,现在一般的便携式计算机即可完成。

3.5　故障诊断实例

3.5.1　旋转机械的振动诊断

旋转机械是工业上应用最广泛的机械,如航空燃气涡轮发动机、船用燃气涡轮发动机、工业用燃气轮机、工业用汽轮机、发电机及轴流式压缩机等。

　　旋转机械最常见的故障有:转子(转轴)的不平衡,转子支承不对中,转轴的初始弯曲、热弯曲,共振,自激振动、轴弯引起的分数倍频涡动,轴承的油膜振荡,转子结构缺陷、裂纹、部件松动等。航空燃气涡轮发动机属于高速旋转机械,振动问题更加突出。燃气涡轮发动机的常见故障有:不平衡力引起的转子振动,临界转速问题,高转速下由于转子支承不对中、轴弯、裂纹,篦齿密封气弹力,支承非线性刚性,支承刚性非轴对称及叶尖间隙沿周向分布不均等原因引起的自激振动;叶片振动,包括尾流激振、旋转失速、喘振等原因造成的强迫振动,在高速气流作用下发生的非失速自激振动和失速自激振动;壳体振动,有的是机械激振力引起的,例如转子及附件振动引起的激振力(基础激振),还有的是由于气体激振力引起的,因为发动机的壳体一般是高温、高压燃气的气流通道;导管、附件振动,紧固件松动;轴承振动,轴承缺陷,如内、外环损伤,内、外环不圆或刚度不均匀,保持架缺陷,轴承间隙过大等,在高转速条件下都可能引起转子的振动问题;还有附件传动系统的齿轮缺陷,传力不均匀,等等。这些故障在机械的运转中将产生各种振动信号,而某一振动信号将对应某一故障或几种故障的综合,从而为利用振动诊断方法诊断旋转机械的各种故障提供了可能。

　　振动诊断可以在频域内进行,也可以在时域内进行。主要是利用振动信号(如振幅)的变化、振动特征(如频率结构、振动响应)的变化反映其故障的类别和程度。对于疑难故障,可能还需要在时域和频域内同时进行,并综合利用谱分析、相关分析和动力特性分析等技术来判别故障的类型,查找故障的原因。

　　[例 3.3]　这是一个利用频谱分析、相关分析和动力特性分析等方法对船用燃气轮机机组试车中出现的振动过大故障,特别是燃气轮机的随机振动原因进行故障诊断的成功实例。通过理论分析与实验研究,最终找出了振动根源,并提出了有效的改进措施,经改进后使试车一次成功。

　　某台船用燃气轮机在动力涡轮支承处发生 200 μm 的低频($f < 50$ Hz)大幅振动(设 $n = 6\,000$ r/min,$A\omega^2 \approx 20g$)。

　　经频谱分析,如图 3－12 所示,主要振动分量的频率在 22 Hz 左右,不依转速而明显改变,带宽较宽,幅值大小与带宽有关。因为主要振动分量的频率不依转速而明显改变,所以初步分析判断出振动过量与转子振源激振力无关。为找振源,通过测试对动力涡轮排气压力 p 的脉动信号进行了频谱分析,如图 3－13(a) 所示;作了轴承振动的自相关函数 $R_{xx}(\tau)$ 曲线,如图 3－13(b) 所示;作了动力涡轮至轴承支承结构的频率响应函数曲线,如图 3－13(c) 所示。从中发现,排气压力脉动的频谱特性具有白噪声连续平坦的特征,而由动力涡轮至轴承支承结构的频率响应函数在 22 Hz 附近有一个突出的共振峰值,这说明系统在此存在固有特性。由此可以判断振动过量是由于燃气轮机的转子-支承系统与外部激振力发生的共振引起的,激振力就是排气压力脉动。由于激振力的能量来自于高速、高温的气流,所以它的能量是很大的。

　　排故措施:对排气系统结构进行改装,提高支承的刚度。其结果是使振动幅值下降至 61 μm,达到 80 μm 的允许标准。

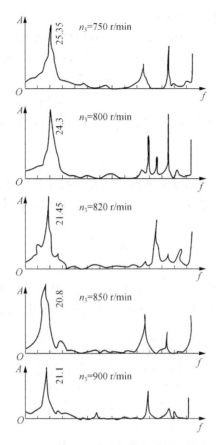

图 3 - 12　不同转速下动力涡轮振动信号的自功率谱

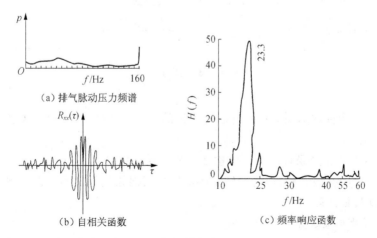

图 3 - 13　信号分析结果

[**例 3.4**]　航空发动机振动的故障诊断。

这是发生在 20 世纪 80 年代初的一个著名的故障诊断实例,诊断对象是某型国产的双转子涡轮喷气发动机。该发动机经常出现振动过大的故障,据飞行员反应,故障发生时,握驾驶杆的手都感到发麻。通过对整台发动机的试验研究和理论分析,发现发动机存在着 1/2 阶付谐波振动,其幅值有时大于转子转速一阶谐波的幅值。这是一个典型的转子-支承系统自激振动的案例。通过研究发现,该发动机存在多种引起转子自激振动的结构方面的因素,目前已经有了多方面的改进。

(1) 试验研究

通过试验研究,需要确定激起发动机振动过大的振源是什么,是机械力激振,还是声音引起的谐波;振动过大是否与该型发动机的结构有关,其他同类型的发动机是否也有相同的振动特征。

1) 在试车台上按常规录取发动机的振动信号

试验是在慢车、88％、90％、93％、96％ 及 100％($n_2 = 11\,425$ r/min) 等 6 个转速情况下,采用各种测试系统进行常规测试。测试框图如图 3-14 所示。图中:水 Ⅰ 为传感器置于压气机机匣水平位置,水 Ⅱ 为传感器置于涡轮外环水平位置均测量发动机的水平振动。

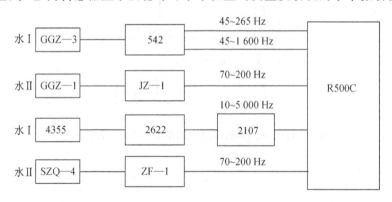

图 3-14　测振系统

2) 声振试验

噪声会引起各构件的振动。为了确定发动机的排气、齿轮、…… 噪声对发动机振动的影响,做了声振试验。

3) 在试车台上按常规录取同类型结构发动机的振动信号

按上述方法对同类型结构,但为单转子的航空燃气涡轮喷气发动机进行测振,以便确定结构对发动机振动特征的影响。

4) 信号分析及实验研究的分析结果

发动机的振动可视为平稳的、各态历经的随机振动。在模拟、数字信号分析仪上对发动机

的振动信号进行了分析,分析结果如下:

① 自功率谱分析结果。由图 3-15(a)所示的自功率谱密度图可见,频谱成分丰富(70 ～ 200 Hz),若其频带上限往下移,下限往上移,对发动机振动总量影响极大。该发动机的转速 n_1/n_2 为 185/190 Hz。

② 由图 3-15(b)所示的噪声和发动机振动响应间的频率响应函数图可见,发动机的振动与其噪声有关,频率成分极为丰富。

③ 由图 3-15(c)所示的功率谱密度(故障机的自功率谱)可见,存在较大振幅的 1/2 阶付谐波振动。

④ 由图 3-15(d)所示为同类型结构(单转子)发动机振动信号的自功率谱密度图可见,单转子的同类型结构发动机振动也存在 1/2 阶付谐波振动。

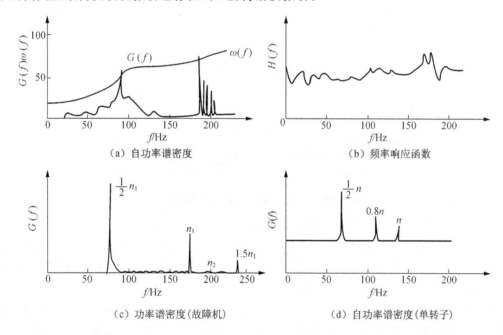

(a) 自功率谱密度　　　　　　　　　(b) 频率响应函数

(c) 功率谱密度(故障机)　　　　　　(d) 自功率谱密度(单转子)

图 3-15　测试分析频谱图

(2)理论分析

由试验研究可见,振动总量较大的发动机振动往往存在 1/2 阶付谐波振动,其值常比一次谐波还大,是一种非线性的自激振动。所以,引起振动过量的主振源是转子的自激振动。引起自激振动的原因主要有:篦齿密封中的气体力、叶片间隙的周向变化、联轴器套齿内摩擦、支承刚度的非线性等。

[例 3.5]　AN—24 发动机振动故障诊断。

AN—24 涡轮螺桨发动机是从苏联引进的 AN—24 型 50 座支线运输机(运七前身)的动力

装置,是我国小型机场短程服务和公务的主要机种。该发动机在使用过程中和在试车台上多次发生振动加速度值超过规定标准的故障。由于这种振动超差常常迫使发动机提前更换维修,甚至空中顺桨停车,影响航线正常飞行,造成严重的经济损失并危及飞行安全。上海交通大学振动冲击噪声研究所和民航 103 厂(现为国航西南分公司维修基地)联合开展了对这个问题的研究。

对 6 台发动机,特别是其中的 4 322 073 号发动机进行了 9 次振动信号采集、分析和排故。图 3-16 所示是振动测点布置图,测振点共有 7 个,其中 1# 为减速器水平方向,2# 为减速器垂直方向,3# 为进气机匣,4# 为压气机后安装边水平方向,5# 为燃烧室(外壳体)垂直方向,6# 为燃烧室水平方向,7# 为涡轮机匣水平。使用加速度传感器测振,经过电荷放大器增益后由磁带记录仪记录振动信号,再由双通道 FFT 分析仪进行分析。

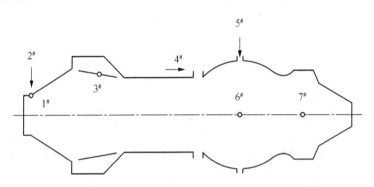

图 3-16　AN—24 发动机振动测点示意图

(1) 故障发动机与标准发动机的振动比较

在试车台上先后对新发动机(标准发动机)47 542 004 号及故障机 4 322 073 号录取了振动信号,在7T08信号处理机上进行了分析。图 3-17 表示油门角在 18°工况下,3# 测点和 6# 测点的振动频谱。注意:48.9 Hz 为市电频率。

根据故障机的振动频谱,在转子转速频率 253.8 Hz 处有一突出峰值,说明振动信号的主要成分是与发动机转子转速相一致的振动,一般情况下,转子不平衡是主要原因。因此,初步确认转子不平衡是主要原因,首先着眼于转子平衡问题。

(2) 提高转子平衡精度

轴向安装的 AN—24 发动机涡轮转子,经动平衡后要拆开,再逐级装配到发动机上。这样,原来平衡好的转子在装配时可能使平衡遭到破坏。为此,提出对发动机进行整机平衡。利用三圆法对 4 222 126 及 4 322 073 号两台发动机在试车台上进行整机平衡,结果前者的振幅由 2.6g 下降到 0.6g,后者的振幅由 4.4g 下降到 0.6g,表示平衡效果良好(均以 6# 测点为准)。

工厂利用三圆平衡法先后对一批发动机在试车台上进行整机平衡。但从记录观察,这批发动机中大部分在开车后不久振动量又很快增大,造成再次提前返厂维修。这说明造成振动超差的原因不是那么简单。

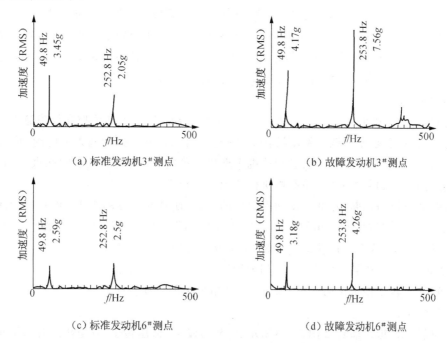

图 3 - 17　标准发动机与故障发动机 3#、6# 测点振动功率谱

（3）进一步试验研究

首先在台架上用锤击法对发动机进行激振试验，在 7T08 信号处理机上作传递函数分析，并没有发现与发动机转速频率明显不合拍的结构固有频率分量。问题的焦点还是在转子不平衡问题上。

对经过三圆法平衡后的 4 322 073 号发动机从台架上吊下，拆出涡轮转子做动平衡试验，发现涡轮转子不平衡量竟达 397.7 g·cm，远远超过 10 g·cm 的标准。7# 测点（发动机内部涡轮轴承附近）耐高温传感器测得的振动值很大，高达 7.5g。在发动机分解时发现涡轮轴处的石墨封严环脱落，并磨出很深的槽。进而分析 6#、7# 测点的振动信号，得到以下结论：

① 6# 测点振动比台架试车时大，其原因是试车时石墨封严环损坏并与封严篦齿相摩擦，造成一个不平衡激振力，但在台架上进行整机平衡时被平衡掉，是一种不正常的"平衡"。

② 7# 测点振动过大，说明涡轮转子在台架上进行整机平衡时所加配重过大，实际上是增加转子的不平衡来抵消转子故障导致的不平衡量。所以过多加配重是不合理的。

③ 7#、6# 测点的振动频谱结构基本相同，主频处都有明显峰值，说明两测点的振动都是由转子的振动引起的。

④ 互相关分析表明 7# 测点信号超前 6# 测点信号，进一步证明振源就是转子。

（4）跟踪监测

再次对 4 322 073 号发动机分解，发现内锥筒破坏，更换后对发动机进行严格动平衡，安装到 AN24 488 号飞机上，做了 500 h 振动信号跟踪测试。在 0 h、350 h 和 500 h 分别作了振动频谱分析和瀑布图分析，看到发动机振动值在 $1.17g \sim 1.70g$ 之间，主频率 254 Hz 分量均在 $1.04g \sim 1.21g$ 范围内，均没有再出现振动超差，故障消除。

（5）诊断结论

采用 FFT 为基础的频谱分析方法，对 AN24 航空发动机的振动监控和故障诊断可以得出以下结论：一是振动超差一般与发动机转子平衡有关；二是分析振动超差故障时，应仔细分析不平衡原因；三是采用三圆平衡法对发动机作整机平衡时，应避免加过多的配重，应着重提高各部件的平衡精度和装配精度，并严格执行装配工艺规程。

通过振动监控与诊断，降低了发动机的振动故障，使 AN24 发动机 1 000 h 振动故障率由 1982 年的 0.115 降低到 1986 年的 0.017，1987 年降为零，每年获得 129 万元的经济效益，并保证了航线飞行安全。这个项目获得了 1987 年国家科技进步一等奖。

[**例 3.6**]   汽轮机转子"不对中"故障诊断。

本例叙述了转子模拟试验台"轴系不对中"情况下的故障特征。

（1）实验方案

汽轮机转子模拟试验台如图 3-18 所示。电机带动高、低压转子（发电机脱开），轴承为滑动轴承，用非接触式涡流传感器测量垂直与水平方向的振动。试验工况：① 正常（平衡与对中情况良好）；② 故障（即人为垫高或减低轴承座的垫片，造成轴系不对中）。

（2）实验数据分析

1）"不对中"的幅值谱分析

故障情况下（$n = 3\ 000$ r/min），轴瓦 B 处的垂直与水平方向的振动幅值谱如图 3-19 所示。

正常情况下，振动较小，一阶频率（50 Hz）为主，而故障情况下，振动强烈，由图 3-19(b) 可知，水平方向的幅值谱二次谐波已超过基波，所以二倍频振动分量不是基波引起的（若是基波的谐波，则谐波的峰值应该小于基波的峰值）。由此可见：二次谐波是轴系不对中的振动频率特征。这一结论还可以进一步通过动态模拟仿真和系统振动过程的数值分析得到。

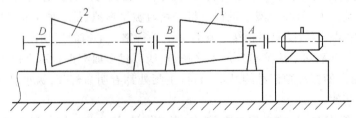

图 3-18   汽轮机转子模拟试验台简图

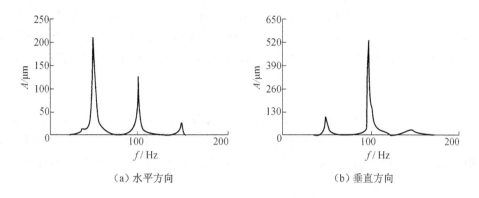

（a）水平方向　　　　　　　　　　　　（b）垂直方向

图 3-19　振动幅值谱

2）其他特征

利用转速-轴心位置曲线也可以判断轴系对中情况，如图 3-20 所示。在一定范围内，减小轴承垫片厚度引起轴承负荷减小。

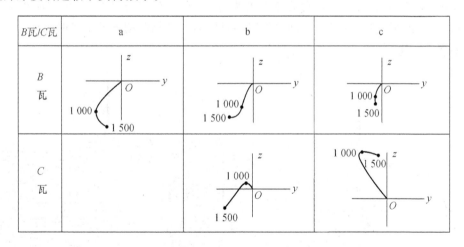

a— 正常；b—C 瓦轴承座降低 65 μm；

c— 在 b 的基础上 D 瓦轴承座降低 110 μm

图 3-20　转速-轴心位置曲线

由图 3-20 可见，B 瓦随负荷增加，轴心被限制在更小的范围，转速-轴心位置曲线随之变短，而 C 瓦则因有更大的间隙，使曲线相对变长。

［例 3.7］　转子热弯曲对整机振动的影响。

通常转子不平衡是造成发动机振动的主要因素，而转子不平衡的起因有十多种，是多种多样的。除了设计、制造、装配和工艺等原因外，在发动机使用过程中，由于某种反常原因、操作失当造成热梯度，而引发较大的瞬时转子热弯曲，致使转子呈弓形，从而产生很大的不平衡，就会造成发动机的过大振动。这个例子应用 FFT 试验分析技术,以某型涡轮螺桨发动机为对象,通过研究发动机的"起动 — 停车 — 起动"过程,找出了发动机起动过程中转子热变形影响整机振动的基本规律,并进行了有关机理上的分析,为外场发动机维护手册的有关规定给以理论的解释。

(1)实验原理与方法

通过对发动机的"起动 — 停车 — 起动"的各时间间隔之差异和各停车间隔内是否盘桨的办法,造成发动机转子不同程度的热弯曲,测量发动机在起动过程中垂直方向的加速度及相应的发动机转速,并运用 FFT 技术进行分析。测点布置在发动机常规振动监测的垂直测振支架上。

"起动 — 停车 — 起动"的时间间隔定为 ①10 min、20 min、40 min,均不盘桨;②30 min、40 min、50 min,且在各间隔中每 10 min 盘桨一次(使转子的上、下部位互调)。

(2)试验结果及其分析结论

通过振动测量分析,发现发动机在热起动过程中的振动值均高于冷起动的振动值(冷起动即待发动机完全冷却后再起动),有的相差极为悬殊。在不盘桨情况下,以停车间隔为 20 min 时的振动最大。停车过程中盘桨,振动值下降。在试车台冷、热起动该发动机时的振动频谱三维瀑布图如图 3 - 21 所示。

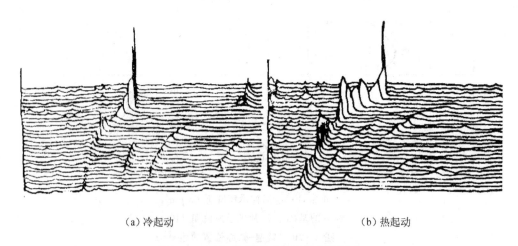

　　　　　(a)冷起动　　　　　　　　　　　　　　　(b)热起动

图 3 - 21　冷、热起动对整机振动的影响

发动机在停车后处于冷却过程中。由于下部比上部冷却速度快得多,于是转子自然呈弓形,因而发生转子热弯曲现象。热弯曲导致不平衡,促使转子振动加剧。当转速达到一定值以后,转子已经被加热,热弯曲现象消除,其附加的不平衡也消除,因而振动值又与冷起动时的振动值相同。图 3 - 22 给出了转子热弯曲对几个典型起动过程各转速频率下的整机振动影响情况。

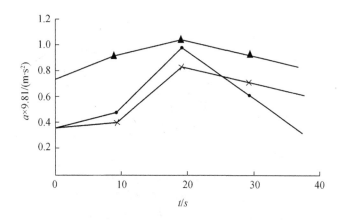

图 3 - 22　存在热弯曲情况下的振动响应

由图 3 - 22 可以明显看出,无论在哪个转速下,在停车间隔 20 min 且不盘桨情况下,振动最为严重。如果为了提高性能,发动机的转子叶片与机匣间隙设计成足够小,则振动过量就意味着转子的挠度过大,这时就会导致叶尖与机匣的碰磨,因而不能允许出现振动过量的故障。若采用多盘桨几次,加速转子的热均衡性,则有利于降低振动幅值。多次试验发现,若该发动机的"停车—再起动"的时间间隔在 2 h 左右,两次起动过程的振动频谱几乎相同,由此说明转子的热弯曲需要 2 h 以上才能恢复(当发动机的结构不同时,所需的时间有所不同)。这是许多维修手册上对停车—起动间隔时间都有严格规定的原因之一。

3.5.2　齿轮缺陷的振动诊断

[例 3.8]　齿轮缺陷的频率特征。

齿轮缺陷引起的振动在频谱上可能会出现一个独特的现象,即调制边频结构,称为边频特征。下面从齿轮啮合的动力学出发,探讨调制边频结构的形成并给以数学上的描述。

(1) 齿轮副振动系统的动力模型

系统如图 3 - 23(a) 所示,忽略轴和齿轮体的扭转振动,齿轮啮合的动力模型为

$$M_r \ddot{x} + C_{eq} \dot{x} + Kx = F(t)$$

式中:$x = x_1 - x_2$ 为相对位移;C_{eq} 为齿轮啮合阻尼;K 为齿轮啮合刚度;M_r 为换算质量,$M_r = m_1 m_2 / (m_1 + m_2)$;$F(t)$ 为外界激励。

(2) 振动信号

当齿轮副中有一个齿轮的轴线与轴不重合时,会产生以啮合频率 f_c 为载波频率、以故障齿轮转速频率 f_i 为调制频率的调幅现象,信号如图 3 - 23(b) 所示。

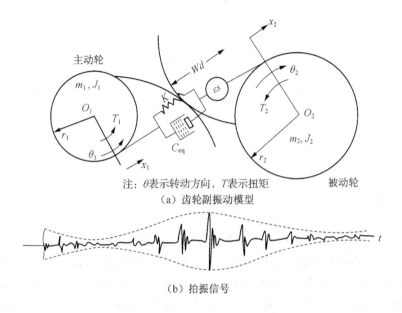

注：θ表示转动方向，T表示扭矩

（a）齿轮副振动模型

（b）拍振信号

图 3 - 23　齿轮副振动的模型与信号

若 $x_c(t) = A\sin(2\pi f_c + \varphi)$ 为啮合振动信号，$x_i(t) = b\cos 2\pi f_i t$ 为不同轴齿轮的转速频率信号，则调幅后的振动信号为

$$x(t) = A(1 + b\cos 2\pi f_i t)\sin(2\pi f_c + \varphi)$$

这是一个变幅振动信号，$A(1 + b\cos 2\pi f_i t)$ 为调制后的振幅（载波振幅 + 调制振幅）。

由三角函数公式：

$$Ab\cos 2\pi f_i t \sin(2\pi f_c + \varphi) = \frac{Ab}{2}\big[\cos 2\pi f_i t \sin(2\pi f_c t + \varphi) + \sin 2\pi f_i t \cos(2\pi f_c t + \varphi)\big] +$$

$$\frac{Ab}{2}\big[\cos 2\pi f_i t \sin(2\pi f_c t + \varphi) - \sin 2\pi f_i t \cos(2\pi f_c t + \varphi)\big] =$$

$$\frac{Ab}{2}\sin[2\pi(f_c + f_i)t + \varphi] + \frac{Ab}{2}\sin[2\pi(f_c - f_i)t + \varphi]$$

所以

$$x(t) = A\sin(2\pi f_c t + \varphi) + \frac{Ab}{2}\sin[2\pi(f_c + f_i)t + \varphi] + \frac{Ab}{2}\sin[2\pi(f_c - f_i)t + \varphi] \tag{3.32}$$

式中：b 为调制因数，取决于故障的性质和程度；f_i 为调制频率，亦为齿轮故障特征频率；A 为振幅。

（3）信号在频域的描述

根据式（3.32），信号在频域的描述为

$$X(f) = \frac{A}{2}\delta(f - f_c) + \frac{Ab}{4}\delta(f - f_c - f_i) + \frac{Ab}{4}\delta(f - f_c + f_i)$$

频谱如图 3-24 所示,除原来的啮合频率 f_c 的振动分量外,增加了一对频率为 f_c-f_i 和 f_c+f_i 的振动分量。它们以 f_c 为中心,以 f_i 为边距,对称分布在两侧,称为边频带,简称边带。所以,边频带是齿轮故障的频率特征。f_i 指出发生故障的齿轮(为故障齿轮)的转速。

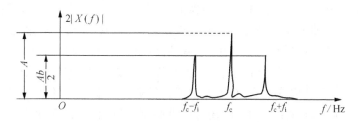

图 3-24　调幅信号的频谱

利用振动诊断方法诊断机械设备故障的实例很多,以上几个例子笔者认为比较典型,具有一定的代表性。

3.6　振动诊断仪器及发展

由前文可知,振动是高速旋转机械的常见现象,如叶片、轮盘、壳体、管路的振动,转子振动等。当振动量超过一定限度时就会造成故障。振动时构件发生的弯曲变形引起弯曲应力,是一个交变载荷,常常造成疲劳破坏;振动引起的附加载荷作用在承力和传力构件上,会削弱构件强度,降低其工作的可靠性;外传的振动还可能引起其他系统元器件共振,使其工作环境恶化。因而在航空发动机的设计、制造及使用过程中,都需要对发动机的叶片、轮盘、壳体、管路和转子的振动特性进行研究,振动监测也是航空发动机状态监控与故障诊断的重要组成部分。所有这些工作的进行都离不开振动测试与分析系统。

3.6.1　振动测试系统的组成

振动测试系统主要由传感器、信号调理器、信号分析仪、记录与显示设备等组成,如图 3-25 所示。

传感器的作用是感受振动量的大小并转换为相应的电信号。在振动测试系统中,传感器的种类是最繁多的。依测量振动量的不同而可分为位移传感器、速度传感器和加速度传感器;依其信号转换原理的不同又可分为磁电式传感器、压电式传感器、电涡流式传感器、电容式传感器等。

信号调理器在振动测试系统中的作用是将传感器测量得到的信号进行转换放大,并进行阻抗匹配,然后传送给振动分析仪或记录与显示设备。振动测试系统中常用的信号调理器有电荷放大器、功率放大器、频压转换器、低通滤波器、A/D 转换器等。其中,电荷放大器用于高阻抗电压信号转换成低阻抗功率信号输出,例如压电式振动加速度传感器产生的信号就是这一类信号,并且很微弱。功率放大器的作用是将低阻抗电流信号放大,驱动记录与显示设备工作。例如磁电式振动速度传感器后面所用的放大设备就是功率放大器。在振动测量过程中,常常需要同时测量发动机的转速或频率,频压转换器的作用是将转速或频率信号转换为与之成正比的电压信号。低通滤波器的作用是允许比某一设定频率低的振动信号通过,而阻止比设定频率高的振动信号通过,就是使低频信号通过,过滤掉高频信号,所以叫"低通"。在发动机的振动信号中通常还包含着壳体振动、管路振动、气流振动等复杂成分,为了准确反映转子的振动情况,就需要把这些高频的振动成分过滤掉,因此需要设低通滤波器。还有作用与之相反的高通滤波器用于不同频率要求的测试系统。此外,还有窄带频率跟踪滤波,用于研究转子振动信号的基频分量。A/D 转换器的作用是把各种模拟信号转换为数字信号。记录与显示设备用来记录或显示振动测量的结果,例如显示振动信号波形,记录幅频特性,记录或显示振动频率分析的结果,如频谱、功率谱、相关函数、脉冲响应函数或传递函数等。常用的记录与显示设备有阴极射线管(CRT、示波器)、X/Y 绘图仪、打印机、磁带记录机、数据存储器等。

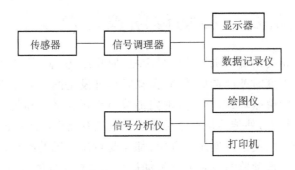

图 3 - 25　测试系统的组成

　　信号分析仪是现代测试系统中的重要设备。它的主要功能是做快速傅里叶变换(FFT)及相关运算,如频谱分析、功率谱分析、倒频谱分析、相关分析、频率响应函数和脉冲响应函数等;同时它也带有显示器,可作为输出设备,还可以驱动打印机和绘图仪等。

　　早期的信号分析仪是电路模拟式的频谱分析仪,其工作原理是对信号进行窄带滤波,分频输出显示。频谱分析仪的分辨率和分析范围与硬件设计有关,不易改变;频带的高与实际频谱线的幅值也有差异,所以使用不便,后期处理较复杂。随着计算机技术的发展,出现了数字式信号分析仪。较早的数字式信号分析仪受计算速度限制,只能作离线分析。要求作实时信号分析的数字式动态信号分析仪提高运算速度以进行实时信号分析,需要把运算程序固化在储存器里,所以整台设备也非常笨重,如美国的 SD375(2 通道)、SD380(4 通道)等。科技人员很早就开始尝试利用微型计算机进行快速傅里叶变换来做信号分析,比如 20 世纪 80 年代利用单板机和后来的单片机。由于当时计算机运算速度有限,单板机做一个 FFT 需要 2 min 左右,所以不能进行实时信号分析,只能利用磁带机等记录设备先把信号储存起来,再下线进行分析。随着电子技术和计算机技术的快速发展,到了20世纪80年代后期,利用个人计算机进行FFT的技术得到了迅速普及。1995年前后已经开始用便携式计算机进行实时的信号分析,如手提式平衡仪。

　　现代信号测试与分析系统的核心已经是便携式计算机了。在庞大复杂的测试系统的末端,就是一台小巧的电子计算机。计算技术的提升和分析功能的扩充,都只需要在计算软件上更新即可。先进信号分析系统不仅功能齐全,运算速度快,分析精度高,而且页面设计和操作方法已经非常人性化,简便易学,使用非常方便。

　　图3-26～图3-29所示是前文提到的几个实际测试系统更换为现代测试仪器后的组成情况。

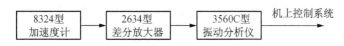

图 3-26　相对原图 3-1 的新测试系统

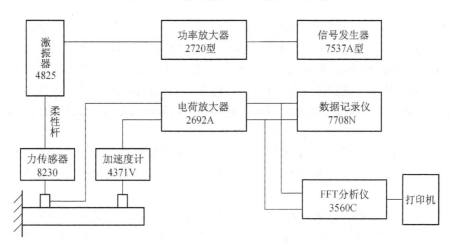

图 3-27　相对原图 3-10 的新测试系统

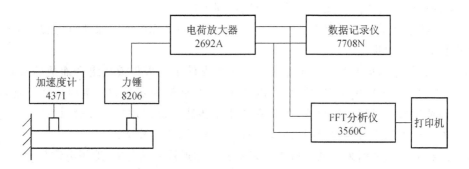

图 3-28　相对原图 3-11 的新测试系统

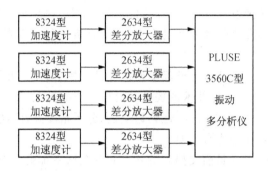

图 3 - 29　相对原图 3 - 14 的新测试系统

以上各图中仪器型号均为 B&K 公司振动测试与分析仪器现在的实际型号。

3.6.2　振动测试技术的发展

振动信号的测试与分析技术伴随着计算机与电子技术的发展,正在向数字化集成化的方向发展。由于微型计算机速度的提高和储存设备容量的扩大,振动信号的处理与分析已经直接依靠可移动的计算机来完成。振动信号的分析技术隐含在振动仪器制造商提供的分析软件之中。振动信号分析技术的进步体现在大规模、高精度、多通道、多种分析同时进行的能力上。硬件的进步则主要表现大规模多通道信号采集器及模／数转化与数字传输技术的不断进步。例如丹麦 B&K 公司的 LAN—XI 分布式数据采集系统。

多通道的振动与声学数据采集系统 LAN—XI 数据采集器是多用途、模块化的采集系统,可以提供 2～1 000 个传输通道。系统的设计使它可以在具有可靠性和鲁棒性要求的各种场所使用。

LAN—XI 数据采集器是极为柔性的系统,具有可以根据需要不断扩充的数据传输通道的能力。LAN—XI 数据采集器的最小组合是一个独立的采集模块,每个采集模块具有 6 个通道或 2 个输入通道和 2 个驱动输出,它既可以作为分布式测试网的一部分独立工作,也可以布置在由 11 个同样模块组成的框架中与其他模块协同工作。

LAN—XI 数据采集系统可以进行多达 1 000 个通道数据的实时采集并存储,并实现所有通道的相位和采样同步。

LAN—XI 数据采集器是由多个靠近各个测量点的单个采集模块组合而成的分布式多通道采集系统。系统的采集模块框架数目可以任选,每个框架内安装的采集模块数量任选。相同的通道可以适用所有类型的传感器,因而它适用于传感通道多用途的场合。LAN—XI 数据采集器用一根导线可以进行供电、数据传输、协调(相位同步)等作业。

采用这种分布式数据采集系统可以使采集器更靠近被测试对象,缩短电缆长度,减少电磁干扰,提高测试质量,同时大大节省时间和经费。由于简化系统结构,减少设置差错和组建测试系统的时间,以及简化了复杂的信号传输系统,可以使引线的费用减少50％～70％,使信号处理的时间缩短50％～70％。

　　LAN—XI 数据采集系统继承了 B&K 公司上一代 PULSE IDA 智能采集器和 PULSE 应用的全部功能,并能够与前一代的数据采集器(PULSE 和Ⅰ—deas)兼容,一起工作。LAN-X系统内的各种组件以及与 PULSE IDA 组合的情况参见图 3-30。

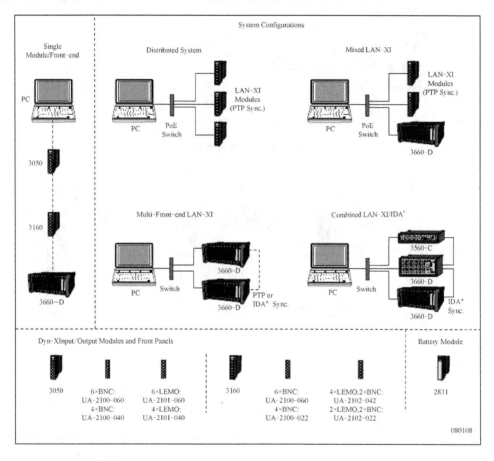

图 3-30　LAN—X 系统内的各种组件以及与 PULSE IDA 组合的情况

　　采用 LAN—XI 数据采集系统前后所发生的变化可以用图 3-31～图 3-33 来说明。图 3-31 所示为传统测量系统需要庞杂的传输电缆,数据采集模块远离被测对象。图 3-32 所示为使用 LAN—XI 以后,测试间和操作室之间的传感器缆线大大减少,只需要少数几根 LAN 电缆。图 3-33 所示在大型结构的测试中,有了分布式系统,测试模块可以适当地靠近被测试物体,也可以大量减少传感器缆线。

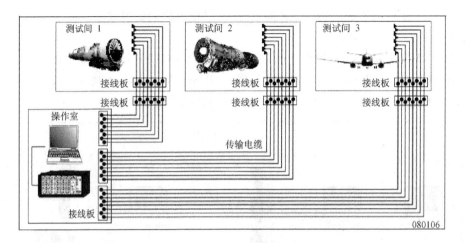

图 3 - 31　传统测量系统

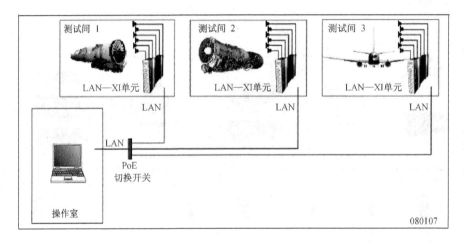

图 3 - 32　使用 LAN—XI 以后的测试系统

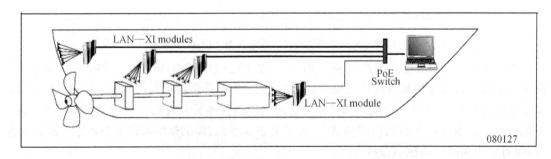

图 3 - 33　采用分布式系统,测试模块可以适当地靠近被测试物体

1. LAN—XI 系统的采集模块

B&K 公司的 3660 型分布式数据采集器是为 LAN—XI 系统配备的最新采集器框架,由一定数量的输入 / 输出模块组成。一个独立的采集模块是 LAN—XI 数据采集系统最小组合。每个采集模块具有 6 个通道和 2 个驱动输出。11 个同样的模块集合成一个采集器框架,如图 3-34 所示。通过 IDAe 协调,可以方便地进行通道的扩充,其通道数量可以根据需要在 2 ~ 1 000 个通道之间任意选择,并能够在接入的同时开始工作,所以可以方便的按照不同的布局重新组合。

LAN—XI 数据采集器的采样频率高达 130 kHz 且实时分析频率范围为 0 ~ 51.2 kHz。采用 Dyn—X 技术的输入通道具有单一的 160 dB 的输入范围。

图 3 - 34　采集模块和模块框架

LAN—XI 数据采集系统的每一个独立模块面板都有自己的显示页面,可以提供模块自检和差错的状态信息;全部的过载检测包括超量程过载和驱动过载;提供每一个通道接头的纠错与缺陷调整指示。在每一个通道的插座上还有一个环形 LED 指示灯,该灯可以指示如下状态:

绿色 —— 该通道为工作中的输入通道。

红色 —— 该通道输入过载,导线、传感器或状态失效。

黄色 —— 该通道正在转换 TEDS(内置电子数据表格)数据。

蓝色 —— 该通道为有源输出通道。

蓝色 / 红色 0.5 s —— 有源输出错误、过载或导线短路。

闪烁 —— 选择的通道处于脉冲硬件设置,同时服从于正在使用的脉冲数据记录仪。这对于检查和改变传输设置是非常有用的。

LAN—XI 数据采集系统的模块显示页面和指示灯如图 3 - 35 所示。

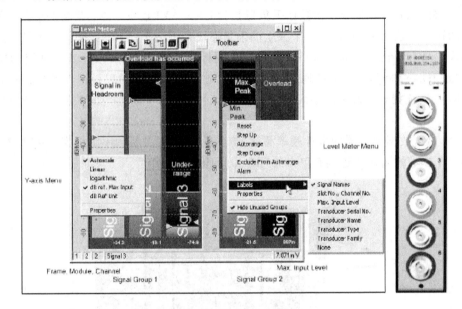

图 3 - 35　模块显示页面和通道指示灯

模块显示页面和指示灯有助于确定特别模块和通道的位置,确认系统配置是否正确,系统是否与传感器在正确的指令下工作。用户可以把模块 ID、IP 地址和错误信息的显示直接挂钩(toggle),包括自检、过载、当错误出现时自动显示变化。另外,每一个模块还有自己的信息主页,显示关于框架构型的模块、标定历史、自检、逻辑文件等信息。这些可以直接从互联网上获得,无需经过许可。

LAN—XI 数据采集系统不论在实验室和现场都可以使用同样的交流、直流电源、电池或以太网电源给系统供电。

采集器模块在 −10 ～ +50 ℃ 工作温度范围内,不需要散热风扇(有散热片),既安静又免除电磁干扰(cast magnesium casing),具有 NBC,LEMO,Multi-pin,SMB 等多种电缆插头。独立的模块设计坚固,可以满足外场的使用要求。

LAN 界面允许与测试件之间的首尾封闭,并减少了信号电缆的数量,缩短了传感器电缆的长度。所选通道的明晰指示,结合 IEEE 1451.4 具有标准化的 TEDS 的可用传感器,使系统设置大大简化。另外,易更换的面板,可使用惯用的传感器缆线;镁合金外壳,坚固轻便。

2. LAN—XI 采用的新技术

LAN 在庞大测试系统中实现各通道相位同步功能主要是依赖于两项新技术:

① 以太网配电技术 PoE(Power over Ethernet)；

② 精确时间协议 PTP(Precision Time Protocol)。

(1) 精确时间协议(PTP)

在大多数声学和振动研究中,信号测量必须是同步的和相位匹配的。如果没有使用同步技术,那么两个以上的采集系统经过一段时间就必然会发生漂移。而能够使用的最好的时钟系统,在不到 30 s 的时间里,所发生的漂移也是高质量的声学和振动测试所不能接受的。如果庞大的测试系统中的采集模块在技术上不是同一年代的,则问题会更突出。

以往的测试系统用一个采样时钟保证位于同一测试系统内不同代的测试模块之间的同步。较新的系统已经在不同代的测试模块之间实施各种基于缆线的同步技术。这些技术的突出缺点是需要额外的电缆线。

在 LAN—XI 系统,Brüel&Kjær 公司引用一个新技术 ——PTP 同步技术来保证在同一个传递测试数据的 LAN 连接中实现采样同步测量。

PTP 同步技术采用特别的算法来测量分离的 PTP 组件之间的延迟。靠这种方法,可以精确测量所有的延迟,并且使所有分离的时钟之间保持精准。在这种方法的顶端,所驾驭时钟的相位漂移被控制回路连续地测量和计算调整,但是也可以与原来的高性能开关一起使用(具有兼容性)。

PTP 同步技术为位于不同位置的测试系统的结合提供了全新的可能性:距离实际测试点更紧密;可以在不同的房间和测试间;允许有更远的距离。唯一需要的就是一个由 PTP 技术支持的 LAN 连接。

(2) 以太网供电技术

以太网电源(PoE)用一个合适的 PoE LAN 开关将 PoE 捆绑到以太网 LAN 技术上。该技术允许每一个测试模块所需要的供电由标准的 LAN 缆线提供,而不需要特别的电源线。采用以太网电源(PoE),所有模块和计算机之间的电缆都是标准的 LAN 缆线和一个 PoE 开关。这样,不仅简化了测量系统电缆,使长距离同步采样测量得以实现,而且消除了跨越缆线和互连开关所带来的延迟影响;同时也使所需的电缆数量和功耗损失减到最小,关断时间缩短,维修更容易,安装的柔度更大。这里需要使用 PoE 开关(比如 8 座的 Linksys® SRW2008MP Gigabit 开关) 和 PoE 插头(如 Zyxel PoE - 12 以太网信号过载接口插头)。

依靠以上两项技术,LAN — X 系统能够使用格框中的任何一个模块,或作为一个独立体,或作为分布系统以便使用者可以把信号采集模块放在靠近测试对象的地方。

在实践中,因为减少了导线而使花在调理测试系统上的时间大大缩短;细化或新建测试间设施所需的电缆基础减少;已有测试间的重构非常容易;仅用一个 LAN 连接即可使长距离的高精度测量成为可能。

在 LAN 系统中还采用了创新性的 Dyn — X 技术。先进的 Dyn — X 技术允许信号输入模块使用单一的输入量程,即 0 ～ 10 V,有用的分析量程超过 160 dB。单量程的 Dyn — X 技术原理见图 3 - 36。

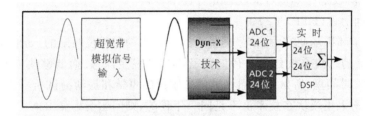

图 3 - 36　单量程的 Dyn - X 原理框图

有了 Dyn - X 技术,用一个输入范围覆盖了一切可能的量程,就不再需要考虑过载,调整量程,不再需要在传感器输出和分析系统输入之间为使信号范围一致而使用衰减器。不需用尾处理来保证输入范围是正确的,或讨论测量结果的校验和是否正确。测试人员可以在第一时间充分地确信所得到的是正确的测量结果。这样同时保证了测试和分析的精度、安全和效率。

整个测量和分析链堪比或超过以往测量中使用的传感器的精度。要得到出色的结果,测试人员需要做的只是选择最适宜的传感器。

思考与练习题

1. 航空发动机主要有哪些激振源?

2. 振动信号有哪些类型?航空发动机的振动信号属于哪一类型?

3. 说明均值、均方值和均方差值在振动信号分析中的物理意义。

4. 航空发动机的故障诊断常采用哪几种振动分析方法?

5. 从能量的观点看,振动信号频谱的物理意义是什么?

6. 写出自相关函数、互相关函数的基本公式,自相关函数、互相关函数的主要性质是什么?相关分析的主要用途是什么?

7. 对于各态历经过程,如何得到信号的自功率谱密度函数?

8. 简述频谱分析的物理意义、计算公式和主要用途。

9. 简述脉冲响应函数和频率响应函数的意义,两者之间有何联系?

10. 转子不平衡、支承不对中引起的振动,转子自激振动、传动齿轮和轴承缺陷等引起的振动信号各有哪些频率特征?

11. 试求正弦函数的自相关函数。

12. 如果平稳随机过程具有自相关函数 $\phi_{xx}(\tau) = A(b^2 - \tau^2)\mathrm{e}^{-\alpha \tau^2}$,式中 A、b 为常数,求其自功率谱密度函数和均方值。

第4章 航空发动机常用诊断方法

在航空发动机故障诊断技术领域,有一些诊断方法是比较常规和常用的,如趋势图分析方法、指印图诊断方法和滑油分析技术等。这些方法的特点是在理论上比较浅显,在方法上易于掌握,在实际中已经广泛实行,而且是可靠性维修方案要求做的例行工作。有的仅见于外场航空发动机的故障诊断。这些方法不仅用于故障诊断,也是发动机状态监控的主要技术手段。

4.1 趋势图分析方法

趋势图分析方法属于气路分析技术范畴,其基本思想是利用测量的气路主要截面的压力、温度、转子转速、燃油流量和可调几何位置等参数来分析、判断与发动机气路有关的单元体和子系统的技术状态是否完好,并隔离故障到这些单元体和子系统,是当前发动机性能监视系统普遍采用的一种简单易行的手段。

趋势图分析的基本做法是,在规定的飞行状态下,由人工或自动采集装置记录发动机的监视参数值,与发动机的基线值进行比较求出偏差,然后将这些偏差量绘制成随时间变化的趋势图(典型的趋势图见图 4-1)。趋势分析还包括趋势的变化率和突越检查、各种经验值的检查,同一架飞机上各台发动机趋势对比和分析等。借助于趋势图,可以进行以下分析工作:

① 每个监视参数的偏差同极限值相比检查有无超限情况;

② 根据各监视参数的不同变化趋势,可以判断引起变化的可能原因,为故障隔离提供咨询;

③ 隔离部分指示系统故障;

④ 根据各监视参数的变化趋势,对未来飞行中各参数的大小进行趋势预报。

发动机基线是指新的无故障发动机的名义工作线。通常用换算参数给出一组曲线或数据表,表示正常工作的发动机参数随工作状态的变化关系。当发动机发生故障或性能衰退时,实际观测值将偏离基线形成偏差,偏差值的大小反映了发动机的性能状态。因此,基线的正确性是至关重要的。发动机的型号不同,基线的模型各异。基线模型可以通过对每种型号多台发动机的多次飞行实验数据进行统计和综合,由发动机设计、制造部门提供理论平均的发动机模型或利用每个具体发动机在无故障时的飞行数据等不同方法来获取。

通常将趋势分析方法与状态诊断方法联系起来使用,一般是先用趋势图进行状态监控,发现异常以后再用状态方程法或其他故障诊断方法来进行故障诊断。

现代民用航空发动机趋势图分析所用的主要参数有:EGT、FF、n_1、n_2、振动等。

图 4-1 所示是 B737—200 飞机的发动机性能参数趋势图。

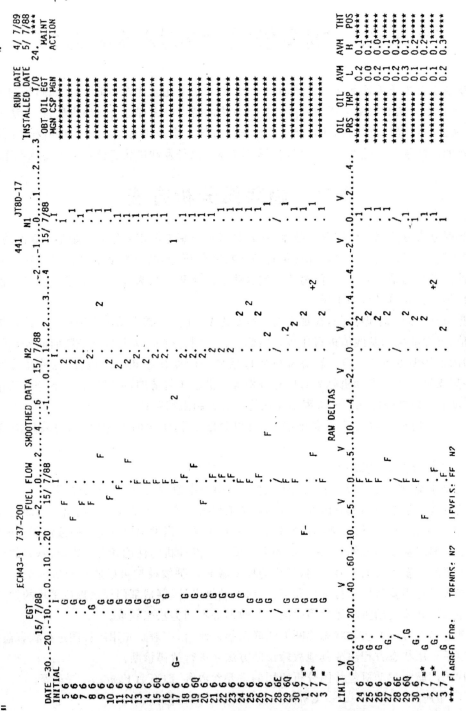

图4-1 B737-200飞机的发动机性能参数趋势图

4.1.1 趋势图的绘制

趋势图分析法的有效性实际上取决于所记录、处理的数据的可靠性和精度;而取得可靠和准确的数据,依赖于数据的采集和处理。

1. 数据采集

(1)数据记录的要求

只能在下列状态下记录数据:

1)稳定巡航状态

巡航状态,一定高度和马赫数时,水平直线飞行 5 min 左右不动油门杆。若能将压比 EPR(或其他一个参数)调整成一样,可使计算简单。

例如 A340 的 CFM56 发动机规定在巡航状态下稳定功率 4 min 后录取数据。

2)引气量

一般应在全部关闭引气时记录数据。如果不允许也可以在引气调节和传递压力打开时,但必须在数据形式中加以说明。否则会给计算出的数据的"置信度"带来问题。

3)稳定的气流和温度

湍流要影响发动机进气道和压气机工作状态,且使发动机内部不能稳定工作。湍流还常常伴随温度的不稳定,这也会影响发动机的参数,所以数据必须在进气总温稳定后才录取。

(2)记录数据的种类

在发动机性能监控中,最重要的参数有发动机的压比 EPR,高、低压转子的转速 n_1,n_2,涡轮后的燃气温度 EGT 和燃油流量 FF。后 4 个参数是 EPR 的函数,对于任何特定的发动机,在已知飞行状态(高度、马赫数、进气总温)下,这些参数的相互关系是一定的,这些相互关系有变化就成为发动机内部状态可能发生变化的征兆。

另外,还有机械状态参数:发动机和部件的振动、滑油压力、温度和消耗量等,这些参数被直接记录并且可以观测其趋向。

如波音 747 的 JT9D 发动机记录巡航状态稳定 5 min 后的高低压转子转速 n_1、n_2,涡轮后的燃气温度 EGT,燃油流量 FF 和前、后机匣的振动等 6 个参数。

(3)数据的精度和重复性

在数据采集中不可避免会出现数据的偏差,图 4-2 表示了影响测量参数偏差值的重要因素。其中有:

A——制造公差和调整差别;

B——发动机安装影响;

C——仪表系统误差;

D——仪表不重复性;

E——尚未考虑到的因素;

F——故障。

其中,后 3 项之和是用于故障诊断的偏差值 Δ。

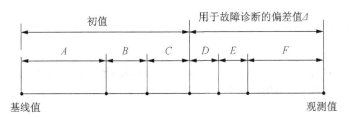

图 4-2 影响测量参数偏差值的各种因素

对于制造公差和调整差别的影响、安装影响以及仪表系统误差的影响,可以用发动机的初始值进行修正。初始值是指换发后无故障发动机在头几个航班偏差值的统计值。作为发动机状态监控仪表误差常常是不可忽略的。通常把仪表读数看做真正数据,仪表误差通常是相当固定的,因而对趋向分析几乎没有影响。

对于仪表测量不重复的影响,可以通过数据平滑处理和在诊断算法中引入随机测量误差项来修正。至于一些尚未计入的影响,只能在实践中逐步认识和修正。

为略去随机误差以及人为错误的影响,改进趋势图的可读性,在绘制趋势图之前通常需要对偏差值进行平滑处理。数据平滑方法有 6 点平滑、11 点平滑、多项式平滑、指数平滑及 2 点滑动平均法等多种。由于平滑处理过程常常伴随有掩盖参数的真实突越变化的不利一面,因此,必须选用适当的平滑方法。特别值得注意的是,当最后一个飞行记录的参数发生突越变化时,应谨慎从事,因为这种突越变化很有可能是发动机突发故障的先兆,或指示故障已经发生。

2. 标准值换算与趋势图的绘制

标准值的计算有两种方法:一种是将飞行数据换算到海平面标准状态;另一种是将海平面标准状态数据还原到指定的飞行状态。偏差的记录是将记录结果与标准值相减,若记录值大于标准值,则偏差取为"+";若相反,则取为"-"。机械参数通常不必换算,直接用记录值。

绘制趋向曲线通常由计算机完成,根据采集数据是人工方式还是自动方式分为半自动和自动绘制趋向曲线。

4.1.2　趋向分析

要分析趋向特性需要分析者掌握发动机的性能及其故障的特点、各个部件失效时对发动机性能的影响。因此,趋向分析图要定期地由一个"权威的专家"加以审定,以便检测长期的平缓的趋向。除此之外,还必须时刻监视数据点的突然变化。但是以上分析终归只能得到定性的结论,进一步的诊断工作必须依据其他检测手段。为了预测各种参数的发展趋向,还可以利用预测技术对数据进行处理,例如建立数据的时间序列模型等。

对 JT9D 发动机的性能趋向分析时,每天把发动机的各种参数收集起来,由计算机进行处理,计算与标准发动机的偏差。然后把这些新数据同以前的资料相比较,得出按时间顺序的趋向曲线。通过分析已经探测出的故障有:引气损失、可调整叶片失灵、机械损坏、涡轮叶片和涡轮导向叶片的密封失效等故障。

　　图 4-3 所示为一次第一级涡轮叶片固定铆钉失效故障发生过程的趋势图。根据趋向曲线的指示，第一级涡轮的一次故障在 7 月 13 日首先被探测出来，到 7 月 16 日飞机的振动数据突然增加。利用孔探仪检查表明，第一级涡轮叶片故障是由于叶片的固定铆钉失效引起的。

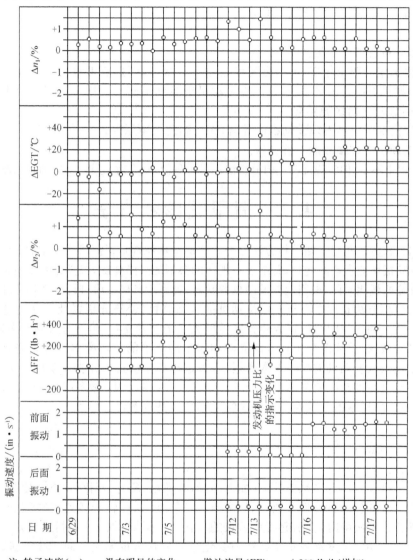

注：转子速度 (n_1)　　　没有明显的变化；　　燃油流量(FF)　　　+200 lb/h(增加)；
　　排气温度(EGT)　+20 ℃(升高)；　　振动情况　　　　在 7 月 16 日突然增大
　　转子速度 (n_2)　　−0.7%(降低)；

图 4-3　第一级涡轮叶片固定铆钉失效故障

其趋向曲线的变化是这样的:低压转子转速没有明显的变化,高压转子转速降低了0.7%,排气温度升高了 20 ℃,燃油流量增加了 200 lb/h,振动速度增加了 1.5 in/s。

4.1.3 趋势图分析的不足

趋势图分析有以下不足:

① 数据采集的要求较高,不但需要稳定的飞行状态,而且要求每台发动机的测量条件也必须稳定。如果更换了测量系统,甚至将发动机更换到不同的飞机上或同一架飞机的不同位置,均可能引起趋向曲线的异常。

② 多数情况下只能发现发动机的异常,无法确定故障原因。

③ 对发动机的许多故障不够灵敏。

尽管有以上不足,但实践证明趋向分析法仍是一种简单、有效、经济、实用的状态监控方法。

4.2 指印图诊断方法

指印图分析方法也是气路分析方法之一。它的基本原理是根据以往大量的故障现象以及发生故障时发动机性能参数的变化,总结出有规律的典型的故障样板,将具体发动机的性能参数变化情况与故障样板相对照,来判定该发动机的状态,再利用其他手段进行故障隔离和定位。

指印图分析方法是建立在对航空发动机的状态监控、趋势分析以及可靠性基础上的一种故障诊断方法。利用指印图进行故障诊断需要大量的技术支持,包括有效的状态监控手段、准确的性能参数数据、趋势图分析技术的支持和大量的准确的故障样本。首先需要通过对发动机的状态监视录取发动机的性能参数数据,再通过趋势分析技术分析发动机性能变化趋势;故障样板是在对以往发动机故障诊断的经验总结和大量故障数据(故障样本)统计分析的基础上建立起来的;故障样本的准确性是保证诊断正确性的基本条件。

4.2.1 指印图

航空发动机在一定的飞行条件下(如地面操作、巡航、爬升、降落等)和一定的压比下,都有一组与之相对应的发动机特性参数,例如高压转子转速、低压转子转速、排气温度和燃油流量等。当发动机出现故障时,会引起特性参数的变化。根据第 2 章中的讨论,已知发动机故障状态下的状态参数相对于发动机正常特性的变化量叫做状态量偏差。同一故障状态下,各个参数的偏移方向和变化量各不相同,将其绘制成样条图,则形同手掌的五指参差不齐,所以叫指印图。每一种故障状态都有一组状态参数偏移量与之相对应,虽然每次发生同一类故障时,状态参数的偏差量不可能精确相等,但其统计量(均值)具有稳定性。大量的经验故障数据经过统计分析可以得到相对稳定的模板,不同的故障对应不同的模板,可以作为故障诊断的依据。

图 4 - 4 所示为 JT9D—7R4 发动机的指印图。

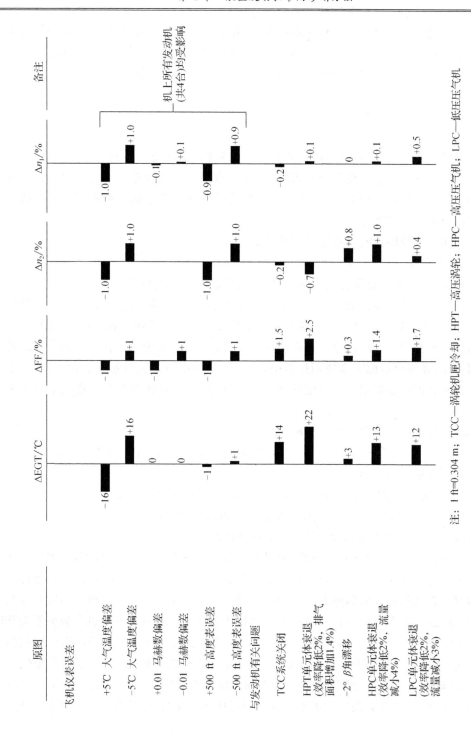

图4-4　JT9D—7R4发动机的指印图

注: 1 ft=0.304 m; TCC—涡轮机匣冷却; HPT—高压涡轮; HPC—高压压气机; LPC—低压压气机

利用指印图进行故障诊断需要有状态监控、数据记录与趋势分析等技术支持。趋势图分析方法在 4.1 节进行了讨论。不同类型的发动机一般采用不同的状态监控系统,如普惠公司采用 ECM Ⅱ 系统用于 JT9D 和 V2500 发动机的状态监控和趋势分析。

4.2.2　指印图分析

利用指印图方法进行故障诊断时,首先要对发动机的状态参数数据进行采集,经过趋势分析得到代表实际发动机状态量偏差量的指印图,即故障样本。将故障样本与已知的各种故障模式的指印图样板进行对比和分析,以确定实际发动机的故障属于哪一种模式。其中指印图分析是故障诊断过程的最关键一步。

利用指印图进行故障诊断一般按以下几步进行:

① 趋势报告分析。

首先要看 ECM Ⅱ 的趋势报告,看是否有发动机状态参数变化趋势。

发动机的状态参数的偏移变化可能是由两种原因引起的:一种是由于故障引起的异常变化,反映在趋势图中往往是一种突变。这种异常变化发生时一般都预示着由物理故障发生,需要加以警觉。这种情况下的故障诊断可以利用前面讨论的趋势图分析方法。状态参数偏移的另一种原因则是,在发动机的正常使用过程中,由于性能的逐渐衰退引起的变化,这是一个渐变的过程。性能衰退引起的状态参数偏移严重到一定程度,也意味着发动机进入了非正常工作状态。

② 如果有变化趋势,要注意哪些参数发生变化,何时发生变化及变化量是多少。

③ 注意其他信息,如飞行员报告是否有与发动机有关的信息,或者门是否松动,在参数变化的前一天是否有维修活动等。

④ 利用指印图分析故障,看参数变化适用于哪种情况,可能是什么故障。

⑤ 利用其他方法,如孔探检查等,以确定故障是否存在并排故。

⑥ 保留趋势图报告并记录相关信息,以便将来查询。

指印图有地面操作性能指印图及爬升和操作性能指印图两种类型。性能指印图的功用是使维护人员通过它来分析对比其他发动机性能参数的偏移量,以判断发动机是否有故障。性能参数的偏移量是通过待检故障的发动机和在通常工况下正常工作的发动机的参数相比较来决定的。要求的通常工况,即:油门杆恒定或发动机压比固定。前者在发动机参数突然偏移时使用,后者当参数逐渐偏移或当一个参数偏移后油门杆已被校正时使用。指印图中用到的性能参数主要有:发动机压比(EPR)、低压转子转速(n_1)、高压转子转速(n_2)、发动机排气温度(EGT)和燃油流量(FF)。性能参数的数值与发动机压比水平有关,其中压比 1.3 为低压比水平,1.4 为中压比水平,1.5 为高压比水平。选择固定压比工况时,也可以将压比固定在任一压比水平。

　　因为性能参数的数值与发动机压比水平有关,所以发动机的性能指印图一般是在固定压比条件下给出的。当排气温度(EGT)、低压转子转速(n_1)、高压转子转速(n_2)或油门杆位置限制发动机操作时,发动机的压比与指印图要求的固定值可能不同,这就需要对测试的参数数据进行标准化。

　　进行参数标准化的目的是当排气温度(EGT)、低压转子转速(n_1)、高压转子转速(n_2)或油门杆位置限制发动机操作时,调整发动机的数据,使之与在固定压比条件下正常操纵的发动机的参数相当。

　　标准化过程中主要的两步如下:

　　① 提取特性参数数据,可以使用故障发动机在故障发生之前正常运行时提取的数据,也可以是从飞机上的另一台发动机上提取的。

　　② 参数标准化计算。

　　参数标准化按下式计算:

$$标准化的参数 = 实际参数 + \frac{\Delta EPR}{0.01} \times 标准化因子$$

式中的标准化因子如表 4 - 1 所列。

表 4 - 1　标准化因子

参　数	标准化因子	
	起　飞	爬升/巡航
	地面操作 $Ma = 0.0 \sim 0.2$	高　度 25 000～35 000 ft (7 620～10 668 m) $Ma = 0.8$ 以上
$n_1/\%$	0.60	0.35
$n_2/\%$	0.19	0.13
EGT/℃	3.0	1.7
FF/(lb·h^{-1})〔或 FF/(kg·h^{-1})〕	300(136.08)	74(33.57)

4.2.3　故障诊断实例

　　下面以 JT9D 发动机性能指印图为例说明运用指印图进行故障诊断的过程。

　　JT9D 发动机的指印图是普惠公司经过对大量的发动机故障数据加以统计分析,并通过计算机模拟所确定的故障模型绘制的,用于对 JT9D 发动机进行故障诊断的性能指印图。在ECM Ⅱ 状态监控与趋势分析系统的技术支持下,获得发动机的性能参数数据,并计算出特性参数的变化量,然后与指印图相对照,便可发现可能的故障。

利用普惠公司开发的 ECM II 分析软件,不再需要维修人员去人工绘制趋势图,可由计算机自动打印出趋势图报告并分析变化趋势,所以现在只需维修人员在计算机上选定趋势变化的起始点和偏移量最大但又未发生分离的点,计算机便会自动给出所选点的参数值。这大大减少了维修人员的工作量,提高了工作效率和参数的准确性。

[例 4.1]　工况:高度 35 000 ft(10 668 m),一号发动机油门杆推至巡航状态,Ma 为 0.824。发动机参数如下:

	发动机 1	发动机 2
EPR	1.485	1.480
$n_1/\%$	92.19	92.09
$n_2/\%$	86.3	84.4
EGT/℃	554	509
FF/(lb·h^{-1})	6 990	6 670

计　算　由于 ECM II 趋势报告显示,一号发动机参数变化,所以以二号发动机为准。

$$\Delta EPR = 1.485 - 1.480 = 0.005$$

因为 0.005<0.01,所以不需要标准化。

$$\Delta n_1 = (92.19 - 92.09) \times 100\% = 0.1\%$$
$$\Delta n_2 = (86.3 - 84.4) \times 100\% = 1.9\%$$
$$\Delta EGT = (554 - 509)℃ = 45\ ℃$$
$$\Delta FF = \frac{6\ 990 - 6\ 670}{6\ 670} \times 100\% = 4.8\%$$

故障诊断如下:

因为 EPR 为 1.48,所以查图 4-5 中的 EPR=1.5 部分,由 Δn_1、Δn_2、ΔEGT、ΔFF 对应的指印图 4-5 可以发现,与 3.0 放气开时的参数变化相同,因此断定故障可能是3.0放气开。再经过孔探技术手段加以确定,便完成了故障诊断工作。

[例 4.2]　工况:EGT 在起飞状态受限,Ma 为 0.152。发动机参数如下:

	发动机 1	发动机 2
EPR	1.511	1.530
$n_1/\%$	*	*
$n_2/\%$	*	*
EGT/℃	650	600
FF/(lb·h^{-1})	*	*

计　算　ECM II 趋势报告显示,一号发动机趋势发生变化。

$$\Delta EPR = 1.511 - 1.530 = -0.019$$

因为 $|-0.019|>0.01$,所以需要标准化。

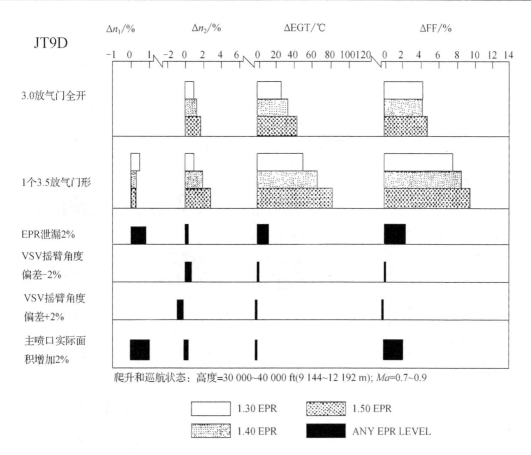

图 4－5　例题 4.1 参考图

由表 4－1 可知,在起飞状态,$Ma＝0～0.2$ 时,EGT 的标准化因子为 3.0,则标准化的参数为

$$EGT＝\left[650－\left(-\frac{0.019}{0.01}\right)\times 3.0\right]℃＝655.7\ ℃$$

$$\Delta EGT＝(655.7－600)℃＝55.7\ ℃$$

故障诊断如下:

性能指印图如图 4－6 所示,选择起飞状态的 EPR 部分,由 $\Delta EGT＝55.7\ ℃$ 可以判断,故障可能是 3.0 放气开和 1 个 3.5 放气活门开。再利用其他技术手段加以确认即可。

以上两例是同一架飞机上的两台发动机之间相对比而判断参数变化趋势的例子。

除此之外,还可以根据同一台发动机不同时间的参数来判断参数变化趋势和变化量。下面举例说明。

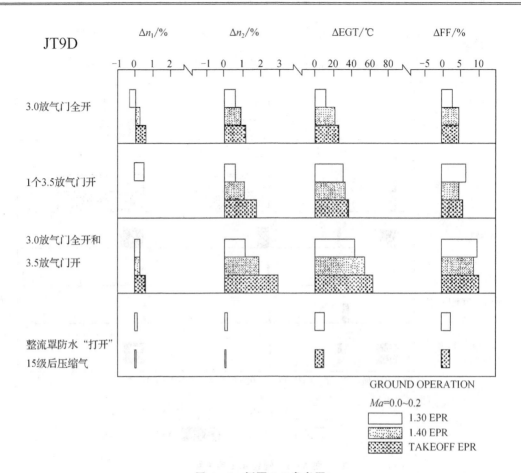

图 4-6   例题 4.2 参考图

[**例 4.3**]   工况:高度 34 000 ft,*Ma* 为 0.797,发动机油门杆固定。
发动机参数如下:

时间	4 月 22 日	4 月 22 日
EPR	1.47	1.38
$n_1/\%$	94.2	88.6
$n_2/\%$	90	88
EGT/℃	419	407
FF/(lb·h^{-1})	5 125	4 100

计   算

$$\Delta EPR = 1.38 - 1.47 = -0.09$$

因为 $|-0.09|>0.01$，所以需要标准化。

由表 4-1 可知，在高度 34 000 ft，Ma 为 0.797 时，n_1、n_2、EGT、FF 的标准化因子分别为 0.35、0.13、2.7、74，则标准化参数为

$$n_1\% = \left[88.6 - \left(-\frac{0.09}{0.01}\right) \times 0.35\right] \times 100\% = 91.4\%$$

$$\Delta n_1\% = (91.4 - 94.2) \times 100\% = -2.8\%$$

$$n_2\% = \left[88.0 - \left(-\frac{0.09}{0.01}\right) \times 0.13\right] \times 100\% = 89.2\%$$

$$\Delta n_2\% = (89.2 - 90.0) \times 100\% = -0.8\%$$

$$\text{EGT} = \left[407 - \left(-\frac{0.09}{0.01}\right) \times 2.7\right] \text{℃} = 431.3\ \text{℃}$$

$$\Delta\text{EGT} = (431.3 - 419)\text{℃} = 12.3\ \text{℃}$$

$$\text{FF} = \left[4\ 100 - \left(-\frac{0.09}{0.01}\right) \times 74\right] \text{lb/h} = 4\ 766\ \text{lb/h}$$

$$\Delta\text{FF} = \frac{4\ 766 - 5\ 125}{5\ 125} \times 100\% = -7\%$$

故障诊断如下：

性能指印图如图 4-7 所示，取 EPR=1.4 部分，根据 ΔEPR=-0.09，$\Delta n_1\%=-2.8\%$、$\Delta n_2\%=-0.8\%$，ΔEGT=12.3 ℃，ΔFF$\%$=-7%，可以判断故障为一个 3.5 放气活门开。再利用其他技术手段加以确认即可。

[例 4.4]　工况：起飞状态，EPR=1.433，Ma 为 0.13，发动机油门杆固定。

发动机参数如下：

时间	5月9日	5月9日
EPR	1.51	1.43
$n_1/\%$	105.3	94.2
$n_2/\%$	98.6	96.2
EGT/℃	522	510
FF/(lb·h^{-1})	21 500	16 520

计　算

$$\Delta\text{EPR} = 1.43 - 1.51 = -0.08$$

因为 $|-0.08|>0.01$，所以需要标准化。

由表 4-1 可知，在地面运行时，Ma 为 0.13，n_1、n_2、EGT、FF 的标准化因子分别为 0.6、0.19、3.0、300，则标准化参数分别为

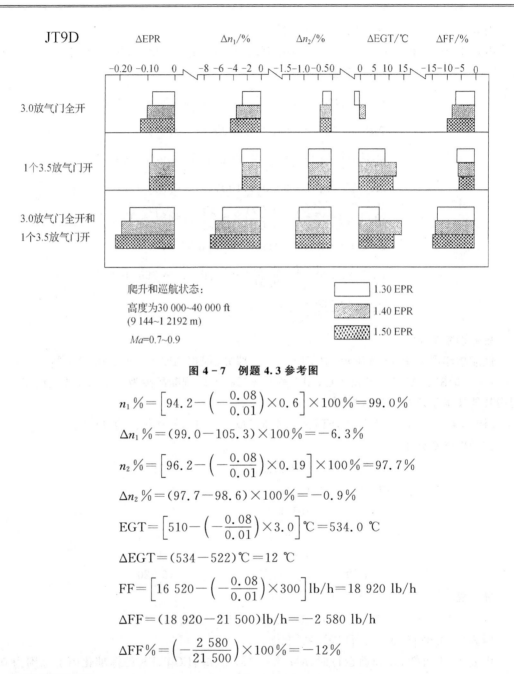

图 4-7　例题 4.3 参考图

$$n_1\% = \left[94.2 - \left(-\frac{0.08}{0.01}\right) \times 0.6\right] \times 100\% = 99.0\%$$

$$\Delta n_1\% = (99.0 - 105.3) \times 100\% = -6.3\%$$

$$n_2\% = \left[96.2 - \left(-\frac{0.08}{0.01}\right) \times 0.19\right] \times 100\% = 97.7\%$$

$$\Delta n_2\% = (97.7 - 98.6) \times 100\% = -0.9\%$$

$$EGT = \left[510 - \left(-\frac{0.08}{0.01}\right) \times 3.0\right] ℃ = 534.0 ℃$$

$$\Delta EGT = (534 - 522)℃ = 12 ℃$$

$$FF = \left[16\,520 - \left(-\frac{0.08}{0.01}\right) \times 300\right] lb/h = 18\,920 \; lb/h$$

$$\Delta FF = (18\,920 - 21\,500)lb/h = -2\,580 \; lb/h$$

$$\Delta FF\% = \left(-\frac{2\,580}{21\,500}\right) \times 100\% = -12\%$$

故障诊断如下：

性能指印图如图 4-8 所示，取 EPR=1.4 部分，根据 $\Delta EPR = -0.08$，$\Delta n_1\% = -6.3\%$，$\Delta n_2\% = -0.9\%$，$\Delta EGT = 12.0 ℃$，$\Delta FF\% = -12\%$，可以判断故障是 3.0 放气开和一个 3.5

放气活门开。再利用技术手段加以确认即可。

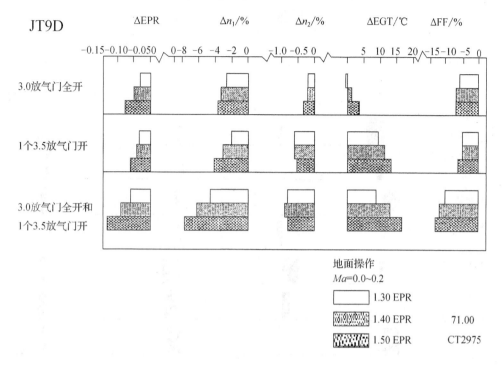

图 4-8　例题 4.4 参考图

[**例 4.5**]　工况：起飞状态，Ma 为 0.156，油门杆恒定。

发动机参数如下：

时间	6 月 1 日	6 月 2 日
EPR	1.43	1.435
$n_1/\%$	94.1	94.3
$n_2/\%$	96	97
EGT/℃	517	540
FF/(lb·h^{-1})	17 165	17 680

计　算

$$\Delta EPR=1.435-1.430=0.005$$

因为 0.005 < 0.01，所以不需要标准化。

$$\Delta n_1=(94.3-94.1)\times100\%=0.2\%$$

$$\Delta n_2=(97-96)\times100\%=1.0\%$$

$$\Delta EGT = (540-517)\,℃ = 23\,℃$$

$$\Delta FF = \frac{17\,680 - 17\,165}{17\,165} \times 100\% = 3\%$$

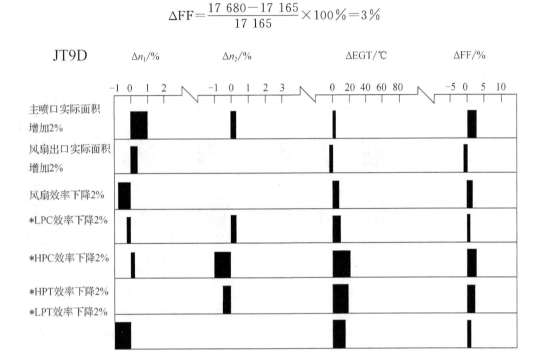

图 4 - 9   例题 4.5 参考图

故障诊断如下:

性能指印图如图 4 - 9 所示,起飞状态时,根据 $\Delta n_1 = 0.2\%$,$\Delta n_2 = 1.0\%$,$\Delta EGT = 23\,℃$,$\Delta FF\% = 3\%$,所以判断故障为高压压气机效率损失 2%。

从以上讨论可见,运用指印图故障诊断法是非常方便的。

普惠公司开发的软件系统中储存了大量的故障模式,如图 4 - 10 和图 4 - 11 所示是一些常见故障的指印图模板,可供故障诊断时参考。(注:图 4 - 10 和图 4 - 11 只作为指印图的案例使用,图中英文不再翻译。)

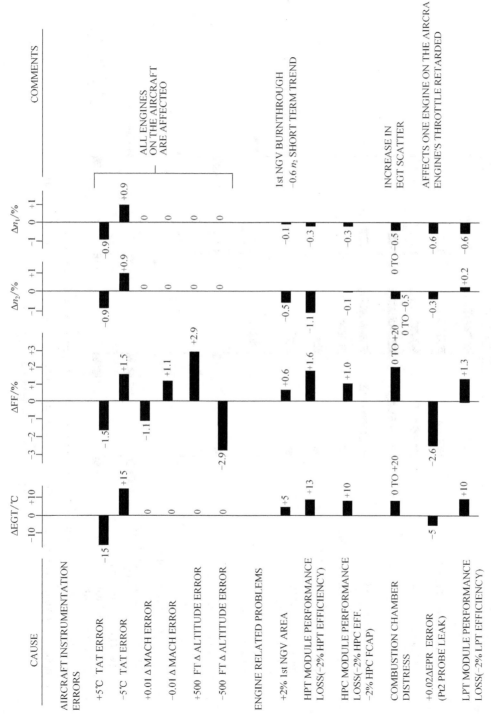

图4-10　常见的故障模式的指印图(1)

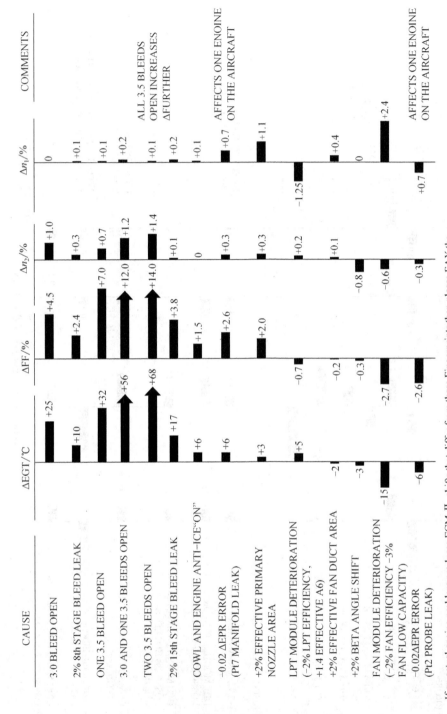

CAUSE	ΔEGT/℃	ΔFF/%	Δn_2/%	Δn_1/%	COMMENTS
3.0 BLEED OPEN	+25	+4.5	+1.0	0	
2% 8th STAGE BLEED LEAK	+10	+2.4	+0.3	+0.1	
ONE 3.5 BLEED OPEN	+32	+7.0	+0.7	+0.1	
3.0 AND ONE 3.5 BLEEDS OPEN	+56	+12.0	+1.2	+0.2	ALL 3.5 BLEEDS OPEN INCREASES ΔFURTHER
TWO 3.5 BLEEDS OPEN	+68	+14.0	+1.4	+0.1	
2% 15th STAGE BLEED LEAK	+17	+3.8	+0.1	+0.2	
COWL AND ENGINE ANTI-ICE"ON"	+6	+1.5	0	+0.1	
−0.02ΔEPR ERROR (Pt7 MANIFOLD LEAK)	+6	+2.6	+0.3	+0.7	AFFECTS ONE ENOINE ON THE AIRCRAFT
+2% EFFECTIVE PRIMARY NOZZLE AREA	+3	+2.0	+0.3	+1.1	
LPT MODULE DETERIORATION (−2% LPT EFFICIENCY, +1.4 EFFECTIVE A6)	+5	−0.7	+0.2	−1.25	
+2% EFFECTIVE FAN DUCT AREA	−2	−0.2	+0.1	+0.4	
+2% BETA ANGLE SHIFT	−3	−0.3	−0.8	0	
FAN MODULE DETERIORATION (−2% FAN EFFICIENCY −3% FAN FLOW CAPACITY)	−15	−2.7	−0.6	+2.4	AFFECTS ONE ENOINE ON THE AIRCRAFT
−0.02ΔEPR ERROR (Pt2 PROBE LEAK)	−6	−2.6	−0.3	+0.7	

If an actual engine problem produces ECM II shifts that differ from these Fingerprints,then please FAX the Trendplot Report(s) and related engine information to the Customer Training Center(203) 565-1461.　　CT20473,19921109

图4—10　常见的故障模式的指印图(2)

4.3　滑油油样分析及故障诊断

4.3.1　油样分析概述

在大型机械设备中,广泛使用轴承和齿轮等来支承转动的转子和传递功率。在这些部件工作过程中,由于相互运动而必然产生摩擦,而摩擦将进一步导致磨损并产生大量的热量。滑油系统的作用就是形成润滑膜并带走磨损产物和热量,以维持轴承、齿轮的正常温度状态,并在轴承的滚道与滚子之间、相啮合的齿面之间形成连续的油膜而起到润滑作用;另外,还可利用滑油系统中具有一定压力的滑油,作为某些液压装置(如挤压油膜轴承等)和操纵机构(如作动筒)的工质。滑油系统对发动机工作的可靠性关系重大。一方面,滑油系统本身出现故障的几率比较大;另一方面,滑油系统的故障会导致大的事故。如 RB211 发动机 1981 年连续发生 3 起风扇部件甩出的严重事故,其原因是由于风扇前轴承滑油供油不足所致;JT8D 发动机 4、5 号轴承腔的通气管路曾发生堵塞故障,引起油腔压力过高,结果造成滑油因温度过高而燃烧,最终导致发动机失火。据统计,JT9D 发动机在 20 世纪 70 年代提前更换的原因中,有 16％属滑油系统和轴承的故障。

所以,采取专门的手段并与气路分析技术、振动监控技术相配合,对滑油系统进行状态监控和故障诊断,对于保证发动机安全可靠地工作是至关重要和必不可少的。对滑油系统进行状态监控和故障诊断的重要性,还在于它不仅能监控滑油系统本身,保证其工作正常、可靠,而且能够通过对滑油系统的监控实现对发动机其他子系统的工作状态监控和故障诊断。

1. 滑油油样分析的目的和意义

滑油油样分析技术又称为设备磨损工况监测技术。它是利用人工、仪器等手段判别滑油油样的成分构成、油品品质等油液信息,进而对设备的当前工作状况以及未来工作状况作出判断,为设备的正确维护提供有效的依据,是对设备进行预防性维修的一门工程技术。

通常意义上的油液信息主要包括三个方面:第一,油液本身的物理和化学性质的变化情况;第二,油液中设备磨损颗粒的分布情况;第三,油液中外侵物质的构成以及分布情况。

因此,进行滑油油样分析的目的主要包括:第一,测定油品的品质,从而决定油液是否可以继续使用;第二,鉴定及判别不同种类油品的品质,判断油液的优劣;第三,通过油液中磨损产物的种类、分布、尺寸大小、形状等信息判断设备的运行状况,发现可能存在的问题;第四,通过油液分析数据的处理,预测滑油系统潜在的故障。

利用滑油油样分析来判别滑油系统乃至整个发动机的工作情况具有显著的效益。首先,不需要专门停机对发动机进行检查,因此可大大提高发动机的保障效率,避免不必要的检查;

其次,通过滑油的工作参数或油液的油样进行检查,不需要专门进行参数的测试,工作效率高;第三,利于对不同发动机的对比检查,发现发动机潜在的故障。如我国从国外先后引进了MOA 油液光谱分析仪、DCA 油液污染度测试仪等仪器,建立了油液的监测实验室和相应的技术规范,通过油液分析发现了一些危险性故障,对保证飞行安全起到了很好的作用。

2. 受润滑零件的磨损规律

(1)航空发动机受润滑的摩擦零件的典型磨损过程

摩擦是两个相互接触的零部件在外力作用下发生相对运动时接触表面产生阻止这种运动的相互作用现象,摩擦的结果往往使其表面分子逐渐脱落,使零部件原有的尺寸、几何形状和表面质量发生变化,这种现象称为磨损。在两接触表面之间施用油、脂或其他流体来分隔接触表面以达到降低能量消耗的方法称为润滑。可见,摩擦是磨损的原因,磨损是摩擦的必然结果,润滑是降低摩擦、减少磨损的措施,三者有密切的联系。

机器运转时的磨损过程一般分为三个阶段,即磨合阶段、稳定磨损阶段、剧烈磨损阶段。磨损量随使用时间的变化关系如图 4-12 所示。

磨合阶段又称跑合阶段。新的摩擦副表面粗糙度比较大,真实接触面积较小,局部应力较大,所以开始使用阶段表面逐渐磨平,磨损速度较大。随着磨合的进行,真实接触面积逐渐增大,磨损速度开始减缓,如图 4-12 中的 $O\sim a$ 线段。人们利用磨合阶段轻微的磨损为正常运行时的稳定磨损创造条件。选择合理的跑合规程、采用适当的摩擦副材料及加工工艺、使用含活性添加剂的滑油等方法都能缩短跑合期,即在短时间内以最低的磨损速度达到良好的跑合要求。

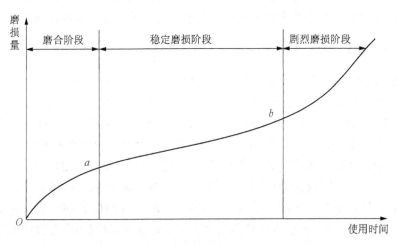

图 4-12　机械磨损过程

稳定磨损阶段磨损的过程缓慢而稳定,如图 4-12 中的 $a\sim b$ 线段。经过磨合,摩擦表面发生加工硬化,微观几何形状发生改变,建立了弹性接触的条件,这时磨损稳定下来,磨损量与时间成正比例增长。在此阶段,磨损率基本不变。

剧烈磨损阶段是在经过较长时间的稳定磨损后,摩擦条件发生较大变化,如摩擦表面间的间隙增大、表面温度过高以及金属组织的变化等致使磨损急剧增加。这时,机械效率下降,精度丧失,产生异常噪声及振动,摩擦副温度迅速上升,最终导致零件失效,如图 4-12 中 b 点以后的线段。

这三个阶段的长短与机械的设计和使用均有密切的关系。与一般机械的磨损过程相类似,航空发动机受润滑的零件摩擦表面的磨损程度,也因其工作时间的长短而有所不同。如图 4-13 所示为相配合的两个零件在充分润滑条件下因摩擦而造成的典型磨损关系示意图。

在发动机工作初期,相配合的零件处于磨合阶段,磨损速度较大,摩擦表面严重磨损,其配合间隙由 S_1 增大到 S_2。零件磨合结束后,进入稳定磨损阶段,磨损过程趋于稳定状态,间隙增大不明显。通常,这一间隙决定了零件的正常使用磨损。当发动机工作时间为 t_3 时,磨损量达到极限容许值因为间隙增大超过 S_3 时,会引起负载急剧破坏性增大,并且造成相配合零件的损坏。工作时间 t_3 对应着相配合零件的最大维修间隔。在发动机使用过程中,润滑零件的损坏原因,通常是润滑不良、温度过高、滑油因含杂质使其润滑性能劣化。发动机润滑用的矿物油或合成油,当含水或含燃油过量时,也会使其抗磨损性能急剧劣化。

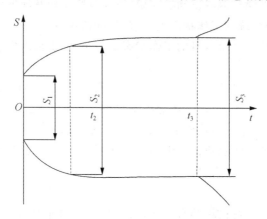

图 4-13　相配合的零件在摩擦作用下磨损增大示意图

当滑油内的杂质含量超过规定限度时,不仅会使摩擦零件磨损速度增大造成破坏,而且会造成系统机件的磨损、振动、发热、卡死、堵塞,或由此引起系统性能下降、寿命缩短、机件损伤、动作失灵和油液变质等故障。

(2)滑油中磨粒的浓度

利用滑油中金属屑含量信息监控零部件的磨损状态的原因在于,正常磨损的机械其油液中磨粒浓度能够达到动态平衡,而异常磨损则引起磨粒浓度及粒度分布超出预先制定的标准。

有关研究指出,利用物质平衡原理可以建立磨粒浓度动态平衡的微分方程:

$$\frac{\mathrm{d}C_i}{\mathrm{d}t} = \frac{P_i - K_j C_i}{V} \tag{4.1}$$

式中:C_i 为特定尺寸粒度 i 的磨粒浓度,mg/L;P_i 为特定尺寸粒度 i 的磨损率,mg/h;K_j 为排除率常数,L/h;V 为油的体积,L;t 为时间,h。

对于一个循环系统来说,假设油液体积 V 为常数,并且绝大部分磨粒由油滤排除,因而排除率常数为

$$K_j = E_j Q$$

式中:E_j 为油滤滤出效率;Q 为流量,L/h。根据图 4 - 12 可知,在正常工作的情况下,磨损率 P_i 是一个常数。

若设初始浓度为零,并从初始时间开始将式(4.1)积分,其结果为

$$C_i = \frac{P_i}{K_j}(1 - \mathrm{e}^{\frac{-K_j t}{V}}) = \frac{P_i}{E_j Q}(1 - \mathrm{e}^{\frac{-E_j Q t}{V}}) \tag{4.2}$$

该式表明磨粒浓度正比于磨损率,反比于排除率常数,而且以指数形式达到平衡浓度;还表明达到动平衡的时间主要与油滤的滤除效率有关,而与磨损率无关。

3. 滑油的监控参数

对于转子高速旋转的燃气涡轮发动机来说,滑油系统工作状况的好坏,直接影响着转子系统的工作。所以,对滑油系统的工作状态进行监视,同监视 n_1、n_2 和 EGT 一样,非常重要。滑油系统的工作参数不仅代表系统本身的工作状态是否正常,也反映发动机的健康状况。

(1)滑油压力

滑油压力是指滑油系统供油泵出口压力。造成滑油压力增高的原因可能是滑油滤堵塞,或滑油压力调压活门工作不正常,或者滑油喷嘴堵塞;而滑油泄漏、油管破裂、油泵故障、油面太低、调压活门故障或不正常是造成滑油压力低的可能原因。

滑油压力由装在滑油系统高压油路中的压力传感器进行连续监测并记录,在驾驶舱主仪表板(屏)上显示,或者在超限时告警。

(2)滑油温度

滑油温度与其他滑油系统监视参数一样,可指出发动机子系统的故障。探测油温的传感器有两种安装位置:一种是安装在回油管路,另一种是安装在燃滑油散热器下游。若安装在回油管路处,则能检测轴承的严重损坏或热端封严泄漏;若安装在燃滑油散热器的下游,当散热器堵塞时会导致超温指示。

(3)油滤旁路指示

滑油滤堵塞会引起滑油供油不足,所以一般在发动机的滑油滤上设有旁路活门,如果流动压差过高而打开时,通过机械式或电子旁路指示器可指示这种状态。如果发动机处于油滤打开旁路的情况下工作,接触滑油的零组件可能被循环的屑末所损伤。

（4）滑油消耗量

监视滑油消耗量可以得到有关滑油消耗量过高及滑油泄漏的信息，或者得到由于燃滑油散热器损坏而在滑油中出现燃油污染的信息。在飞行前和飞行后检查滑油量，一般通过滑油箱设置的观测标尺或深度尺进行。如果安装了滑油量传感器，则可在驾驶舱仪表板显示或通过滑油量告警灯告警。

以上四个工作监视参数在地面可用于趋势分析，进行长期监视。

滑油消耗量的计算式为

$$Q_{消} = \frac{Q_{补充}}{t} \tag{4.3}$$

式中：$Q_{消}$ 为平均滑油消耗量；$Q_{补充}$ 为统计时间段内滑油箱的总补充量；t 为统计时间内的发动机工作时数。

4.3.2　滑油理化分析

滑油对航空发动机的重要性如同血液对人体的重要性一样，都具有一些正常性能指标，这些指标反映了滑油本身的性能，如滑油的粘度、水分、抗氧化性等，把对这些参数的分析称为滑油的理化分析。

进行滑油理化分析的目的：一是随机监控滑油理化指标的变化情况，确定最经济有效的换油周期，减少磨损故障的发生；二是根据监控结果，对滑油的衰变特性、衰变规律和衰变机理进行进一步分析，从而提高滑油使用的科学性、有效性。下面分别介绍一些常用的理化分析指标。

1. 粘　度

粘度是指当滑油受到外力作用而产生移动时，分子间产生运动阻力的大小。这种阻力通常以内摩擦力的形式出现。粘度大的滑油流动性较差，但形成的油膜强度大，承载能力强；粘度小的滑油流动性好，容易流到间隙小的摩擦面之间，但在载荷比较大时滑油油膜容易受到破坏，从而使摩擦表面产生直接磨损。

根据粘度的不同度量形式，可分为绝对粘度、运动粘度和相对粘度。

测量粘度的方法根据其测量原理，可分为三类：旋转式粘度计、落体式粘度计和毛细管式粘度计。如图 4-14 所示为落体式粘度计。

造成滑油粘度变化的主要原因包括：滑油的污染、氧

图 4-14　落体式粘度计

化、水分、温度等。通常滑油的粘度增加不超过 35%，降低不超过 25%。

2. 酸　值

酸值是指滑油中酸性物质含量的大小，其数值是指中和 1 g 滑油中的酸性物质所消耗的氢氧化钾的毫克数。因此，酸值大小用来衡量滑油使用过程中被氧化变质的程度，酸值越大，说明其有机酸含量越高，对机械零件造成腐蚀的可能性就越大，当滑油中水分指标同时比较高时，腐蚀作用就很明显，酸值大到一定程度就应该换油。

酸值分为强酸值和弱酸值两种，通常所说的酸值是这两种酸值的合并。造成酸值变化的主要原因包括：滑油使用错误、滑油使用时间过长、温度过高等。

3. 碱　值

碱值是指滑油中碱性物质含量的大小，其数值是指中和 1 g 滑油中的碱性物质所消耗的高氯酸的毫克数。碱值分为强碱值和弱碱值两种，通常所说的碱值是这两种碱值的平均值。

造成碱值变化的主要原因包括：滑油中微生物含量、滑油外侵物质的构成等。

4. 闪　点

当滑油油温达到一定温度，滑油蒸气和周围空气的混合气与火源接触，会发生着火的现象。在规定条件下，发生着火的最低温度称为滑油的闪点。闪点反映了滑油挥发性大小，是滑油存储、运输和使用的安全性的重要指标。闪点在 45 ℃ 以下为易燃品，如汽油的闪点为 −60～−50 ℃，煤油闪点为 40 ℃，均为易燃品；闪点在 45 ℃ 以上为可燃品，如滑油。

闪点低的滑油挥发性高，容易着火，同时也会造成工作过程中的蒸发损失。

测量闪点的方法有开口杯法和闭口杯法两种。同样的滑油使用不同的方法测出的闪点有差异，一般开口杯法所测得的闪点比闭口杯法测得的闪点高。

5. 水　分

水分表示滑油中含水量的多少，用质量百分数表示。通常滑油中的水分呈三种状态：游离水、乳化水和溶解水。

滑油中的水分会破坏滑油膜，使润滑效果变差，加速滑油中有机酸的腐蚀作用，同时水分还会造成零件的锈蚀，也会导致滑油中的添加剂失效，也会使滑油的低温流动性变差，造成管路堵塞，影响滑油的循环流动。

6. 机械杂质

机械杂质是指存在于滑油中不溶于汽油、乙醇等溶剂的沉积物或悬浮物，其主要成分为砂石和金属磨屑。

机械杂质主要来源于滑油在加工、存储、使用和运输过程中混入的外来物,如灰尘、沙粒、金属氧化物等。机械杂质的存在将加速设备的磨损过程,也会造成管路、喷油嘴和油滤的堵塞。

7. 抗氧化安定性

滑油在正常使用过程中,在温度升高和氧气、金属等环境因素的影响下,会逐渐氧化变质。把滑油在加热和在金属催化作用下抵抗变质的能力称为滑油的抗氧化安定性。

滑油的抗氧化安定性主要取决于它的化学组成,并与使用条件如温度、氧气量、接触金属类型、接触面积、氧化时间等有关。抗氧化性能差的滑油,在使用时容易变质,生成的酸性物质增多,加速零件的腐蚀。

除了上述介绍的滑油理化指标之外,还有其他一些指标,如起泡性能、封闭氧化性、封闭热安定性、沉积性能、承载性能、磨损性能、剩余寿命评定等。

表 4-2 列出滑油在使用中一些常用理化指标的变化情况。表 4-3 列出一些常用的理化指标的测试方法。表 4-4 列出一些常用的理化指标与其现场检测仪器对照。

表 4-2　滑油在使用中理化指标的变化

分　类	上升因素	下降因素	说　明
粘度	高温氧化、异物污染	燃料稀释、添加剂消耗	
酸值	烃类氧化、含硫燃料燃烧产物污染	高酸值添加剂消耗	使用中会上升
闪点	轻组分蒸发	燃料稀释	
碱值		中和酸性物质消耗	使用中会下降
金属元素	磨损碎屑、外界污染	添加剂消耗	使用中会上升

表 4-3　滑油理化指标测试方法

测试方法	可确定的油液理化指标
戊烷不溶物试验	不溶物含量
粘度试验	粘度
Karl Fischer 试剂试验	水平
总酸值/总碱值试验	总酸值、总碱值
相对密度试验、闪点试验	闪点
红外分析试验	抗氧化安定性、硝化深度、硫酸盐、磨损性能、燃料水平、积炭水平等

表 4 - 4　检测仪器及其检测的滑油理化指标对照

仪器名称	测试的理化指标	仪器特点	典型仪器
油料测试仪器工具箱	粘度、总碱值、总酸值、污染度、水分、氧化性能、积炭等	便携式、半定量测试	美国超谱公司 PAI
振荡球粘度计	粘度	操作简单、速度快	
抗氧化剂测定仪	油液剩余寿命	便携式、可进行趋势分析	RULER
滑油积炭浓度红外测量计	积炭浓度	速度快、使用简单	
红外分析光谱仪	水分、积炭、氧化性、硝化、硫酸化等	便携式、测试理化性能参数多、灵敏度高、自动标定	NDIR
颗粒计数计	污染度	可设定颗粒尺寸、准确性高、便携式、操作容易	德国帕玛斯颗粒计数计
污染度监测仪	污染度	便携式、精确度高、操作简单、可进行趋势分析	美国 DIAGNETICS 污染检测仪

4.3.3　滑油铁谱分析

铁谱分析技术是 20 世纪 70 年代开始发展起来的新的油液监测分析技术。1970 年,英国 V. C. West-cott 和美国 W. W. Seifert 首先提出了铁谱分析技术的原理,1971 年 V. C. West-cott 研制成功了世界上第一台铁谱仪和铁谱显微镜,并取得了专利权。后来又陆续出现了直读式铁谱仪、在线式铁谱仪和旋转式铁谱仪。

铁谱技术(Ferro-graphy)的基本原理是利用高梯度强磁场的作用,把从滑油系统内采集的油样中的磨损颗粒分离出来,并借助不同仪器检验分析这些磨损颗粒的形貌、大小、数量、成分,从而对机械设备的运转工况、关键零件的磨损状态进行分析判断的一门应用技术。利用铁谱技术进行滑油油样分析包括滑油取样、制谱和磨粒分析三个过程。其中,制谱过程主要由铁谱仪、铁谱显微镜和铁谱读数器组成,铁谱仪是核心。

根据分离磨粒、检测磨粒的不同原理,铁谱仪可分为:分析式铁谱仪(Analytical Ferro-graph)、直读式铁谱仪(DirectReadingFerro-graph)、旋转式沉淀仪(Ro-tary Particle Depositor)、在线式铁谱仪(On-Line Ferro-graph)、气动式铁谱仪(Pneumatic Ferro-graph)和电磁式铁谱仪(Electromagnetic Ferro-graph)等。下面重点介绍目前在航空发动机滑油油样分析上应用较广的分析式铁谱仪及其分析方法。

1. 铁谱分析技术

(1) 分析式铁谱仪

分析式铁谱仪主要由制谱仪、光密度读数器以及双色显微镜等成套测试系统组成,其中制谱仪又由微量泵、永久磁铁和玻璃基片等组成,其基本工作原理如图 4-15 所示。

经稀释处理后的油样经稳定低速率的微量泵将分析油样输送到安放在磁场装置上方玻璃基片的上端,玻璃基片的安装与水平面的倾斜角为 1°~3°,于是在油液流动方向上形成一个逐步增强的高梯度磁场,油液约以 15 m/h 的流速从基片上端经过高梯度强磁场向下流动,到达玻璃基片下端经导流管排入到废油杯中。分析油样中的铁磁性金属磨粒在流经高梯度磁场时,在高梯度磁场力、液体粘滞阻力和重力的共同作用下,能按磨粒大小有序地沉积在玻璃基片上,并沿垂直与油样流动方向形成链状排列,经用四氯乙烯溶液洗涤基片,清除残余油液,使磨粒固定在基片上,于是就形成可供观察和检测的铁谱片。

图 4-16 所示为铁谱片的大小及磨粒尺寸的分布示意图。铁谱基片由医用玻璃片制成,一般尺寸为 60 mm×24 mm×0.17 mm,在它的表面制有"U"形栅栏,用于引导油液沿基片中心流向下端的出口端到废油杯。油样从距出口端 55.5~56.5 mm 处沿玻璃基片流动。由于铁谱片需要在光密度器上测量磨粒覆盖面积的百分比,从而估计出磨粒的分布密度,并在光学显微镜和扫描电镜下观察与分析磨粒的形态、大小、数量和成分,因此,对玻璃基片的纯度、均匀度及表面清洁度等都有一定的要求。

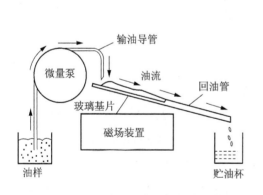

图 4-15　分析式铁谱仪的基本工作原理　　　　**图 4-16　铁谱片尺寸及磨粒尺寸分布**

分析式铁谱仪的磁铁装置构造如图 4-17 所示。主要由磁铁副、两磁极和磁座板等 5 块磁材料拼装而成 U 形的一个永久磁铁装置。由于该磁铁装置采用特殊的磁材料,产生的磁场是一个高强度和高梯度的发散强磁场。两磁极间约有 1 mm 的气隙,采用一铝板隔开。该磁铁装置气隙中央的磁感应强度可达 1.8 T/mm,在垂直方向上可达 0.4~0.5 T/mm。

分析式铁谱仪的特点是:①提供的信息较丰富。不仅可以提供关于磨损的信息,而且通过对磨屑形貌及其成分的观察,可以提供磨损发生机理和发生部位的信息,常用做油样的精密分析。②制成的谱片可长期保存,供以后观察分析使用。③制谱过程较慢,制成一个完整谱片约需 0.5 h,且制谱操作要求较严格,一般只能在实验室中进行。

图 4-18 所示为分析式铁谱仪的制谱仪实物图。

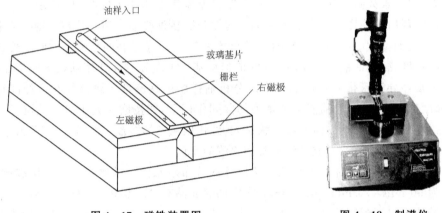

图 4-17　磁铁装置图　　　　　　　图 4-18　制谱仪

（2）直读式铁谱仪

直读式铁谱仪是在分析式铁谱仪的基础上研制的。主要由光伏探测器、磁场装置、光导纤维、光源、接油杯、放大电路、数显装置、沉淀管等组成,如图 4-19 所示。

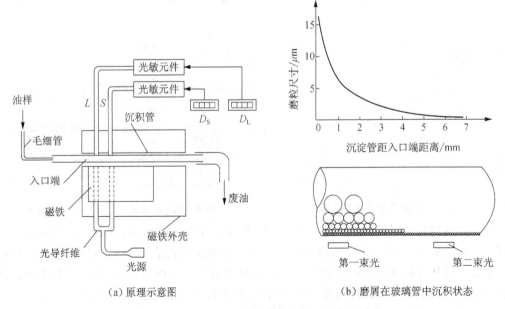

（a）原理示意图　　　　　　　　（b）磨屑在玻璃管中沉积状态

图 4-19　直读式铁谱仪原理图

油样在虹吸作用下流经位于磁铁上方的玻璃管,玻璃管中的铁磁性磨粒在磁力、重力及粘滞力的作用下,依其粒度顺序沉淀、排列在管壁的不同位置。因为磨粒在玻璃管中的沉降速度取决于磨粒本身的尺寸、形状、密度和磁化率,以及滑油的粘度、密度和磁化率等许多因素,当其他因素给定时,磨粒的沉降速度与其尺寸的平方成正比,同时还与磨粒进入磁场后离管底的高度有关,所以一般情况下大磨粒先沉降而小磨粒后沉降。光源经双头光纤,将光线引至磨粒沉淀处的固定测点上,光敏传感器接收到的光强改变量与铁磁性颗粒的挡光面积成正比,在一定条件下,挡光面积又与磨屑体积之间有着稳定的对应关系,即光敏传感器的输出与磨屑的体积有关,可表示为

$$U_{out} = f(V) \tag{4.4}$$

式中:V 为磨屑体积;U_{out} 为光敏传感器的输出电压。

直读式铁谱仪性能特点:①结构简单,价格便宜(约为分析式铁谱仪的 1/4);②制谱和读谱合二为一,分析过程简便快捷;③读数稳定性、重复性差,随机因素干扰影响较大,信息量有限,只能提供磨屑体积的信息,不能提供关于磨屑形貌、磨屑来源的信息,常用做油样的快速分析和初步诊断。

(3)在线式铁谱仪

为了克服分析式和直读式铁谱仪需要取样、分析,分析过程只能在铁谱分析室进行的不足,人们设计了在线式铁谱仪。

图 4-20 所示为安装在球轴承润滑系统的在线式铁谱仪。

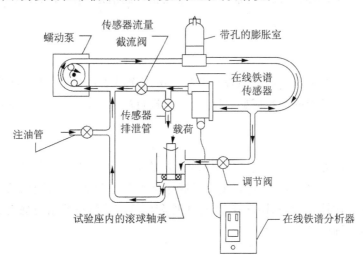

图 4-20　在线式铁谱仪原理图

在线式铁谱仪由探测器和分析器两部分组成。探测器并联安装在被监测的机械设备滑油循环系统的油路上,分析器则安装在离机器有一定距离的控制室内。探测器由高梯度的磁场

装置、沉积管、流量控制器和表面感应电容传感器等组成。当探测器接通油路后,滑油流经沉淀管时,油中磨粒在高梯度磁场的作用下沉积到沉淀管的内表面,表面感应电容传感器测量出大磨粒浓度 L 和小磨粒浓度 S 两个值,分析器绘出相应的大、小磨粒浓度及磨粒尺寸分布状况。由于滑油是连续流过探测器的,所以磨粒的沉积量与滑油流过的总量有关,当达到预先设定的磨粒浓度值时,流量自动切断,一次测量便告结束。沉淀管被自动冲洗后再开始下一个测量循环。每个测量循环的持续时间可从 30 s 到 30 min 自动变化,这取决于滑油中的磨粒浓度。磨粒浓度读数值是根据沉积量与滑油流过沉淀管的总油量之比确定的。

在线式铁谱仪一般有两种磨粒浓度读数范围:粗读数值为 0~1 000 ppm,用于高磨损率的情况;精读数值为 0~100 ppm,用于低磨损率的情况。分析器具有逻辑运算功能,可以运算、存储和显示测量结果。当磨粒浓度超过预定值时,自动报警或停机。每个测量循环完成后,数据记录存储单元将被最新的数据更新。需要说明的是,该仪器随主机安装,不必由人工采集油样,保证了检测的实时性。在线铁谱仪主要适用于大型设备的状态监测与故障诊断。

从以上铁谱原理可以看到,铁谱分析具有以下几个优点:一是具有较高的检测效率和较宽的磨屑尺寸范围,可同时给出磨损机理、磨损部位和程度的信息;二是分析过程将定性分析和定量分析相结合,提高了诊断结论的可靠性;三是通过人工参与可对磨损故障做出早期诊断,检测出一些不正常的磨损的轻微征兆。当然,铁谱分析也具有一定的局限性,主要表现在:第一,检测过程不是实时监测,周期较长,不适合监测实时性要求较高的场合;第二,分析过程和结果依赖于人的经验,不同的人员可能会得到截然相反的结论;第三,采样要求苛刻,要求油样必须具有代表性。

2. 取样方法

由于目前铁谱分析从油液取样、制谱、磨粒分析直至状态的判断,几乎都依赖于技术人员的经验,因此,为获得准确的磨粒信息,对磨损状态进行准确的评价,应正确地进行油液的取样工作。

（1）取样位置

摩擦副表面在摩擦过程中不断产生磨粒,进入油液的磨粒又因过滤、沉降、附着、氧化、腐蚀等原因而不断损失,所以油样应尽可能多地携带磨损状态和故障的信息,从而使各个油样分析结果之间具有可比性,应对取样位置、取样条件和取样方法进行严格的规定。一般具有代表性的取样位置包括油箱、回油管路等。

（2）取样瓶

获取油样的取样瓶应为无色透明的清洁玻璃瓶,而且取样瓶的盖子应为不会与所取油样发生反应的聚四氟乙烯材料。一般取样瓶不能采用塑料瓶,因为塑料瓶与油液接触可能分解出塑料颗粒、凝胶体和腐蚀性液体。另外,取样瓶的容积应大于 15 mL,以保证所取的油样足够,并且取样时的油样量不应超过油样瓶容积的 3/4,留有 1/4 容积以便于油样分析时摇匀。

（3）取样间隔时间

取样时间主要根据摩擦副特性、使用情况以及监控要求程度而定。经验表明,不同的设备、不同的运行期、不同的磨损状态取样时间均不同。所以,取样时间应根据具体要求和规定确定,如规定每次飞行后进行滑油取样,或每 5 飞行小时取样一次等。

3. 油样处理

油样在油样瓶存放时,油样中的磨粒就会在重力作用下沉积。所以,油样在分析之前,应进行相应的处理。主要处理的方法包括两个:第一是将油样加热和摇匀,使磨粒重新悬浮在油样中;第二是利用化学溶剂(一般是四氟乙烯)对油样进行稀释,使油样具有合适的粘度和一定的流动性。

只有经过处理的油样才能使用分析式铁谱仪或直读式铁谱仪进行分析。

4. 铁谱片分析

（1）磨损状态定性分析

不同的磨损机理,产生尺寸范围不同、几何形状各异的磨粒。因此,磨粒的几何形态和尺寸分布可以用来识别摩擦表面的磨损类型和磨损程度,以确定机件磨损过程。表征磨粒几何形态的形状因子和磨粒的尺寸分布,可采用铁谱片的图像分析法来获得。

铁谱显微镜是分析式铁谱仪的专用分析仪器。它装有反射光和透射光两个独立的光源,两个光源可以单独使用也可以同时使用。同时使用时,若反射光配以红色滤光片,透射光配以绿色滤光片,则形成所谓的双色显微镜。

铁谱显微镜的光路原理如图 4 - 21 所示。它由双色显微镜和铁谱片读数器组成。在同时使用两个光源的双色混合照明时,从光源 L_1 来的光经红色滤光片 F_1 到达反射镜 M_1 并反射照明铁谱片 S;从光源 L_2 来的光经绿色滤光片 F_2 到达反射镜 M_2 并透射照明到铁谱片 S。由于金属具有吸收和反射光波的自由电子,故铁谱片上若沉积有金属磨粒,将会阻塞绿光而反射红光,故呈现红色。而氧化物和其他化合物微粒,由于是透明或半透明的,便透射绿光而呈现绿色。如化合物厚度达几微米或更厚一些,则吸收部分绿光并反射红光而呈现黄色或粉红色。这样,通过双色照明观察铁谱片上的颜色,便可初步确定磨粒的类型和来源。此外,在铁谱显微镜的光路上还设有偏振光装置,反射光和透射光均可采用偏振光照明,这样通过白色反射

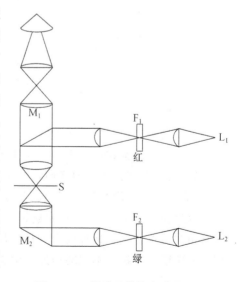

图 4 - 21　铁谱显微镜光路原理

光、白色透射光、双色照明以及偏振光照明等照明方法,可以确定磨粒形态、颜色特征、磨粒浓度、磨粒大小和尺寸分布等。

从铁谱片读数器上可以分别测出大磨粒(大于 5 μm)和小磨粒(1～2 μm)的覆盖面积的百分比 A_L(对分析式铁谱仪而言,直读式铁谱仪为 D_L)和 A_S(对分析式铁谱仪而言,直读式铁谱仪为 D_S),由此得出油样磨粒的分布。总而言之,分析式铁谱仪可给出铁谱片上所选定位置的磨粒覆盖面积的百分数。一般选择磨损严重指标 I_S 作为机械磨损状态的监测指标:

$$I_S = (A_L + A_S)(A_L - A_S) = A_L^2 - A_S^2 \tag{4.5}$$

铁谱片的图像分析是在图像分析仪上完成的。图像分析仪利用光学显微镜从铁谱片上采集磨粒图像,并通过显微镜顶部的摄像扫描器与视频模数转换单元,将图像的数字信号送入微处理机,利用软件程序对磨粒的面积、周长、垂直或水平截距以及基准尺寸宽度内的磨粒数量等参数进行分析;也可以将这些参数输入磁盘,利用专门编制的软件程序在其他计算机上计算出各种磨损参数,并利用图形直接显示结果。

在图像分析中,需要区别正常磨损微粒、严重磨损微粒、剥块状磨粒和层状磨粒等各类磨粒时,一般从粒度和形状来定性地判断磨粒是属于哪一类。表 4-5 列出了各类磨粒间的主要差别,表中的形状因子是磨粒的长轴尺寸与最小方向尺寸之比,即长度与厚度之比。长度可用显微目镜测微尺测定;厚度则可分别根据聚焦在磨粒顶面和铁谱片表面时,工作台移动的距离来确定。

表 4-5　不同磨损状态下形成磨粒在显微镜下的形态

磨粒种类	粒度(长轴方向)/μm	形状因子(长轴尺寸:厚度)
正常磨损磨粒	长轴尺寸<15 <5	10:1 不考虑形状因子
严重磨损微粒	长轴尺寸>15	>5:1,但<30:1
剥块	长轴尺寸>5	<5:1
层状磨粒	长轴尺寸>15	>30:1

(2)磨损状态定量分析

反映摩擦表面磨损状态的两个定量信息是油液中磨粒的浓度和尺寸分布。磨粒浓度是指在油样中,大、小磨粒数量之和与油样量(单位为 mL)之比,用铁谱片上磨粒的覆盖面积来表示;磨粒尺寸分布是指在油样中,大、小磨粒数量之差或此差值与和值之比,即大磨粒所占的数量比,在铁谱片上沿长度不同的位置,磨粒覆盖面积值的变化即给出了磨粒的尺寸分布。

从摩擦学可知,所有非正常磨损的出现,均会导致磨粒浓度的增加,即磨损速度的加快;而大部分失效磨损会迅速地改变磨粒的尺寸分布,使大粒度的比例急剧增加,表现出严重磨损。图 4-22 所示为机件不同磨损过程中磨粒浓度和尺寸分布的变化关系。

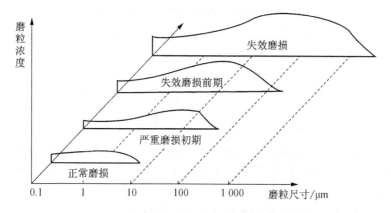

图 4 - 22　机件磨损的发展过程

直读式铁谱仪测取的定量参数是光密度值 D_i，即

$$D_i = \lg \frac{I_O}{I_P} \tag{4.6}$$

式中：I_O 为透穿过透明玻璃基片的一束光线的亮度；I_P 为透穿过有磨损沉淀层的同一束光线的亮度。

分析式铁谱仪的定量参数是覆盖面积百分比 A_i，即

$$A_i = \frac{A_P}{A_O} = 1 - 10^{D_i} \tag{4.7}$$

式中：A_P 为光密度计测量孔的孔径面积；A_O 为沉积在铁谱片上不透明磨粒对光密度计测量孔的覆盖面积。

3 个主要的磨损指标如下：

1）磨损烈度指数

如果用大磨粒读数与小磨粒读数之和表示油样中的磨粒量，而用两个读数之差表示尺寸分布，则上述两项之乘积定义为磨损烈度指数。

对于分析式铁谱仪有

$$I_A = (A_L + A_S)(A_L - A_S) = A_L^2 - A_S^2 \tag{4.8}$$

对于直读式铁谱仪有

$$I_D = (D_L + D_S)(D_L - D_S) = D_L^2 - D_S^2 \tag{4.9}$$

2）磨粒量累积值和尺寸分布累积值

每一个新读数与以前全部读数的总和就可以得到累积值曲线。

对于分析式铁谱仪，有 $\sum(A_L + A_S)$ 和 $\sum(A_L - A_S)$；对直读式铁谱仪，有 $\sum(D_L + D_S)$ 和 $\sum(D_L - D_S)$。

如果读数值不变，在曲线标点间隔一致情况下，得到两条直线，正常运转的发动机将产生

两条彼此分开的直线;若状况恶化,发动机的两条曲线的斜率均变大,并逐渐靠近。

　　3)磨粒浓度和大磨粒百分比

$$W = \frac{D_L + D_S}{N} \tag{4.10}$$

$$P = \frac{D_L}{D_L + D_S} \times 100\% \tag{4.11}$$

式中:W 为磨粒浓度;N 为油样毫升数;P 为大磨粒在磨粒总量中的百分数。

　　W 和 P 既适用于在线式铁谱仪,也适用于直读式铁谱仪。使用上述各参数进行监控时,应先建立正常运转限度内的 W 和 P 的基准线作为比较标准,如果 W 或 P 升高,则表明出现了非正常磨损。

　　上述指标主要用于机械状态监控磨损失效的早期预报。

　　(3)铁谱片磨粒分析

　　从几何上来看,磨粒都具有一定的形状,如球型、螺旋形、曲线形、薄片型、不规则形状形等,或简单形状,或由上述形状的复合。滑油中的磨粒,主要来源有两个:第一是摩擦副零件的金属及其氧化物,包括黑色金属(钢和铁)磨粒、有色金属磨粒、铁的氧化物磨粒等;第二是滑油和外界的颗粒,包括摩擦聚合物、污染物颗粒等。滑油中磨粒的基本类别如表 4-6 所列。

表 4-6　滑油中磨粒的基本类别

磨粒类别	黑色金属磨粒	有色金属磨粒	铁的氧化物磨粒	腐蚀磨粒和摩擦聚合物	污染物颗粒
基本种类	①正常滑动磨损磨粒 ②切削磨损磨粒 ③滚动疲劳磨损磨粒 ④滚滑动复合磨损磨粒 ⑤严重滑动磨损磨粒	①白色有色金属磨粒 ②铜合金磨粒 ③铅/锡合金磨粒	①红色氧化铁磨粒 ②黑色氧化铁磨粒 ③褐色金属氧化物磨粒	①腐蚀磨损微粒 ②摩擦聚合物 ③二硫化钼磨粒	①尘埃 ②金属粉尘 ③石棉纤维 ④煤屑 ⑤过滤器材料 ⑥密封碎屑

　　完整的铁谱磨粒分析包括磨粒形态分析、磨粒尺寸分析、磨粒量分析和磨粒材质分析。其中,磨粒量和磨粒尺寸分析可由铁谱定量分析获得;磨粒形态分析包括基本形状分析、表面形貌分析和磨粒颜色分析,磨粒形状与一定的磨损类型相关,具体的类型需要结合表面形貌的分析才能确定,表面形貌反映了磨损过程的情况,材质分析则是确定磨损零件的最有效手段。

　　1)黑色金属磨粒

　　对于钢铁这样的黑色金属磨粒,根据磨粒的形态、尺寸和产生方式,在铁谱分析中可分为5 个类型,即正常滑动磨损磨粒、切削磨损磨粒、滚动疲劳磨损磨粒、滚滑动复合磨损磨粒和严重滑动磨损磨粒。

　　① 正常滑动磨损磨粒　指正常运转的设备,当其金属摩擦面处于润滑状态下正常滑动磨损时产生的一种磨粒。它是由机器金属摩擦副表面切混层的局部剥离而产生的,一般形态呈

鳞片状,磨粒有着光滑的表面,其典型磨粒尺寸范围为 0.5～15 μm 或更小,磨粒厚度为 0.15～1 μm,其较大尺寸的磨粒长度与厚度之比约为 10:1,而 0.5 μm 尺寸范围的磨粒约为 3:1。

图 4-23(a)所示为某柴油机发动机产生的正常滑动磨损磨粒图像,图 4-23(b)所示为图 4-23(a)中框部分的放大图。

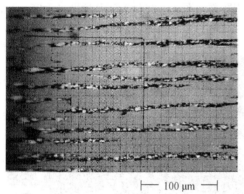 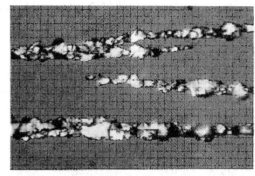

(a)正常滑动磨损磨粒图像　　　　　　　　　　(b)局部放大图

图 4-23　某柴油机正常运转时产生的典型正常滑动磨损磨粒

② 切削磨损磨粒　是由于摩擦副中存在的硬质微凸体或外部进入的硬质颗粒和磨料与滑动表面切削而产生的,这种磨粒的产生是一种非正常磨损。其形状像车床加工零件时产生的切屑,尺寸为显微数量级,一般形态呈曲线状、螺旋线状、环状和条状等。

图 4-24 所示为某航空发动机产生的严重切削磨损磨粒图像。

 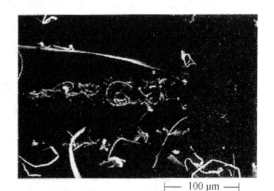

图 4-24　发动机严重切削磨损磨粒

③ 滚动疲劳磨损磨粒　指滚动轴承疲劳磨损时产生的磨粒。研究发现,滚动轴承疲劳时会产生 3 种性质的磨粒:疲劳剥落磨粒、球形磨粒和层状磨粒。

　　疲劳剥落磨粒是在零件表面出现点蚀时,由剥落的材料形成的,一般呈平片状,其长度与厚度之比约为 10:1,具有光滑的表面和不规则的周边;球形磨粒是在滚动轴承疲劳裂纹内产生的,尺寸一般不超过 3 μm,可作为即将发生故障的一种信号;层状磨粒是一种厚度极薄的游离金属磨粒,其最大尺寸约为 50 μm,长度与厚度之比为 30:1,是由于磨粒被粘附在滚动零件表面后,被碾压而成,并且磨粒上常常会出现一些空洞。

　　图 4-25(a)所示为典型滚动轴承疲劳剥落磨粒图像。图 4-25(b)所示为图 4-25(a)中框部分的放大图。

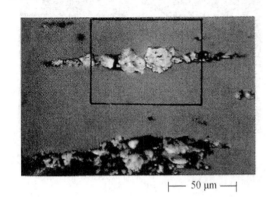

├── 50 μm ──┤	├── 20 μm ──┤
(a)疲劳剥落磨粒图像	(b)局部放大图

图 4-25　滚动轴承疲劳剥落磨粒

　　④ 滚滑动复合磨损磨粒　主要指齿轮在节线处的疲劳及胶合和擦伤磨损状态下所产生的磨粒。一般具有光滑的表面和不规则的外形,长度尺寸与厚度之比在 4:1 到 10:1 之间。

　　⑤ 严重滑动磨损磨粒　产生于因载荷速度过高而使磨损表面应力变得过大,从而出现严重滑动磨损状态的那些滑动摩擦表面。尺寸一般在 20 μm 以上,通常具有直的边棱,长度尺寸与厚度之比约为 10:1。

　　2)有色金属磨粒

　　许多摩擦副除了采用钢铁材料之外,还采用铜、铝和巴氏合金等有色金属。绝大多数有色金属及合金磨粒是非磁性颗粒。其主要特征是:磨粒排列不规则,沉积下来磨粒在不同位置的尺寸分布一样,特有的金属光泽。

　　3)铁的氧化物磨粒

　　铁的氧化物磨粒包括红色氧化物磨粒、黑色氧化物磨粒和褐色金属氧化物磨粒。

　　① 红色氧化物磨粒又可分为两类:第一是多晶体,在反射光下呈橘黄色,在偏振光下呈鲜橘红色,磨粒多为椭球或圆条形,主要沉积在铁谱片入口处;第二是红色氧化铁磨粒,主要产生于恶劣润滑条件下,形态为扁平状,在白色反射光下呈灰色,在透射光下呈暗淡的红褐色,对光的反射能力很强。

② 黑色氧化物磨粒产生于磨损更加严重的恶劣润滑条件下,外观呈粒状表面的积团,并带有蓝色和橘红色的小斑点。

③ 褐色金属氧化物磨粒是指局部被氧化的铁质磨粒,主要产生于摩擦副表面润滑不良或在高热效应与氧化的共同作用下,磨粒呈褐色。

图 4 - 26(a)、(b)所示为铁的氧化物磨粒图像。

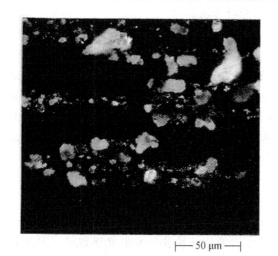

|——50 μm——|　　　　　　　　　　|——20 μm——|

（a）氧化物磨粒　　　　　　　　　　（b）局部放大图

图 4 - 26　铁的氧化物磨粒

4)腐蚀磨粒和摩擦聚合物

腐蚀磨粒是由于润滑剂中含有腐蚀性介质,致使摩擦副表面发生腐蚀磨损而产生的微粒,一般尺寸极小(在亚微米级),并且呈为弱磁性,在铁谱片上主要沉积在谱片的入口处和出口处,必须用高倍光学显微镜下才能观察到。

摩擦聚合物的特征是金属磨粒嵌在非晶体中,它是摩擦副在高应力状态下滑油分子聚合作用的结果,一般呈透明状,形状为"滚针"形或"篮球"形。在双色照明光下,摩擦聚合物呈绿色,而嵌在基体内的金属磨粒呈红色。

5)污染物颗粒

进入滑油的污染物颗粒包括:尘埃、煤尘、石棉屑、金属粉尘、过滤器材料和密封碎屑等,一般视摩擦副的具体情况以及设备的使用环境进行分析。

4.3.4　滑油光谱分析法

滑油光谱分析法是利用滑油中各种元素的原子发射光谱或吸收光谱的不同,来分析滑油中磨粒的化学成分和含量,判断机件磨损的部位和磨损严重程度,确定相应零件的磨损状态,进而对设备故障进行诊断。例如根据滑油光谱分析,JL—8 飞机的涡扇发动机在长期试车中,测得滑油中铁含量的最大变化量为 0.285 ppm/h;某直升机的涡轴发动机允许铁含量的变化量为 1 ppm/h。光谱分析法比较适合于分析油液中有色金属磨损产物。根据光谱分析仪的工作原理的不同,又可分成原子发射光谱分析、原子吸收光谱分析、X 射线荧光光谱分析以及红外光谱分析等。下面介绍使用较多的原子发射光谱分析方法。

1. 原子发射光谱分析法

根据原子物理学理论,物质的原子是由原子核和在一定轨道上绕核旋转的核外电子组成的。当外来能量加到原子上时(如用高压电弧激发),核外电子将吸收能量并发生能级跃迁(从低能级跃迁到高能级的轨道上)。此时,原子的能量状态是不稳定的,电子总会自动地从高能级跃迁回原始能级,同时发射光子把它所吸收的能量辐射出去,所辐射的能量与光子的频率成正比关系

$$E = h\gamma \tag{4.12}$$

式中:h 为普朗克常量;γ 为光电子频率。

由于不同元素原子核外电子轨道所具有的能级不同,因此受激发后放出的光子具有与该元素相对应的特征波长。表 4-7 所列为部分金属元素的特征波长。发射光谱仪就是利用这个原理,采用各种激发源使被分析物质的原子处于激发态(一般是以 15 000 V 高压产生的电火花直接激发油液中的金属元素),使之发射出用于光谱分析的光子,光子经光栅或棱镜分光系统进行分光后,便形成了所含元素各自的特征光谱(即受激发后的辐射线是按频率分开的),并按波长顺序在聚焦处排列,通过各自的光电探测器在聚焦处对其特征光谱能量进行接收和放大,最后送入数据处理系统进行处理并输出分析结果。也可将感光胶片置于聚焦处使其感光,然后根据感光胶片上的各对应部位的感光强度(黑白程度)判断各元素的含量。总而言之,发射光谱分析法接收的是磨粒元素原子激发态的发射光谱,根据不同波长上的谱线就能知道有些什么元素,并且根据谱线的强弱可判断出每种元素的含量。

表 4-7　部分金属元素特征波长

元素名称	Cu	Fe	Cr	Ni	Pb	Sn	Na	Al	Si	Mg	Ag
特征波长	3 247	3 270	3 579	3 415	2 833	2 354	5 890	3 092	2 516	2 852	3 281

图 4-27 所示为原子发射光谱分析法结构原理示意图(可分析 33 种元素)。原子发射光谱分析仪主要由激发室、光偏转装置、接收装置和电子处理装置组成。被分析的油样在激发室的分析间隙中(石墨棒及石墨圆盘电极之间)受到激发时,油样发射的光由光导纤维引至入射狭缝,由狭缝出来的光变为狭窄的带状;光线到达光栅后被分为各种不同波长的谱线,在聚焦曲面上的出射狭缝处被分为对应于各元素的谱线;再利用偏转板的定期往返转动来动态扣除

光谱背景。每个狭缝后面设置一个光电倍增管,以便将光能变为电能;在每次燃烧中将这一电流按准确的时间间隔积分(求和),就形成了与光电管接收光量成正比的电压;通过读出电路将此电压转换为数值,再将所测的结果与计算机中存储的校正曲线数据进行对比,便可算出元素的浓度;最后,将整个分析结果在计算机屏幕上显示或用打印机输出。

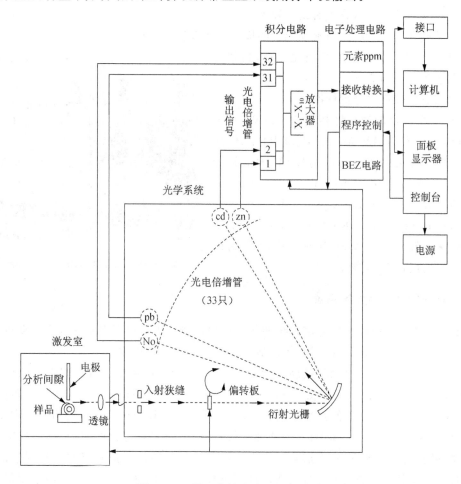

图 4 - 27　原子发射光谱分析法示意图

每个通道由各自的狭缝、光电倍增管及积分电路组成。一般来说,每个元素对应一个通道,并用一个数字表示。当使用可分析多元素的分析仪时,用的是代表通道的数字而不是元素的名字或符号。

原子发射光谱分析法具有以下优点:

① 灵敏度高　可达 10^{-6} 级。

② 分析速度快　分析一个油样需要不到 1 min 的时间。

③ 选择性好　每种元素都有自己特征波长,检测干扰小。

④ 油样用量少　一般只需 2～3 mL。

⑤ 分析元素多　目前分析元素可达 70 多种,涵盖常见的金属元素和非金属元素。

原子发射光谱分析法同时具有以下缺点:

① 进行含量较高元素分析时误差较大;

② 对某些非金属,如硫、卤素等元素的检测灵敏度很低;

③ 对直径小于 10 μm 的金属比较适用,超过此尺寸,检测精度将降低。

④ 每次分析前都要进行标准化。

美国《三军联合滑油程序指南》(*JOINT OIL ANALYSIS PROGRAM MANUAL*)中推荐使用的滑油光谱分析仪包括:Baird A/E35U,Baird A/E35U-3A, Baird MOA, Spectroil Plus, Spectro. Inc. Model M, Spectro. Inc. Model M/N, Fourier Transform Infrared (FT-IR) Oil Analyzer Spectrometer 等。图 4 - 28 所示为国内广泛使用的 MOA 型光谱分析仪外形图。

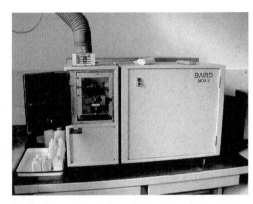

图 4 - 28　MOA 型光谱分析仪外形图

2. 发动机滑油光谱专家系统

滑油光谱监控与故障诊断专家系统的作用是根据滑油光谱数据准确地确定发动机磨损故障类型、原因、部位并采取相应措施,提高故障诊断准确率和工作效率。

专家系统由知识库、数据库、推理机、解释系统和知识获取系统组成。知识库的作用是根据需要监控的元素(如 Fe, Al, Cu, Cr, Zn, Cd, Si, Ag, Pb, Ti, Sn, Mg)可能出现的情况、可能来源(如铁元素浓度值异常、浓度增长率正常、是否为非铁合金等)、发动机故障现象(如发动机振动大)等,将有关专家知识提炼、整理进行条理化,建立规范化的知识,作出故障的可能情况、故障可能发生的部位、建议措施等结论。推理机的作用是模拟专家的分析判断能力,利用一定的规则对滑油光谱数据进行判断,找出发动机上故障的部位,并给出相应的置信度。它的优点在于判断的自动化,并且可以经过不断的自我学习来扩大知识库,提高判断的准确性。

目前得到广泛应用的航空发动机滑油监控专家系统是专门为某型航空发动机滑油监控而研究的新型诊断型专家系统。该系统运用了基于知识规则的专家系统开发策略,具有强大的数据管理、趋势分析和预测功能。在诊断过程中融合了光谱分析、磨粒分析和发动机参数检查等多种监控信息,实施基于多源信息的融合诊断技术,也可对滑油光谱监控和自动磨粒监测数据进行单项诊断和管理。

监控专家系统采用 Microsoft Visual C++6.0 软件开发,专家系统知识库和动态数据库采用 Microsoft Access 2000 数据库,具有界面友好,操作简单,使用方便等优点。

系统主要由 7 个部分组成:

① 数据文件的管理　可对数据库文件的备份和恢复,也可对筛选的数据文件(光谱数据和磨粒数据)进行导入和导出,以便飞机转场时对油样监控数据进行连续管理。

② 数据注册　导入原始油样分析数据,计算出修正的光谱元素浓度及当前时刻元素浓度的增长率,存入原始油样的动态数据库中,也可以对发动机档案信息进行自动注册。

③ 专家诊断　构建了基于知识规则的专家系统,诊断并生成相应的诊断报告。既可对光谱分析、磨粒分析和发动机参数检查等多种监控信息实施综合诊断,也可进行单项诊断。

④ 趋势分析　对光谱分析、磨粒分析和滑油消耗率数据分别进行趋势分析和预测。

⑤ 统计分析　对于光谱分析和磨粒分析的数据和专家诊断结论进行查询和统计。

⑥ 用户设置　设置用户名称、单位、登录名和密码。选择光谱仪原始数据格式。

⑦ 帮助　提供使用者的相关帮助内容和软件开发信息。

3. 滑油光谱分析元素限制值的确定

利用滑油光谱分析法进行元素含量及浓度的测定时,一个重要问题是确定各元素的监控限制值。通过各元素限制值,就可以判断实测的各元素含量和浓度是否在规定的范围,进而对发动机的工作状况给出一个科学的评价。

一般根据正常工作发动机的滑油光谱分析所得到的各元素的统计值来制定监控标准,包括元素的正常值、异常值和危险值。其步骤如下(针对某一个元素):

① 按规定在各正常工作的发动机上进行滑油取样,并进行光谱分析,得到了一组 $x_1, x_2, x_3, \cdots, x_N$($N$ 个)元素的含量测量值。

② 分别计算该组测量值的平均值 μ_0 和标准差 σ_0

$$\mu_0 = (x_1 + x_2 + \cdots + x_N)/N \tag{4.13}$$

$$\sigma_0 = \sqrt{\sum_{i=1}^{N} \frac{(x_i - \mu_0)^2}{N-1}} \tag{4.14}$$

③ 判定标准。用下式计算出它的判定标准 x_e:

$$x_e = \mu_0 + 3\sigma_0 \tag{4.15}$$

式中以 μ_0 作为元素含量的正常值。

式(4.15)计算得到的 x_e 即为元素的警告值,从该值可推出危险值。危险值表示元素含量已经超出元素容许范围,此时发动机应立即停止使用进行检查。

危险值 x_d 一般根据下式进行确定:

$$x_d = 3\mu_0 + 9\sigma_0 \tag{4.16}$$

4.3.5　滑油屑末分析

1. 油滤、磁塞和金属屑探测器的监控

油滤和磁塞是最早应用于航空发动机润滑系统进行长期监控的简单而有效的方法。其基本原理是将磁塞安装在润滑系统的管道中,收集悬浮在滑油中的铁磁性磨屑(数量与其在滑油中的浓度成正比),用肉眼、低倍放大镜或显微镜直接观察残渣的大小、数量和形状等特征,从而判断摩擦零件的磨损状态。该方法适用于磨屑颗粒尺寸大于 50 μm 的情形。

一般在发动机润滑系统内装有批生产的油滤,其滤网网孔尺寸为 70～75 μm(某型发动机的滤网孔尺寸为 70 μm)。由于油滤不能阻挡尺寸小于该滤网孔目的机件磨损产物而丢失有价值的诊断信息,故在润滑系统内安装磁塞,这样可以得到尺寸大于 50 μm 的铁磁材料残渣微粒。例如涡喷 X、涡喷 XX 发动机均在滑油箱盖上设置磁塞。磁塞有柱形和探针形两种类型。

图 4 - 29 所示为某型发动机上带活门的磁塞结构,它由活门壳体、磁塞、活门、弹簧等组成,用于检查飞机附件机匣的磨损情况,它安装在飞机附件机匣上部。当拧出磁塞时,活门断开回油路;相反,拧入磁塞时,回油路导通。图 4 - 30 所示为该型发动机磁塞探测到的磨损颗粒情况。

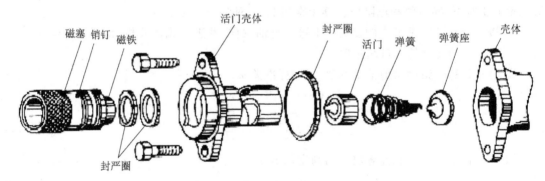

图 4 - 29　某型发动机设置的带活门的磁塞结构

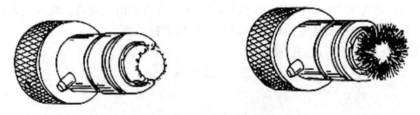

图 4 - 30　磁塞上探测到的磨损颗粒

　　一般根据实验来确定磁塞和油滤上零件磨损产物进行分析的周期。例如 R. R. 公司的斯贝系列发动机的检查周期为 25 h 和 400 h,当发现故障时,磁塞的检查周期缩短到 10 h,以便更可靠地检查故障的发生过程。在使用中要将磁塞上清理下来的沉积物利用 10～20 倍的双筒显微镜仔细分析,根据其颜色和形状将发动机装配和维修时所带入的金属屑同其他磨损金属微粒区分开。

　　磁塞应该安装在滑油系统中能得到最大捕获磨屑机会的地方,一般尽可能靠近被检测的磨损零件,中间不应有滤网、油泵或其他液压件的阻隔。较合适的安装部位是管子弯曲部位的外侧,这样磨屑会因离心力而被带到磁铁处。在直管中安装时,应在安装处设计一个缩扩管,以便磁性磨粒的沉积。

　　滑油中磨损碎屑的收集也可以通过装在系统中的金属屑探测器完成。常用的磁性屑末探测器如图 4-31 所示,它由探测器主体和磁性探头组成。探测器主体永久地安装在润滑系统中,在主体中有一个自闭阀,当需要观察探测结果时,能方便地取下探头而不会使系统中的油液流失。探头实际上是一个磁铁芯子,通过适当地调节探头,可以使磁铁芯子暴露在循环着的滑油中,以便尽可能地收集磨损颗粒。

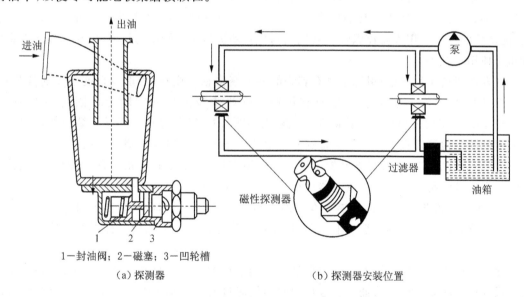

1—封油阀；2—磁塞；3—凹轮槽

（a）探测器　　　　　　　　　　　　　（b）探测器安装位置

图 4-31　磁性屑末探测器及其安装位置

　　磁性屑末探测器的工作原理为:当具有一定油压的滑油携带着磨损颗粒由切向进油口进入探测器上部的回旋式贮油器时,由于贮油器呈倒圆锥形,能使滑油与其中的残渣分离,被分离的残渣在贮油器底部沉淀,并通过底部的小孔进入探测器内,随即附着在磁性探头的端面上。当探头上附着的残渣达到一定数量时,由于磁通量的改变而使控制电路动作,依靠探头上凸轮槽的作用,使探头从探测器主体上旋出并报警。此时,探测器内的自封阀在弹簧的作用下将贮油器底部的小孔封闭,以免滑油从贮油器中泄露出来。

采用装有报警功能的磁性屑末探测器,是确定发动机和直升机传动机构的轴承、齿轮及其他零件初期损坏的最有效手段。表4-8列出UH—1、AH—1G直升机在两年时间内使用磁性屑末检测器的有效数据。

表4-8　UH—1和AH—1G直升机两年内使用磁性屑末探测器的有效数据

磁性屑情况	数　量	百分比/%	磁性屑情况	数　量	百分比/%
按照磁性屑末检测器指示决定的部件更换:			磁性屑末检测器假动作的原因:	525	
有根据的更换	75	88	正常磨损微粒的收集	305	58
无根据的更换	9	12	电导线有故障	130	25
传动机构部件的更换:			润滑系统均有水分	21	4
有根据的更换	40	97.5	滑油被金属末和炭末弄脏	32	6
无根据的更换	1	2.5	未定原因	37	7

由表4-8可知,检测器磁塞间隙被微粒堵塞是磁性屑末检测器假动作的主要原因,而这种微粒却是受润滑零件的正常磨损产物。由于这种机载的实时磁性屑末检测器的虚警率较高,因此长期以来只用来监控涡轴发动机或涡桨发动机齿轮和轴承的故障,而在涡喷或涡扇发动机上使用不多。

在发动机使用过程中,滑油中含有容许的零件磨损铁磁微粒,可形成粘度不高的膏状物,这对发动机的工作一般不会产生有害影响。这些微粒的尺寸实际上是固定不变的,为 $0.025~\mu m$。本来要使磁性屑末检测器对较粗大的颗粒报警,但是许多正常小微粒的堆积也会引起磁性屑末检测器报警。为了防止这些正常微粒落入磁性屑末检测器内而使其工作,有些磁塞内带有放电装置,这种放电装置能破坏小的微粒堆,但不会破坏粗大颗粒,而粗大颗粒正是零件损坏开始阶段的特征。放电器可在检测器每次工作时自动通电,或由机组人员给其通电,以便查证零件损坏信号的性能。在休斯公司的YAH—64和西科斯基公司的S—76直升机上使用这种带放电器的磁性屑末检测器,能够显著地提高显示润滑零件损坏开始信号的可信度。

磁塞与磁性屑末检测器的主要缺点是只能用于检测铁磁性材料的磨粒。为此,在发动机润滑系统还广泛采用信号式油滤。这种油滤不仅能过滤从发动机抽出的滑油,而且当缝式部件的某些元件被金属碎屑堵塞时能给机组发出报警信号。信号式油滤的过滤部分由缝式网滤和篦式油滤组成。篦式油滤各滤片被滑油内的金属碎屑堵塞时可起到信号器的作用。这种油滤的滤片均用专门的绝缘套与油滤壳体及滤芯隔开,并且在每个滤片的一端涂上绝缘层,该绝缘层在滤片装配时留有 $0.12\sim0.2~mm$ 的缝式间隙,以便滑油通过。

图4-32所示为某型发动机上采用的金属屑信号器,主要用于监测发动机转动部件的磨损情况。它是间隙式的,由敏感元件、导电片、绝缘垫、封严圈等组成,安装在滑油箱的前部。

当滑油回油系统中的金属磨粒较多时,金属屑检测器直接发出信号给机载参数记录系统,并在荧光显示器显示"转速急降"信号,同时通过语音系统通知飞行员"转速急降"。

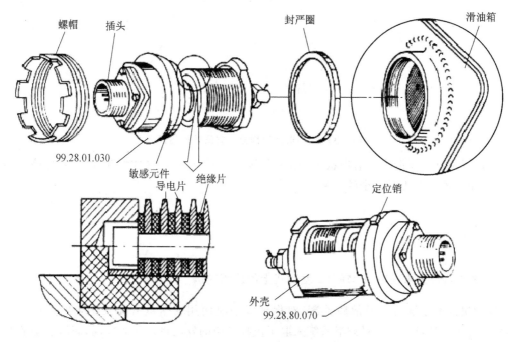

螺帽　插头　　　　　　　　　　封严圈　　　　　　　　　　　滑油箱

99.28.01.030

敏感元件　绝缘片
导电片　　　　　　　　　　　　　定位销

外壳
99.28.80.070

图 4 - 32　某型发动机上的金属屑信号器

目前,在军用和民用的涡扇发动机上均广泛地安装有金属屑检测器,例如 A340 的 CFM56—5C2、MD—11 的 PW4000 和 B777 的 GE90 等。

2. 各种方法的综合使用

上面主要介绍了磁塞检查法、滑油铁谱分析法和滑油光谱分析法 3 种滑油油样分析方法,图 4 - 33 所示为 3 种滑油油样分析方法的检测效率和磨粒尺寸的关系。由图可见,这 3 种方法在检测效率上是相互补充的。光谱分析检测磨屑的有效尺寸范围在 0.1 μm 到 8～10 μm,但对大于 2 μm 的微粒,其检测效率就大为降低;磁塞技术能有效地检测出上百微米甚至毫米级的磨屑;铁谱技术能有效地检测从 1 μm 到上百微米量级的微粒。在利用滑油油样分析法预测发动机故障时,需要 3 种方法的相互配合。由于滑油光谱分析法往往需要复杂设备和专业人员,与之相比磁塞检查法和滑油铁谱分析法,在故障发展的最初阶段测定发动机故障,更简便、实用、经济和有效。

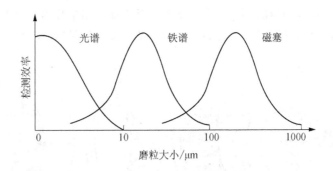

图 4 - 33　3 种滑油油样分析方法的检测效率

　　在选择发动机润滑零件磨损状态的比较诊断方法时,应针对具体情况,综合考虑该法的可靠性、使用价值和对飞行安全的影响。

4.3.6　应用实例

1. 滑油监控技术在斯贝 MK202 发动机上的应用实例

　　发动机润滑系统监控及故障诊断,对保证发动机使用安全具有极其重要的作用。斯贝 MK202 发动机是较完善的对润滑系统采取了监控措施的发动机。一般来说,润滑系统的监控及诊断包括滑油压力、温度、滑油滤压的监控以及磁性屑末检测、滑油光谱分析。在此仅介绍磁性屑末检测与滑油光谱分析法这两种主要监控手段在斯贝 MK202 发动机上的应用情况。

　　(1)磁性屑末检测在斯贝 MK202 发动机上的应用实例

　　斯贝 MK202 发动机有 3 个独立的润滑系统,即发动机润滑系统、加力喷口滑油系统和恒速传动装置润滑系统。在发动机滑油回油系统中的 4 个主要位置(高速齿轮箱和辅助齿轮箱底部及内齿轮箱的回油管和到油箱的联合回油管路上)装有磁性屑末检测器。另外,还在其他 4 个位置设有磁性屑末检测器安装座,在恒速传动装置的底部也装有一磁性屑末检测器。

　　斯贝 MK202 发动机上的磁性屑末检测器能吸住直径 0.13～1.3 mm 的铁磁性颗粒;滑油流速为 4.57～5.18 m/s 时,可吸住 20% 的颗粒;当滑油流速为 7.92 m/s 时,可吸住 10% 的颗粒。

　　斯贝 MK202 发动机进行磁性屑末检测使用的是一种便携式碎屑测量仪。该仪器可以测量从油滤及磁塞上取下的碎屑量。目前还有一种更新的微处理器控制的碎屑测量仪,采用直流不平衡电桥原理进行碎屑测量,不仅能测量两次取样之间碎屑的增长量及磨损特性,还具有存储功能。

　　检测取样使用的器材有:收集油样的容器、玻璃漏斗、烧杯、一个小磁棒、滤纸、半透明胶带、无色酒精、记录磁带及绘图纸。

一般每隔 50 h 拆下斯贝 MK202 发动机上的磁性屑末检测器检查一次。首先,将磁性屑末检测器放在适当的容器内,并在容器上注明发动机号、使用时间及磁性屑末检测器在发动机上的位置;其次,对容器中的磁性屑末检测器及碎屑进行彻底清洗,留下白色的微粒,去掉磁屑中滑油及非磁性颗粒;最后,将碎屑放置在碎屑测量仪的磁性粘板上进行测量、读数并记录(对本阶段中剩余的碎屑,必要时可进行化学分析以确定其成分)。对于记录下来的数据,可整理成卡片的形式进行分析和保存,确定下次在发动机哪个位置取样,也可制成图表进行分析,图表水平方向作为发动机使用时间及取样时间,图表中两垂直刻度分别为磨损速度及所测部位的碎屑总量。

以下是斯贝 MK202 发动机磁性屑末检测故障诊断两例。

[**例 4.6**] 发动机使用到 247.55 h 时恒速传动装置轴承故障。

图 4-34 所示为斯贝 MK202 发动机恒速传动装置磁性屑末检测器的碎屑聚集量及磨损速度示意图。

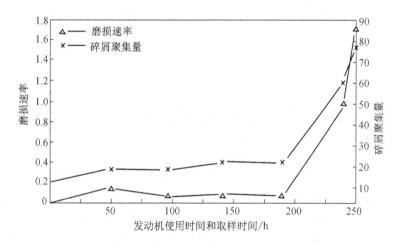

图 4-34 斯贝发动机磨损碎屑及磨损速度

发动机使用初期,约每隔 50 h 取样一次,磨损速度和碎屑增长量低且恒定。在 197~239 h 时间间隔内,发现量值突然剧增。因此,将下一次取样的时间间隔减小为 10 h,磨损速度的增长仍很明显。因为磁性棒上积存了大量碎屑,根据经验认为是轴承故障;拆卸恒速传动装置检查,证实的确是轴承发生破坏。系统的工作历程表明,当恒速传动装置中的轴承发生故障时,从磁性屑末检测器的碎屑聚集量不断增加显示出这一轴承失效的初始迹象到轴承完全破坏,其间的时间可能很短。因此,及时分解了恒速传动装置,避免了因恒速传动装置中的轴承损坏而引发更严重的故障。

[**例 4.7**] 发动机工作 432 h 时因恒速传动装置中的轴承破坏而中断工作。

表 4-9 和图 4-35 所示分别为斯贝 MK202 发动机恒速传动装置磁性屑末检测器的磁性

屑末分析记录表和碎屑聚集量及磨损速度图。

表 4 – 9　磁性屑末分析记录表

检查间隔	累积时间	碎屑量	累积碎屑量	磨损速度
—	—	0.2	0.2	—
45:40	45:40	6.5	6.7	0.14
46:55	92:35	2.9	9.6	0.06
46:45	139:20	0.4	10.0	0.02
12:00	151:20	0.2	10.2	0.01
44:15	195:35	5.4	15.6	0.12
44:45	240:20	0.1	15.7	0.002
52:00	292:20	0.9	16.6	0.02
48:20	340:40	0.8	17.4	0.02
91:15	431:15	13.2	30.6	0.14

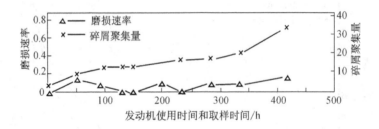

图 4 – 35　斯贝发动机恒速传动装置磨损碎屑量及磨损速度

这是恒速传动装置在工作中发生故障的情况。在分析过程中,发现了碎屑有了明显的变化,轴承发生打滑,并在 432 h 发生故障。其原因是轴承损坏,部件卡住引起局部过热所致。在故障发生前还进行了最后一次取样。从表 4 – 9 中可见,最后取样的时间间隔太长,中间漏取一次,时间间隔几乎是正常取样间隔的 2 倍,以致未能及时发现故障信息。假如最后一次取样间隔缩短为正常间隔,且在发现碎屑量增长、磨损速度增大时,将检查时间间隔适当缩短(如为 10 h),部件就可能在故障发生前停止工作,采取措施避免故障发生。可见,及时准确地分析碎屑并作出正确判断对预防故障发生是十分重要的。

(2)滑油光谱分析法在斯贝 MK202 发动机上的应用实例

滑油光谱分析法用于与发动机润滑系统有关的零部件(如轴承及齿轮箱)的常规监测,是除了油滤检查外监控有色金属部件(如轴承壳体)的唯一方法。当然,它也适用鉴别黑色金属。

发动机在稳态工作时,轴承和齿轮不断磨损,虽然磁性屑末检测器吸附或油滤过滤了滑油中的较大颗粒,但磨损产生的一些细小颗粒(小于 10 μm,人的裸眼可见度为 40 μm)仍游离在滑油中。当轴承和齿轮发生疲劳磨损时,滑油中的磨粒增长速度会发生显著变化,这意味着发动机将要发生故障,见图 4 - 36。

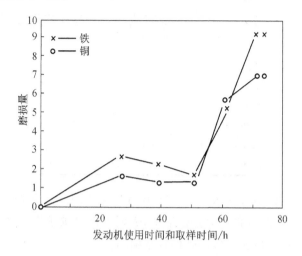

图 4 - 36　斯贝发动机恒速传动装置磨损碎屑量及磨损速度

　　根据斯贝 MK202 发动机的使用经验,从发动机上采集油样进行光谱分析的取样时间间隔约为 24 h。取样时,应将油样放入干净的玻璃瓶中,并在瓶上标明发动机型号、取样日期、样品序号、滑油型号、发动机运行时间或完成的循环数及上次取样后加入发动机的滑油量。油样应在发动机运行完成前及时送到实验室尽快进行分析。进行滑油光谱分析所用仪器为原子吸收光谱分析仪,它能分析金属含量低到 0.05×10^{-6} 浓度的油样。进行分析时必须用甲基异丁酮将油样浓度稀释至 1:50。因为外部杂质进入油样将会导致得出错误的发动机内部工作状态结论,因而滑油取样一定要严防杂质混入,因此要在发动机上同一位置、以同样方式取样,确保油样真正代表发动机内滑油状态。

　　斯贝 MK202 发动机的滑油油样主要有铜和铁需要测定,因为这两种元素是齿轮和轴承壳体的基本组成元素。

　　分析前要制取金属标样。将要分析的金属固体研成粉末,加入 4 -甲基戊酮- 2 - 1(MI-BK)溶液中得到金属混合液。取不同量的金属粉末可配制出不同浓度的混合液(如浓度为 1 mg/L、2 mg/L、5 mg/L 等),再将未经使用的纯净滑油与混合液按 1:1 混合配制,得到含有某种金属的浓度已知的滑油标样。对其进行光谱分析后,与发动机上采集到油样的分析结果进行对比。

　　分析步骤为:先用 541 号滤纸过滤油样,并将过滤后的油样用甲基异丁酮(MIBK)配制成 1:1 的稀释液,然后连续抽取样品用原子吸收光谱分析仪进行分析,同时用该仪器分析测定同类稀释的未经使用的原始滑油油样及金属滑油标样,以标定测量值(金属或杂质含量)为零或多少;最后,记录并整理油样中金属杂质含量的实验结果。对斯贝 MK202 发动机来说,油样中铜、铁的含量用 mg/L 表示。需要证实磨损产物显著增多时,可以追加发动机油样进行分析。

表 4 - 10　原子吸收光谱分析法检测结果

运行时间/h	铁含量×10⁻⁶	铜含量×10⁻⁶
0:00	0	0
27:00	2.5	1.5
38:00	2.1	1.3
51:00	1.7	1.2
59:00	5.2	5.4
73:00	9.4	6.8
74:00	9.4	6.8

　　表 4 - 10 所列为斯贝 MK202 发动机 150 h 持久试车时原子吸收光谱分析法检测结果。可以看到,在 59 h 时铁和铜的磨损量急剧增加,表明可能是轴承发生了磨损。经检查发现该台发动机出现了早期故障,齿轮箱传动轴的轴承损坏。

　　滑油光谱分析是磁性屑末检测法的补充,它初步建立了发动机磨损特性曲线,能有效地监控和预测发动机润滑系统的隐含故障,监控的是发动机润滑系统的工作趋势。如果磨损物稳定逐渐增加,经验表明润滑系统工作正常;如果磨损物增加的速率一直在改变,就需要增加取样次数,而且在采取任何措施前,要先对磁性检屑器和主滑油滤进行检查。发动机稳定运行后,磨损速度细小的波动很可能是取样时样品中混入污染物或油箱中加入新油引起的。发动机只要某处发生不正常摩擦,就可观察到磨损情况的某种增长趋势;磨损量急剧增加很可能意味着部件很快发生故障。发动机振动等级的增加伴随着磨损物的增加是发动机可能会发生故障的另一迹象。

2. 铁谱分析技术的应用

(1)应用铁谱分析技术检测发动机状态

　　飞机发动机是一种可靠性和安全性要求极高的机械设备,因而各国都在积极采用各种先进的设备对其进行工况监控。目前,铁谱技术已经成功地应用于检测发动机的运行状态,进行故障预报。

　　图 4 - 37 所示是英国 D. Scott 等人采用直读式铁谱仪检测军用飞机发动机工作状态的及磨损工况的实例。No.21 发动机在使用到 140 飞行小时时烈度指数 I_s 开始出现异常,此后出现多次反复;No.72 发动机烈度指数一直没有特别的变化。说明 No.21 发动机滑油系统的工作出现异常,需要给予特殊的关注。

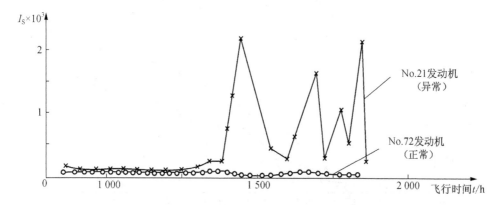

图 4 - 37　No. 21 和 No. 72 发动机 $I_s - t$ 曲线

图 4 - 38 所示是用直读式铁谱仪测定的 D_L、D_S 铁谱读数绘制的 $I_s - t$ 趋势图,表示飞机发动机的磨损状态及工况。图示曲线清楚地表明,No. 72 发动机的状态正常,而 No. 21 发动机有异常,需拆卸维修。

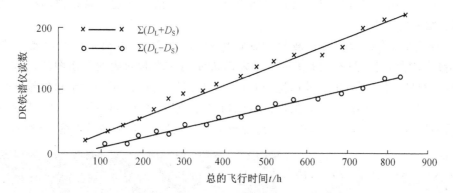

图 4 - 38　No. 72 发动机累积总磨损、磨损烈度趋势

图 4 - 39 所示为采用累积总磨损 $\sum(D_L - D_S)$ 值进行趋势分析来预报发动机的磨损状态及工况图。这种趋势分析是以时间的函数绘制出发动机累积总磨损值和累计磨损烈度值的变化曲线,据此来分析与评定发动机的磨损状态和工作状况。大量的实际使用研究表明,当累积总磨损值和累计磨损烈度值两条曲线随时间呈稳定升高时,表明发动机工作正常,即发动机处于正常的磨损状态;如果这两条曲线的斜率在某一时间迅速增大,曲线出现相互靠近趋势时(见图 4 - 39),则表明发动机已经出现严重磨损;当这两条曲线出现交叉时,表明发动机已开始损坏。通过对这两条曲线的变化趋势分析,已经成功地进行了多台发动机磨损工况分析与诊断工作。

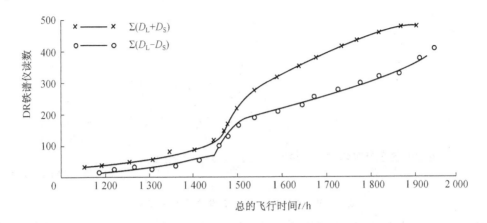

图 4 – 39　No. 21 发动机累积总磨损、磨损烈度趋势

（2）应用铁谱分析技术进行发动机监控

使用 T2FM 蔺管式分析铁谱仪和奥林巴斯 BX40 铁谱显微镜对某型发动机滑油进行监控，取得了很好的效果。

图 4 – 40 所示为某型发动机较早的铁谱图片，可以看出，滑油中已经出现了少量大于 15 μm 的疲劳剥落颗粒；图 4 – 41 所示为该发动机使用一段时间后的铁谱图片，这时，疲劳剥落颗粒数量明显增长，部分的尺寸已达 100 μm 以上；图 4 – 42 所示为发动机继续使用几天后的铁谱图片，此时已经出现了较多的黑色氧化物、球形磨粒和污染物；图 4 – 43 所示为该发动机失效前的铁谱图片，可以看出，滑油中出现较多的层状颗粒，说明疲劳剥落已濒临极限。

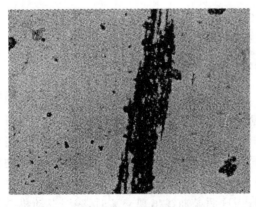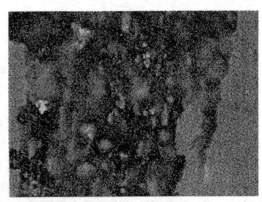

（a）入口区磨粒链（Opt. M　100×）　　　　　（b）入口区磨粒链（Opt. M　500×）

图 4 – 40　早期的铁谱图片

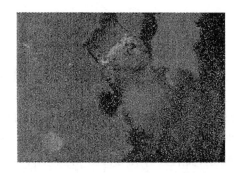
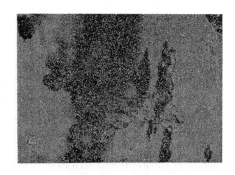

　　（a）入口区磨粒链（Opt. M　100×）　　　　　　　（b）入口区磨粒链（Opt. M　500×）

图 4 - 41　使用一段时间后的铁谱图片

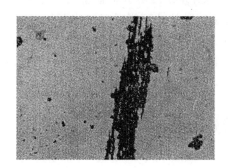
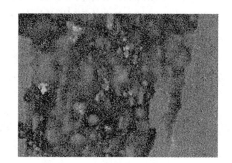

　　（a）入口区磨粒链（Opt. M　100×）　　　　　　　（b）入口区磨粒链（Opt. M　500×）

图 4 - 42　继续使用后的铁谱图片

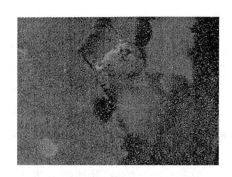
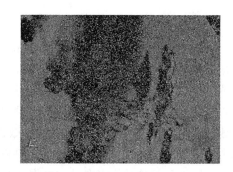

　　（a）入口区磨粒链（Opt. M　100×）　　　　　　　（b）入口区磨粒链（Opt. M　500×）

图 4 - 43　失效前的铁谱图片

4.3.7 三种技术的比较

研究认为,磨损件在其运行期内一般均经过磨合、正常磨损和最终失效三个基本磨损阶段。该过程磨损率(或磨损尺寸分布)与运行时间的关系曲线为熟知的所谓"浴缸"状曲线。在磨合阶段,滑油中出现许多大磨粒,这些可能是制造过程中残留下来的,或是啮合表面接触的产物。由于过滤和磨粒破损的联合作用,使得磨粒的平均尺寸减小,这种状况一直延续到正常磨损阶段开始为止;在正常磨损阶段磨粒尺寸相对较稳定,磨粒尺寸在 $0\sim10~\mu m$ 范围;在严重磨损阶段乃至最终失效时,通常有较大磨粒($25~\mu m$ 或上百微米)出现。显然,有效地检测几微米到上百微米的磨损微粒或碎片的数量变化是特别有意义的。

经验表明,滑油光谱分析技术已经有较长的应用历史,并在发动机状态监控中得到广泛、有效的应用。但是,它存在不能有效检测大于 $10~\mu m$ 金属微粒及不能观察和分析单个微粒的缺陷,因而损失了一些重要信息;屑末分析方法相当简便,但其定量性能和故障早期预报性能却不能令人满意。铁谱分析技术具有较宽的微粒尺寸检测范围和较高的检测效率,能同时进行磨损微粒的定性分析和定量监测,可弥补屑末分析和光谱分析的不足。

4.4 故障树分析法

4.4.1 故障树分析法基础

1. 概　述

故障树分析法 FTA(Fault Tree Analysis)是可靠性理论的一个分支,是一种对系统故障形成的原因进行由总体至部分,按树枝状逐级细化的分析方法,用来寻找导致不希望的系统故障或灾难性危险事件的所有原因和原因组合。它研究系统某种故障与该系统内及该系统内各部件失效之间的内在逻辑关系,通过这种逻辑关系的分析,不仅可以找出系统的薄弱环节,指出改善系统可靠性的途径,在具有基础数据时求出故障事件发生的概率及其他定量指标,还可以通过这种分析对系统的故障进行预测和诊断。

故障树分析是系统安全性和可靠性分析工具之一。在产品设计阶段,故障树分析法可以判明潜在的系统故障模式和灾难性危险因素,发现可靠性和安全性薄弱环节,以便改进设计。在生产、使用阶段,故障树分析法可以帮助故障诊断,改进使用维修方案。故障树分析法也是事故调查的一种有效手段。所以,故障树分析法有着极其广泛的应用范围,是国际上公认的进行可靠性、安全性分析的一种简单、有效和很有发展前途的方法。

故障树分析,首先要做出系统的特定事件,即不希望事件与它的各个子系统或各个部件的故障之间的逻辑结构图——故障树图。通常把这个特定事件叫顶事件,顶事件画在顶端,也称终端事件,形成系统故障的基本事件画在故障树的底端,称为底事件或初始事件。其他为中间事件,它们之间的逻辑关系用各种逻辑门来实现。

故障树分析法的优点是:由于它是一种逻辑演绎法,因而能把系统故障和导致该故障的各种因素(直接、间接、硬件、软件、环境和人为等)形象地表现为故障树,直观性强。从上往下,可以看出系统故障与哪些单元有关系,有怎样的关系,有多大的关系;从下往上,可以看出单元故障对系统故障的影响,有什么影响,影响的途径是什么,影响的程度有多大。故障树分析不仅可以反映系统内部单元与系统故障之间的关系,而且也能反映出系统外部因素,诸如环境因素和人为决策错误对系统故障的影响。它不仅可以分析由单一缺陷所诱发的系统故障,还可以分析当有两个以上构件同时发生时才会发生的系统故障。

故障树分析法的缺点是:由于所列举的系统故障的种类不同,有时可能漏掉重大的部件或元件故障。另外,由于它的理论性较强,逻辑较严密,当分析人员知识和分析水平不一时,所得结论的置信度可能有所不同。

故障树分析法在工程上的应用主要有以下几个方面:系统可靠性分析,可靠性参数的定量计算;系统的安全分析和事故分析,寻找薄弱环节,制订预防措施;系统的风险评价;系统部件的重要度分析;故障诊断和检修计划的制订;系统最佳探测器的配置;故障模拟等。

当系统、系统的组件或子系统失效,或者其功能指标和物理指标低于设计规定的最低限制值时,系统无法完成规定的任务,则称系统处于故障状态,或称为发生故障。系统失效就是故障,但是故障并不仅意味着失效。当系统或其子系统的功能指标或物理指标低于规定最低限制值时,系统即已经无法完成规定的任务。故障往往是由于某种缺陷不断扩大经由异常状态后进一步发展而形成的。

一般来说,故障的范畴可以包括如下内容:

① 引起系统立即丧失其功能的破坏性事件;

② 与降低系统性能相关联的事件;

③ 由于环境条件恶化或人为原因使系统偏离正常状态的事件。

故障事件可以按不同分析目标分类,根据不能按要求完成运行功能的特点可分为:

① 过早投入运行;

② 不能在规定时间内投入运行;

③ 不能在规定时间内停止运行;

④ 在运行时间停止运行;

⑤ 完成非正常功能,或执行任务不准确。

故障诊断的任务就在于揭示发动机的故障,即确定故障的部位、故障严重程度和预测故障的发生和发展趋势。

故障原因可分为：

① 一次故障事件，即硬件本身造成的故障事件；

② 二次故障事件，即环境因素、认为差错其中包括软件差错造成的故障事件；

③ 受控故障事件，即部件的故障原因是系统内部其他部件输出错误的信息。

2. 故障树分析的基本概念

故障树是形同树枝状结构的逻辑因果关系图。故障树是将系统故障按结果和原因，由总体至部分，由源至流，由干至枝，逐级细化建造成的分析结构框图。

组成故障树的基本元素是事件。在故障树分析中把各种故障状态或不正常情况都称为故障事件，可以简称为事件。故障事件是不希望发生的系统的故障结果和一切导致故障发生的原因的集合。把各种完好状态或正常情况称为成功事件。事件之间的逻辑因果关系用逻辑门描述。

事件分为底事件、结果事件和特殊事件。

底事件在故障树中是仅导致其他事件的原因事件，它位于故障图的最底端，都是逻辑门的输入事件。底事件分为基本事件和未探明事件。基本事件是在特定的故障树分析中无需探明其发生原因的底事件，其规定符号和图形见表 4 - 11。未探明事件是应该探明其原因但暂时不必或不能探明的底事件。其规定符号和图形见表 4 - 11。

结果事件在故障树中是其他事件或事件组合导致的事件，位于逻辑门的输出端。结果事件分为顶事件和中间事件。顶事件是故障树分析中所关心的结果事件。它位于故障图的最顶端，是逻辑门的输出事件。顶事件是系统级的故障事件，是分析的目标。中间事件是位于底事件和顶事件之间的结果事件。它既是某个逻辑门的输入事件，又是其他逻辑门的输出事件。顶事件和中间事件的规定符号和图形见表 4 - 11。

特殊事件指在故障树分析中需用特殊符号表明其特殊性或引起注意的事件。特殊事件有开关事件和条件事件，定义和规定符号和图形见表 4 - 11。

在故障树分析中逻辑门只描述事件之间的因果关系。逻辑门的输入事件是输出事件的"因"，逻辑门的输出事件是输入事件的"果"。依事件之间不同逻辑关系的特征，逻辑关系有：与门（AND gate）、或门（OR gate）、非门（NOT gate）、顺序与门（Sequential AND gate）、表决门（Voting gate）、异或门（Exclusive OR gate）、禁门（Inhibit gate）等。各逻辑门的定义、规定的符号和图形见表 4 - 11。其中，与门、或门和非门是 3 个基本逻辑门。

仅含底事件和顶事件以及基本逻辑门的故障树称为规范化故障树。

在故障树中所使用的符号有事件符号、逻辑门符号和修正门符号，如表 4 - 11 所列。

下面以图 4 - 44 所示的"飞机因发动机故障不能飞行的故障树"为例来说明故障树的基本概念。

表 4 - 11　事件符号、逻辑门符号

分　类	符　号	说　明
事件	〔矩形〕	结果事件 　　分为顶事件和中间事件
	〔圆形〕	底事件之一：基本事件 　　在特定的故障树分析中无需探明其发生原因的底事件。用虚线环则表示是人为因素事件
事件	〔菱形〕	底事件之二：未探明事件 　　应该探明其原因但暂时不必或不能探明的底事件。用虚线框则表示是人为因素事件
	〔屋形〕	开关事件 　　已经发生或必将要发生的特殊事件
	〔胶囊形〕	条件事件 　　表示描述逻辑门起作用的具体限制的特殊事件
逻辑门	〔与门符号 ·〕	与门(AND gate) 　　表示仅当所有输入事件发生时,输出事件才发生
	〔或门符号 +〕	或门(OR gate) 　　表示至少有一个输入事件发生时,输出事件就发生
	〔非门符号 ~〕	非门(NOT gate) 　　表示输出事件是输入事件的逆事件
	〔禁门符号　禁止打开条件〕	禁门(Inhibit gate) 　　表示仅当禁门打开的条件发生时,输入事件的发生才导致输出事件的发生

分　类	符　号	说　明
修正门	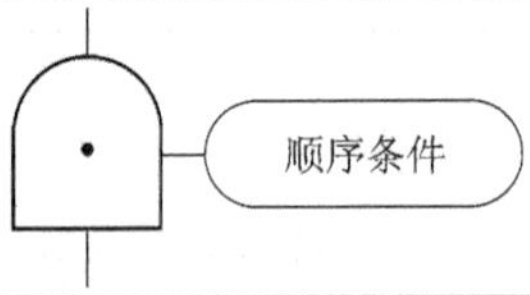 顺序条件（顺序与门）	顺序与门（Sequential AND gate） 　　表示仅当输入事件按规定顺序发生时,输出事件才发生
	 不同时发生（异或门）	异或门（Exclusive OR gate） 　　表示仅当单个输入事件发生时,输出事件才发生
	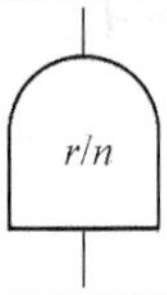 r/n	表决门（Voting gate） 　　表示当 n 个输入事件中有 r 个以上(含 r 个)的事件发生时,输出事件才发生 　　$1 \leqslant r \leqslant n$
	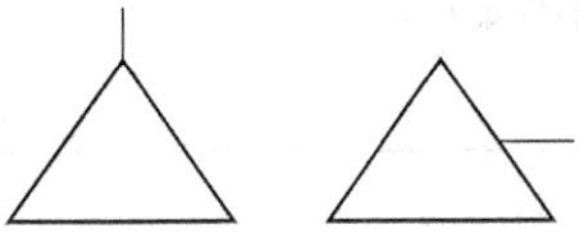	相同转移符号 　　表示转移到相同的故障树,避免重复
	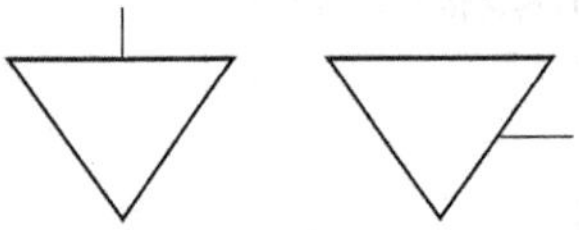	相似转移符号 　　表示转移到相似的故障树,避免重复

　　如图 4 - 44 所示故障图由若干不希望发生的故障事件组成,各事件之间的因果关系用逻辑门描述。其中,事件"飞机因发动机故障不能飞行"是顶事件,是故障树分析的对象,分析的目的就是要确定引起"飞机因发动机故障不能飞行"这一事件的原因。图中 $x_1 \sim x_6$ 是底事件,是导致"飞机因发动机故障不能飞行"故障的可能原因,属于基本事件。"发动机 A 发生故障"、"发动机 B 发生故障"、"发动机 C 发生故障"、"E"、"F"也是故障事件,属于中间事件。发动机 B 和发动机 C 发生故障时的情况与发动机 A 发生故障的情况相似,所以"发动机 B 发生故障"和"发动机 C 发生故障"与"发动机 A 发生故障"是相似事件,不用重复画出,用相似转移符号"▽"表示。对于装有 3 台发动机的飞机来说,有两台以上(含两台)的发动机发生故障停止工作才会造成飞机不能继续飞行的后果,所以 3 台发动机故障与"飞机因发动机故障不能飞行"的事件之间的逻辑关系用表决门描述。因为"发动机 B 发生故障"和"发动机 C 发生故障"与"发动机 A 发生故障"是相似事件,所以下面只分析"发动机 A 发生故障"的故障事件即可。"发动机 A 发生故障"的可能原因有 4 个,基本事件 x_1,x_4 和中间故障事件 E 和 F,这 4 个事件中只要有一个事件发生,"发动机 A 发生故障"的事件就要发生,所以它们和"发动机 A 发生故障"事件之间的逻辑关系用"或"门描述。中间故障事件 E 和 F 分别都是由两个基本事件

$(x_2, x_3$ 和 $x_5, x_6)$ 引起的。其中,基本事件 x_2 和 x_3 中只要发生一个,事件 E 就会发生,压气机喘振和发动机转子振动过大都会造成发动机空中停车,所以 x_2 和 x_3 与事件 E 之间的逻辑关系用"或"门描述;而基本事件 x_5, x_6 之间只要有一个不发生,事件 F 就不会发生,比如假设 F 代表供油系统故障,x_5, x_6 分别代表主油路和备份油路故障,只要两个基本事件不同时发生,事件 F 就不会发生,所以 x_5 和 x_6 与事件 F 之间的逻辑关系应该用"与"门描述。

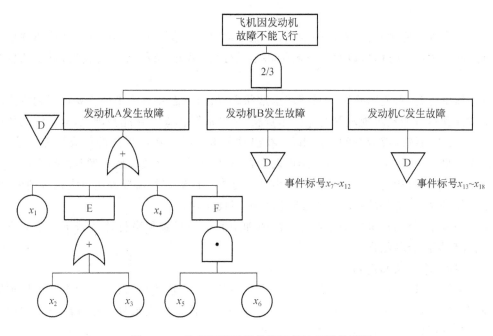

图 4 - 44　飞机因发动机故障不能飞行的故障树

3. 故障树分析法的目的和步骤

故障树分析法的目的是以一个不希望的系统故障事件(或灾难性的系统危险)作为分析目标(顶事件),通过由上向下的严格按层次的故障因果逻辑分析,逐层找出事件必要而充分的直接原因,最终找出导致顶事件发生的所有原因和原因组合。在具有基础数据时计算出顶事件发生概率和底事件重要度等定量指标。

故障树分析法的一般步骤是:

① 选择顶事件;

② 建造故障树;

③ 求故障树的结构函数;

④ 定性分析;

⑤ 定量分析。

4.4.2　建造故障树

1. 建造故障树的方法

（1）选择顶事件

选择顶事件的原则是：有确定的定义，不能模棱两可含混不清；能分析，以便分析顶事件与底事件之间的关系；能度量，以便进行测量和定量分析；另外，最好具有代表性，以收到事半功倍之效。

选择顶事件时，首先明确定义系统的正常状态、故障状态和故障事件。要详尽地收集和分析系统设计和运行的技术规范等有关技术资料，以及故障档案。在此基础上，对系统的故障作初步分析，找出系统内部所有的故障事件，找出这些事件导致系统故障的所有可能的途径，即故障模式。最后，对故障事件进行筛选以确定顶事件，即把系统故障按类型和严重程度分类排队，从而确定最不希望发生的事件作为顶事件。分类排队时往往需要画出较大范围的明细表，列出系统与子系统、部件的功能关系、事件链等，以便于比较。

对大型复杂系统，也可以把子系统的故障即中间事件当做顶事件建造若干个子树进行分析计算，最后再综合其结果。

（2）建树基本方法和规则

目前建树的基本方法有两大类：一种是人工建树，用的是演绎法；另一种是计算机辅助建树。所谓演绎法建树，是从顶事件开始往下经过中间事件直到底事件为止逐级分解建树的方法。在顶事件确定后，建树一般分为以下几步：

① 确定主流程；

② 确定边界条件；

③ 画树；

④ 简化。

建树时要注意：① 有明确的主流程。主流程是能贯穿于系统各部件的功能性故障。以主流程为纲从顶事件到底事件逐渐分解建树，就可以使故障树思路明确，使人一目了然。② 合理地确定边界条件，以便确定故障树的范围。所谓边界条件包括系统的边界条件和部件的边界条件，目前是指初始条件、已知的技术状态、已发生或正在发生的故障事件、不允许出现的事件等，其中顶事件是最重要的边界条件之一。后者是假定部件所处的状态、部件发生故障的概率等。确定边界条件时，有的事件概率虽小，但发生后果严重，不能作为不可能事件处理。③ 精确地定义故障事件，必须做到只有一种解释，切忌多义性和模棱两可、含糊不清，否则导致树中出现逻辑混乱、矛盾和错误。在建树的前几步应只考虑主要的、高度可能的、高危害性或关键性的事件，然后再考虑次要的、发生概率较小的事件。系统和各故障树的逻辑关系、条件都必须分析清楚,不能紊乱和自相矛盾。

故障树建树方法经历了近 15 年之久才逐步发展而成。最初只把它当做一种技艺,但很快人们就理解到要建树成功就须遵循一套基本规则,这些规则如下:

① 在事件方框内填入故障内容,此内容确切说明是什么样的故障以及此故障在什么条件下发生。

② 如果对问题"方框内的故障能否由一个元件失效所构成?"的回答是肯定的,则把事件列为"元件类"故障,如果回答是否定的,则把事件列为"系统类"故障。

③ 如果元件的正常功能传送的是故障序,则认为元件的工作是正常的。该规则称为非奇迹规则。

④ 在对某个门的全部输入事件作进一步分析之前,应先对该门的全部输入事件做出完整的定义。该规则称为完整门规则。完整门规则要求故障树应逐级建立。

⑤ 门的输入应当是经过恰当定义的故障事件。门与门之间不得直接相连。该规则称为非门门规则。在定量评定和简化故障树时,有时会出现门与门相连,但在建树过程中,门门相连会导致混淆。

人工演绎法建树的基本规则如下:

① 明确建树边界条件,确定简化系统图。

② 严格定义故障事件。

③ 从上到下逐级建树。

④ 故障树演绎过程中首先要寻找直接原因事件而不是基本原因事件。在建树过程中应不断利用"直接原因事件"作为过渡,逐步地、无遗漏地将顶事件演绎为基本原因事件。

⑤ 建树时不允许逻辑门之间直接相连。这条规则意在保证对中间事件进行严格定义,并在此条件下发展子树。

⑥ 妥善处理共因事件。共同原因故障事件简称共因事件。来自同一故障源的共同的故障原因会引起不同的部件故障甚至不同的系统故障。共因事件对系统故障发生概率影响很大。共因事件在不同分支中须使用同一标号。

(3)建造故障树的步骤

① 确定顶事件;

② 确定子事件,将与顶事件直接相关的中间事件作为次级顶事件;

③ 建造子树,将次级顶事件发展到底事件;

④ 子树中还可能含有子树,将其再发展到底事件;

⑤ 依次将各个子树构造完毕。

2. 故障树的化简

根据系统分析建立的故障树在逻辑上可能存在繁琐、重复和冗(rong)杂的情况,即所谓逻辑多余事件。因此必须对故障树进行简化,使定性定量的分析更方便。

简化的原则是去掉逻辑多余事件,用简单的逻辑关系表示之。常用的方法有修剪法和模块法两种。

(1)修剪法

修剪法就是利用逻辑运算规则去掉逻辑多余事件的方法。对简单的小故障树可以用目测直接将逻辑多余事件去掉,也可以用布尔代数运算吸收。因为

$$x+x=x, \quad x \cdot x=x$$
$$x+(x \cdot x)=x, \quad x \cdot \bar{x}=0$$

因此,可将故障树中如图 4-45 所示的部分化简。

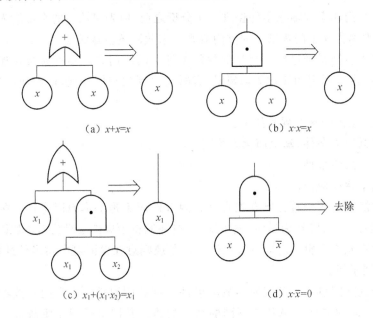

(a) $x+x=x$ (b) $x \cdot x=x$

(c) $x_1+(x_1 \cdot x_2)=x_1$ (d) $x \cdot \bar{x}=0$

图 4-45　故障树化简举例

1)结合律

$$\left.\begin{array}{l}(A+B)+C=A+B+C \\ (AB)C=ABC\end{array}\right\} \tag{4.17}$$

故障图简化前后的情形如图 4-46 所示。

2)分配律

$$\left.\begin{array}{l}AB+AC=A(B+C) \\ (A+B)(A+C)=A+BC\end{array}\right\} \tag{4.18}$$

故障图简化前后的情形如图 4-47 所示。

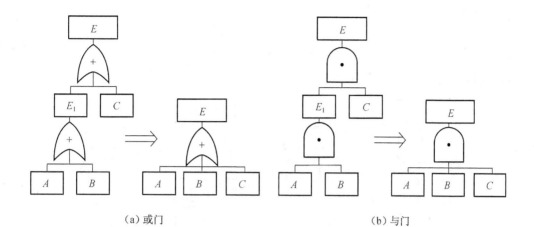

（a）或门　　　　　　　　　　　　　（b）与门

图 4-46　利用结合律简化故障树

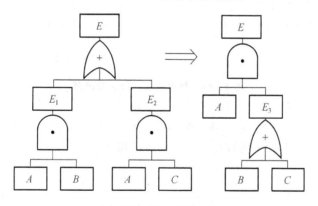

（a）$AB+AC=A(B+C)$

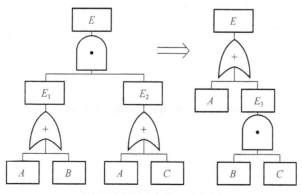

（b）$(A+B)(A+C)=A+BC$

图 4-47　利用分配律简化故障树

3)吸收律

$$A(A+B)=A \atop A+AB=A \Bigg\}$$ (4.19)

故障图简化前后的情形分别如图 4－48(a)、(b)所示。

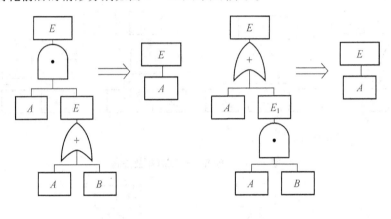

(a) $A(A+B)=A$ (b) $A+AB=A$

图 4－48　利用吸收律简化故障树

4)幂等律

$$A+A=A，\quad AA=A$$ (4.20)

故障图简化前后的情形分别如图 4－49(a)、(b)所示。

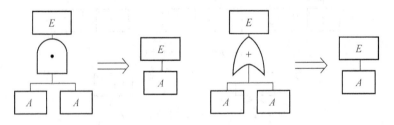

(a) $A+A=A$ (b) $AA=A$

图 4－49　利用幂等律简化故障树

5)互补律

$$A\,\overline{A}=\varnothing$$

简化故障树如图 4－50 所示。

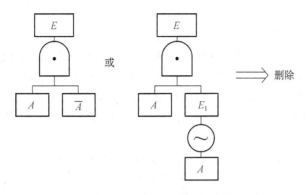

图 4 - 50　利用互补律简化故障树

(2)模块化

所谓模块化是指把故障树中的底事件化成若干个底事件的集合,每个集合都是互斥的,即其包含的底事件在其他集合中没有重复出现。模块化后,树的规模就变小了,定性或定量分析就容易多了。

故障树的模块化是使故障树分析法简便易行的有效手段。通常可用两种方法使故障树模块化:一是按照定义直接在故障树上目测判断;二是根据故障初步分析,把相斥的中间事件作为模块。图 4 - 51 所示是模块化简化的故障树。

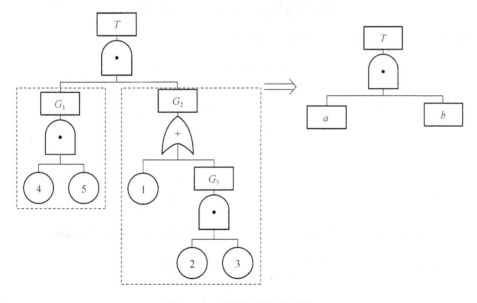

图 4 - 51　故障树模块化简化

3. 故障树的结构函数

故障树的结构函数是以全部底事件为自变量,以顶事件的状态为因变量的布尔函数。

故障树是由构成它的全部底事件及其逻辑关系联结而成的,因此可以将结构函数用做数学工具,作出故障树的数学表达式,以便进行定性分析和定量计算。

考虑由 n 个不同的独立底事件所构成的故障树,引入二值变量 x_i 表示第 i 个底事件 e_i 的状态,并定义

$$x_i = \begin{cases} 1, & e_i \text{ 发生}(i=1,2,\cdots,n) \\ 0, & e_i \text{ 不发生} \end{cases}$$

同样,引入二值变量 Φ,表示顶事件 T 的状态,并定义

$$\Phi = \begin{cases} 1, & T \text{ 发生} \\ 0, & T \text{ 不发生} \end{cases}$$

因为顶事件的状态完全由底事件的状态所决定,所以顶事件的状态变量取值也完全由底事件状态变量取值所决定。若定义 Φ 是 $X=(x_1,x_2,\cdots,x_n)$ 的函数,并记作

$$\Phi = \Phi(X) \tag{4.21}$$

则称函数 Φ 为故障树的结构函数。

例如:图 4-52 的“与”门故障树的结构函数为

$$\Phi(X) = \prod_{i=1}^{n} x_i = \min(x_1,x_2,\cdots,x_n) \tag{4.22}$$

例如:图 4-53 的“或”门故障树的结构函数为

$$\Phi(X) = \sum_{i=1}^{n} x_i = \max(x_1,x_2,\cdots,x_n) \tag{4.23}$$

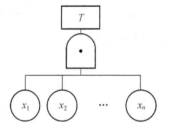 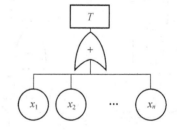

图 4-52　“与”门故障树　　　　　　　　图 4-53　“或”门故障树

由反演定理知,$(\overline{A+B+\cdots+K}) = 1 - \overline{A} \cdot \overline{B} \cdot \cdots \cdot \overline{K}$,进而可知

$$\sum_{i=1}^{n} x_i = 1 - \prod_{i=1}^{n} (1-x_i) \tag{4.24}$$

图 4-54 所示的故障树的结构函数可直接根据故障树写出来:

$$\Phi(X) = \{x_4[x_3+(x_2 \cdot x_5)]\} + [x_1(x_2+x_5)]$$

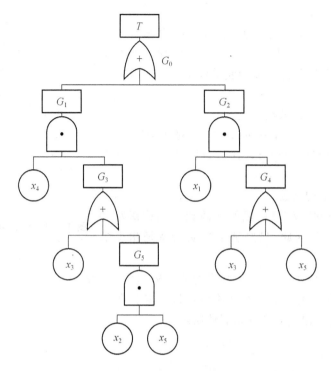

图 4 - 54　故障树举例

一般情况下,如果给出了故障树,就可以根据它直接写出其结构函数。但是,如果逻辑关系太复杂了,就可用最小割集或最小路集写出其结构函数,这将在后面讨论。

4. 相干性的概念

通常要考虑在故障树中全部底事件和全部顶事件的关系。为了对故障树进行分析,要引入相干性的概念。

(1)底事件的相干性

如对于 x_i 能使下式成立,即对于 $(\cdot_i, \underline{X})$[①]下式成立:

$$\Phi(1_i, \underline{X}) \geqslant \Phi(0_i, \underline{X})^{②} \tag{4.25}$$

则底事件 e_i 对结构函数 Φ 是相干的;否则,底事件 e_i 对结构函数 Φ 是非相干的。

例如:图 4 - 55 所示的故障树的结构函数为

$$\Phi(X) = x_1 + (x_1 \cdot x_2)$$

若应用布尔函数的吸收律,则可化简成

$$\Phi(X) = x_1$$

这说明,顶事件的状态仅仅由底事件 1 的状态所决定,而与底事件 2 的状态无关。可见,底事件 2 是非相干的底事件。

一般地说,如果某事件 e_i 不发生($x_i=0$),顶事件发生($\Phi=1$);而当底事件 e_i 发生($x_i=1$),顶事件却又不发生($\Phi=0$),这种能使系统状态恢复的底事件可以不画出来。

(2)相干结构函数

如果结构函数 $\Phi(X)$ 满足性质

① 各底事件 $e_i(i=1,2,\cdots,n)$ 对 $\Phi(X)$ 是相干的;

② $\Phi(X)$ 对各变量 $x_i(i=1,2,\cdots,n)$ 是相干的,并且是非递减的。

则称 $\Phi(X)$ 是相干结构函数。

因为由"与"门和"或"门构成的故障树其结构函数 $\Phi(X)$ 必然满足性质②,因此,只要满足性质①就是相干结构函数。

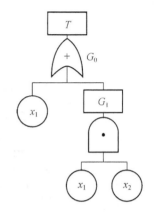

图 4-55　含非相干底事件的故障树

经过化简的由"与"门和"或"门构成的故障树都是相干故障树,其结构函数是相干结构函数。而具有"异或"门的故障树,其结构函数是非相干的。

相干故障树的结构函数具有以下性质:

① $\Phi(0)=0$。

② $\Phi(1)=1$。

③ 设有状态向量 $\underline{X}$ 和 $\underline{Y}$,如果 $\underline{X}\geqslant\underline{Y}$,则必有 $\Phi(\underline{X})\geqslant\Phi(\underline{Y})$[③]。

④ 设 $\Phi(\underline{X})$ 是由 n 个独立底事件组成的任意结构故障树的结构函数,则下式成立:

$$\prod_{i=1}^{n} x_i \leqslant \Phi(\underline{X}) \leqslant \sum_{i=1}^{n} x_i \qquad (4.26)$$

式(4.26)表示被评价的任意故障树的状态,其上限是"或"门故障树的状态,其下限是"与"门故障树的状态。换言之,用任意故障树表示的系统可靠性,不会比由同样单元组成的串联系统的可靠性更差,也不会比由同样单元组成的并联系统的可靠性更好。

若将结构函数展开,则下式成立:

$$\Phi(\underline{X})=x_i\Phi(1_i,\underline{X})+(1-x_i)\Phi(0_i,\underline{X}) \qquad (4.27)$$

如果对每个 i 都展开,则可得下式:

$$\Phi(\underline{X})=\sum_{y}\prod_{i=1}^{n} x_i^{y_i}(1-x_i)^{1-y_i}\Phi(\underline{Y})^{④} \qquad (4.28)$$

如果二值变量 x_i 只取 0 或 1,那么就可以理解式(4.27)成立。

下面以图 4-54 故障树为例来说明式(4.28)的意义。由于有 5 个底事件,所以

$$\underline{Y}=(y_1,y_2,y_3,y_4,y_5)$$

该故障树的状态可用表 4-12 所列的 $2^5=32$ 种状态来表示。如果求出 $\Phi(\underline{Y})$ 的值,则可得到表中 Φ 栏的值,所以可以得到

$$\Phi(\underline{X}) = (1-x_1)(1-x_2)x_3x_4(1-x_5) + (1-x_1)(1-x_2)x_3x_4x_5 +$$
$$(1-x_1)x_2(1-x_3)x_4x_5 + \cdots + x_1x_2x_3x_4(1-x_5) + x_1x_2x_3x_4x_5$$

注 ①：$(\cdot_i, \underline{X}) = (x_1, x_2, \cdots, x_{i-1}, \cdot, x_{i+1}, \cdots, x_n)$

注 ②：$\Phi(1_i, \underline{X}) = (x_1, x_2, \cdots, x_{i-1}, 1, x_{i+1}, \cdots, x_n)$

$\Phi(0_i, \underline{X}) = (x_1, x_2, \cdots, x_{i-1}, 0, x_{i+1}, \cdots, x_n)$

注 ③：$\underline{X} \geqslant \underline{Y}$ 表示对于任一 i，都有 $x_i \geqslant y_i$ 存在。

注 ④：$\sum_y$ 表示对全部二值状态之和。

表 4 - 12　底事件与顶事件的状态

Y_1	Y_2	Y_3	Y_4	Y_5	Φ	Y_1	Y_2	Y_3	Y_4	Y_5	Φ	Y_1	Y_2	Y_3	Y_4	Y_5	Φ
0	0	0	0	0	0	0	1	0	1	1	1	1	0	1	1	0	1
0	0	0	0	1	0	0	1	1	0	0	0	1	0	1	1	1	1
0	0	0	1	0	0	0	1	1	0	1	0	1	1	0	0	0	0
0	0	0	1	1	0	0	1	1	1	0	1	1	1	0	0	1	1
0	0	1	0	0	0	0	1	1	1	1	1	1	1	0	1	0	0
0	0	1	0	1	0	1	0	0	0	0	0	1	1	0	1	1	1
0	0	1	1	0	1	1	0	0	0	1	0	1	1	1	0	0	0
0	0	1	1	1	1	1	0	0	1	0	0	1	1	1	0	1	1
0	1	0	0	0	0	1	0	0	1	1	1	1	1	1	1	0	1
0	1	0	0	1	0	1	0	1	0	0	0	1	1	1	1	1	1
0	1	0	1	0	0	1	0	1	0	1	1						

4.4.3　故障树的定性分析

对故障树进行定性分析的主要目的是弄清系统出现某种故障有多少种可能性，即研究哪些底事件的组合可以造成不期望的顶事件（即故障）的发生，这样的组合有多少种；至少有多少个底事件出现才会引起故障发生，这样的组合有几种。

当某几个底事件的集合失效时，将引起系统故障的发生，这个集合称为割集，即一种失效模式；与此相反，一个路集代表一种成功的可能性，即系统不发生故障的底事件的集合。

一个最小割集是包含最小数量且又最必须的底事件的割集，而全部最小割集的完整集合则代表了给定系统的全部故障。因此，最小割集的意义就在于它描绘出处于故障状态的系统中所必须要修理的故障，指出了系统的最薄弱环节。定性分析的主要任务就在于确定系统的最小割集和最小路集。

1. 最小割集和最小路集

假定底事件的集合为 $\underline{C} = (e_1, e_2, e_3, \cdots, e_n)$，将向量 $\underline{X}$ 的底事件分为两个子集：

$$C_0(\underline{X}) = (e_i \mid x_i = 0)$$

和
$$C_1(\underline{X}) = (e_i \mid x_i = 1)$$

其中，$C_0(\underline{X})$ 是由 $\underline{X}$ 的分量中状态为 0 的底事件组成的集合，而 $C_1(\underline{X})$ 是由 $\underline{X}$ 的分量中状态为 1 的底事件组成的集合。

若状态向量 $\underline{X}$ 能使 $\Phi(\underline{X}) = 1$，则称 $\underline{X}$ 为割向量。而割向量 $\underline{X}$ 对应的底事件集合 $C_1(\underline{X})$ 称为割集。又设 $\overline{X}$ 是割向量，同时满足 $\underline{Z} < \underline{X}$ 的任意向量 $\underline{Z}$ 能使 $\Phi(\underline{X}) = 0$ 成立，则称 $\underline{X}$ 为最小割向量。最小割向量对应的底事件集合 $C_1(\underline{X})$ 称为最小割集。由此可见，最小割集是指属于它的底事件都发生就能使顶事件发生的必要的底事件的集合。

若状态向量 $\underline{X}$ 能使 $\Phi(\underline{X}) = 0$，则称 $\underline{X}$ 为路向量。而路向量 $\underline{X}$ 对应的底事件集合 $C_0(\underline{X})$ 称为路集。而所谓的最小路向量 $\underline{X}$，必须满足 $\underline{X}$ 是路向量，同时满足 $\underline{Z} < \underline{X}$ 的任意向量 $\underline{Z}$ 能使 $\Phi(\underline{X}) = 1$ 成立。最小路向量对应的底事件集合 $C_0(\underline{X})$ 称为最小路集。最小路集是指属于它的底事件都不发生就能保证顶事件不发生的必要的底事件集合。

例如表 4-12 所对应的故障树有 17 个割向量、17 个割集，而最小割向量和最小割集只有下列 4 组：

最小割向量	最小割集
$(0,0,1,1,0)$	$(3,4)$
$(0,1,0,1,1)$	$(2,4,5)$
$(1,0,0,0,1)$	$(3,5)$
$(1,0,1,0,0)$	$(1,3)$

同样，该故障树有 15 个路向量、15 个路集，而最小路向量和最小路集只有下列 3 组：

最小路向量	最小路集
$(0,0,0,1,1)$	$(1,2,3)$
$(0,1,1,0,1)$	$(1,4)$
$(1,1,0,1,0)$	$(3,5)$

2. 最小割集算法

求最小割集的方法很多，对于简单的小故障树可目视判断，也可以用布尔代数运算，将 $\Phi(\underline{X})$ 变成乘积的和，每一个乘积就是一个最小割集。对于大型复杂故障树，则可用计算机加以计算。

下面介绍几种常用算法：

（1）Semanderes 算法

由 Semanderes 研制并在 ELRAFT 型计算机上使用的最小割集算法是对给定的故障树从

最下一级中间事件开始,顺次往上,直至顶事件进行运算(上行法)。如中间事件是以"与"门把底事件联系在一起的,则可应用式(4.22);如中间事件是以"或"门与底事件相联的,则应用式(4.23)计算。在所得计算结果中,如有相同底事件出现,就应用布尔代数加以简化。

对于图 4-56 所示的故障树,可以写为

$$T = (x_1 + x_2 + x_3)(x_1 + x_4)(x_3 + x_5) =$$
$$x_1 x_1 x_3 + x_1 x_3 x_4 + x_1 x_1 x_5 + x_1 x_4 x_5 + x_1 x_2 x_3 + x_2 x_3 x_4 +$$
$$x_1 x_2 x_5 + x_2 x_4 x_5 + x_1 x_3 x_3 + x_1 x_3 x_5 + x_3 x_3 x_4 + x_3 x_4 x_5 =$$
$$x_1 x_3 + x_1 x_5 + x_3 x_4 + x_1 x_3 x_4 + x_1 x_4 x_5 + x_1 x_2 x_3 +$$
$$x_2 x_3 x_4 + x_1 x_2 x_5 + x_2 x_4 x_5 + x_1 x_3 x_5 + x_3 x_4 x_5$$

将得到的 11 个割集再用布尔代数吸收律化简,得

$$T = x_1 x_3 + x_1 x_5 + x_3 x_4 + x_2 x_4 x_5$$

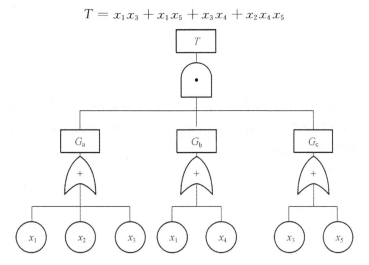

图 4-56　故障树举例

可见,故障树有 4 个最小割集。显然,它与图 4-54 的故障树是等价的。

(2)Fussell 算法

Fussell 在 1972 年提出了另一种算法,他根据"或"门会增加割集数目,"与"门会增大割集容量的性质,从故障树顶事件开始,由上到下,顺次把上一级事件置换为下一级事件(下行法),遇到"与"门将输入事件横向并列写出,遇到"或"门将输入事件竖向串列写出,直到把全部逻辑门都置换为底事件为止,由此可得到故障树的全部割集。

以图 4-54 故障树为例,作 Fussell 推算,如图 4-57 所示。所得结果,矩阵的每一行都对应一个割集。由于该故障树经过简化,故得到的是最小割集。如果得到的不是最小割集,则用布尔代数加以简化。由以上结果可见,两种方法所得结果相同。

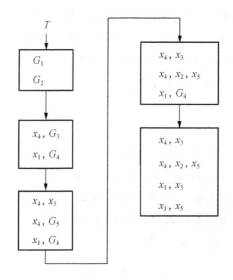

图 4 - 57　Fussell 推算

（3）布尔割集法

要确定复杂系统故障树的最小割集，手算工作量相当大，因此需要有严格的逻辑程序和使用计算机，即采用布尔割集（Boolean Indicated Cut Sets，BICS）法来确定最小割集。每个 BICS 能用以下所述 A 矩阵的各行表示。

求 BICS 的程序是：

定义以下符号：

ω—— 故障树中的逻辑门；

Φ—— 底事件编号；

$\rho_{\omega,i}$—— 逻辑门 ω 的第 i 个输入；

λ_ω—— 逻辑门 ω 的输入数目；

x—— 第 x 个 BICS；

$\Delta_{x,y}$—— 第 x 个 BICS 的第 y 个入口变量；

x_{max}—— 已使用的 x 的最大值；

y_{max}—— 第 x 个 BICS 中已使用的最大 y 值。

这里 $\omega,\Phi,\rho_{\omega,i},\lambda_\omega$ 逻辑门类型（"与"门和"或"门）是所给定的故障树的输入信息，$\rho_{\omega,i}$ 值是 ω 或 Φ 的辨别值。

构成 Δ 矩阵的第 1 行第 1 列元素记作 $\Delta_{1,1}$，即第 1 个集合，等于紧连着的顶事件下面的逻辑门 ω 的值。由此出发，我们的目标是要消除 Δ 矩阵中的全部 ω 值，当这些步骤完成后，留在 Δ 矩阵中的都是基本事件，就可以得到所有的 BICS。

为了消除 Δ 矩阵中的 ω 值，将 ω 值在 Δ 矩阵中的位置编号，并注明 x,y 和 ω 值。

$$\Delta_{x,y} = \rho_{\omega,1} \tag{4.29}$$

当 ω 是"与"门时，$\pmb{\Delta}$ 矩阵中的 $(x, y_{\max+1})$ 元素由下式规定符号记入：

$$\Delta_{x, y_{\max+1}} = \rho_{\omega, \pi} \tag{4.30}$$
$$\pi = 2, 3, \cdots, \lambda_\omega$$

式中：$y_{\max}$ 值随 π 值递增。

当 ω 是"或"门时，$\pmb{\Delta}$ 矩阵中的 $(x_{\max+1}, n)$ 元素由下式规定符号记入：

$$\Delta_{x_{\max+1}, n} = \Delta_{x, n} \tag{4.31a}$$
$$n = 1, 2, \cdots, y_{\max}，当 n \neq y 时$$
$$\Delta_{x_{\max+1}, n} = \rho_{\omega, \pi} \tag{4.31b}$$
$$\pi = 2, 3, \cdots, \lambda_\omega，当 n = y 时$$

这里 $x_{\max}$ 值随 π 值递增。

利用式（4.29）和式（4.30），或式（4.29）和式（4.31），都可在 $\pmb{\Delta}$ 矩阵内记入所有底事件的符号。

下面仍以图 4-54 故障树为例，进行 BICS 实际运算。故障树中有关输入信息如表 4-13 所列。

表 4-13　故障树的输入信息

ω	逻辑门	λ_ω	$\rho_{\omega,1}$	$\rho_{\omega,2}$
G_0	或	2	G_1	G_2
G_1	与	2	x_4	G_3
G_2	与	2	x_1	G_4
G_3	或	2	x_3	G_5
G_4	或	2	$x3$	x_5
G_5	与	2	$x2$	$x5$

在图 4-58 中可以看出：

图 Ⅰ 中，$\pmb{\Delta}$ 矩阵元素 $\Delta_{1,1}$ 直接将顶事件下逻辑门 G_0 记入。

图 Ⅱ 中，逻辑门 G_0 是"或"门，按照式（4.29）和式（4.31）计算带入 G_1，G_2。

图 Ⅲ 中，逻辑门 G_1 是"与"门，按照式（4.29）和式（4.30）进行计算。

同样，图 Ⅳ ～ Ⅶ 可按上述步骤计算。

在矩阵式 Ⅶ 中，可得 4 组 BICS，即 (4,3)，(4,2,5)，(1,3)，(1,5)。它就是故障树的最小割集。

由此可写出结构函数为

$$\Phi(\underline{\pmb{X}}) = x_3 x_4 + x_2 x_4 x_5 + x_1 x_3 + x_1 x_5 =$$
$$1 - (1 - x_3 x_4)(1 - x_2 x_4 x_5)(1 - x_1 x_3)(1 - x_1 x_5) \tag{4.32}$$

显然，上述故障树中，x_1, x_3, x_4, x_5 是关键性部件，若在设计、运行或维护过程中对其进行强化，可以提高系统的可靠性水平。

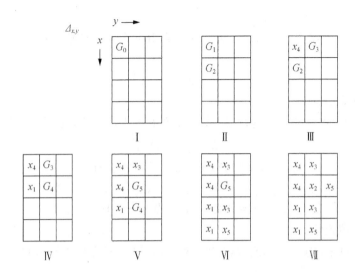

图 4 - 58　BICS 法求最小割集过程

3. 最小路集算法

当最小割集的数量太多分析不便时，可以采用最小路集来分析。直接依故障树求最小路集很困难，一般是借助于故障树的对偶树来求。

对偶树 T^D（Dual Fault Tree）表示故障树中的全部事件都不发生时，这些事件的逻辑关系，是系统的成功树。

将已知故障树变为成功树的方法是，将每一事件都变为其对立事件，将全部"或"门变成"与"门，又将全部"与"门变为"或"门。

对偶树具有如下性质：

① 对偶树的全部最小割集是故障树的全部最小路集，而且是一一对应的，其逆也成立。

② 设对偶树的结构函数为 $\Phi^D(\underline{X})$，故障树的结构函数为 $\Phi(\underline{X})$，则

$$\Phi^D(\underline{X}) = 1 - \Phi(1 - \underline{X}) \tag{4.33}$$

成立。其中：$1 - \underline{X} = (1 - x_1, 1 - x_2, \cdots, 1 - x_n)$。

由于对偶树的最小割集是故障树的最小路集，因此可以借助于求对偶树的最小割集来求故障树的最小路集。方法是先画出故障树的对偶树，再求对偶树的最小割集，最后写出原故障树的最小路集。

4. 用最小割集和最小路集表示的结构函数

（1）用最小割集表示的结构函数

在故障树中，只要有任何一个最小割集发生，顶事件就发生。因此，可用最小割集表示结构

函数。

　　假定给出的故障树有 r 个最小割集，$\underline{C} = (c_1, c_2, \cdots, c_r)$，割集 $c_j (j = 1, 2, \cdots, r)$ 的二值结构函数应用

$$c_j(\underline{X}) = \prod_{x_i \in c_j} x_i \tag{4.34}$$

表示。将属于 c_j 的全部底事件用"与"门联结起来的结构叫做最小割"与"门结构。由于 $c_j(\underline{X})$ 是第 j 个最小割集的结构函数，所以只有属于 c_j 的全部底事件发生时，才能使 $c_j = 1$，这时顶事件就发生。在 r 个最小割集中只要有一个最小割集发生，顶事件就发生，所以故障树的结构函数可以写成

$$\Phi(\underline{X}) = \sum_{j=1}^{r} c_j(\underline{X}) = \sum_{j=1}^{k} \prod_{x_i \in c_j} x_i \tag{4.35}$$

　　该式表示最小割"与"门结构"或"门结合故障树的结构函数。

　　(2) 用最小路集表示的结构函数

　　设已知故障树有 m 个最小路集，$\underline{B} = (b_1, b_2, \cdots, b_m)$，最小路集 $b_j (j = 1, 2, \cdots, m)$ 不发生时对应的二值结构函数用

$$b_j = \sum_{i \in m} x_i \tag{4.36}$$

表示。该式对应的属于第 j 个最小路集的全部底事件中只要有一个发生，最小路集就不发生。如果故障树的全部最小路集都不发生，那么顶事件就发生。所以，故障树的结构函数可以用最小路集表示为

$$\Phi(\underline{X}) = \prod_{j=1}^{m} b_j(\underline{X}) = \prod_{j=1}^{m} \sum_{x_i \in b_j} x_i \tag{4.37}$$

　　该式表示最小路"或"门结构"与"门结合故障树的结构函数。

　　在故障树定性分析时，需将全部最小割集列举出来，以便找出最重要、最危险的最小割集，再通过分析最小割集发生概率就能确定最薄弱的环节，以便改进设计，加强维修。

4.4.4　故障树的定量分析

　　故障树定量分析的主要任务是求顶事件发生的概率和底事件的重要度。

1. 顶事件发生概率的计算

　　一般计算顶事件发生概率是在底事件发生概率和底事件的重要度已知的条件下进行的。定义顶事件发生的概率为

$$Q = p\{\Phi(\underline{X}) = 1\} \tag{4.38}$$

由于 $\Phi(\underline{X})$ 是只取 0 或 1 的二值函数，所以也可写成

$$Q = E_x\{\Phi(\underline{X})\} \tag{4.39}$$

同样,定义底事件发生的概率 q_i 为

$$q_i = p\{x_i = 1\} = E\{x_i\} \qquad (i = 1,2,\cdots,n) \tag{4.40}$$

于是给定 $\underline{q} = (q_1,q_2,\cdots,q_n)$ 和 $\Phi(\underline{X})$ 就可以计算 Q。在底事件独立的条件下,Q 和 $\underline{q}$ 的函数可写成

$$Q = Q(q_1,q_2,\cdots,q_n) = Q(\underline{q}) \tag{4.41}$$

"与"门故障树顶事件发生的概率为

$$Q = P\Big\{\prod_{i=1}^{n} x_i = 1\Big\} = \prod_{i=1}^{n} q_i \tag{4.42}$$

而"或"门故障树顶事件发生的概率为

$$Q = P\Big\{\sum_{i=1}^{n} q_i\Big\} = 1 - \prod_{i=1}^{n}(1 - q_i) \tag{4.43}$$

(1) 用底事件表示的结构函数计算

在底事件统计独立的条件下,求顶事件发生概率精确解的方法如下:

对式(4.28)两端取数学期望得

$$Q(\underline{q}) = \sum_y \Phi(\underline{Y}) \prod_{i=1}^{n} q_i^{y_i}(1 - q_i)^{(1-y_i)} \tag{4.44}$$

例如:图 4-55 故障树参考表 4-12 便可得到

$$Q(\underline{q}) = (1-q_1)(1-q_2)q_3 q_4(1-q_5) + (1-q_1)(1-q_2)q_3 q_4 q_5 + \cdots + q_1 q_2 q_3 q_4 q_5$$

应用式(4.44)的优点是:因为是简单重复机械计算,便于应用计算机。但当 n 太大时,花费时间太长,n 个底事件就需要 2^n 个状态。

(2) 用最小割集或最小路集表示的结构函数计算

对式(4.35)两端取数学期望,得

$$Q(\underline{q}) = E\Big\{\sum_{j=1}^{k} \prod_{i \in k_j} x_i\Big\} \tag{4.45}$$

而根据式(4.37),便可得

$$Q(\underline{q}) = E\Big\{\prod_{j=1}^{m} \sum_{i \in c_j} x_i\Big\} \tag{4.46}$$

应用式(4.46)求数学期望,要注意展开$\{\cdot\}$,必须考虑 $x_i x_i = x_i$。

以下叙述用最小割集或最小路集发生的概率计算顶事件发生的概率公式。

若使用式(4.35)可直接得到

$$Q(\underline{q}) = P\Big\{\sum_{j=1}^{n}(k_j = 1)\Big\} \tag{4.47}$$

式(4.47)表示在 k 个最小割集中,只要有一个发生就能使顶事件发生的概率。

令 E_j 表示第 j 个最小割集发生，即属于第 j 个最小割集的底事件都发生，于是式(4.47)就变为

$$Q = P\left\{\sum_{j=1}^{k} E_j\right\} \tag{4.48}$$

如果将事件和的概率 M_r 写为

$$M_r = \sum_{1 \leqslant i_1 < i_2 < \cdots \leqslant i_k} P\{E_{i_1} \wedge E_{i_2} \wedge \cdots \wedge E_{i_r}\} \tag{4.49}$$

则

$$Q = \sum_{r=1}^{k} (-1)^{r-1} M_r =$$
$$\sum_{r=1}^{k} P(E_i) - \sum_{1 \leqslant i < j \leqslant k} P(E_i \wedge E_j) + \cdots + (-1)^{k-1} P\left\{\prod_{i-1}^{k} E_i\right\} \tag{4.50}$$

如果用底事件发生的概率 M_r 表示，则

$$M_r = \sum_{1 \leqslant i_1 < i_2 < \cdots \leqslant i_k} \prod_{l \in k_{i_1} \vee k_{i_2} \vee \cdots \vee k_{i_r}} q_l \tag{4.51}$$

于是

$$Q(\underline{q}) = \sum_{i=1}^{k} \prod_{l \in k_j} q_l - \sum_{1 \leqslant i_1 < i_2 < \cdots \leqslant i_k} \prod_{l \in k_i \vee k_j} q_l + \cdots + (-1)^{k-1} \prod_{l=1}^{n} q_l \tag{4.52}$$

据此，可求出图 4-54 所示故障树顶事件发生的概率为

$$Q(\underline{q}) = (q_1 q_5 + q_1 q_3 + q_3 q_4 + q_2 q_4 q_5) - (q_1 q_3 q_5 + q_1 q_3 q_4 q_5 + q_1 q_2 q_4 q_5 + q_1 q_3 q_4 +$$
$$q_1 q_3 q_4 q_5 + q_2 q_3 q_4 q_5) + (q_1 q_3 q_4 q_5 + q_1 q_2 q_3 q_4 q_5 + q_1 q_2 q_3 q_4 q_5 + q_1 q_2 q_3 q_4 q_5) -$$
$$q_1 q_2 q_3 q_4 q_5$$

如 $q_1 = q_2 = q_3 = 1 \times 10^{-3}$，$q_4 = q_5 = 1 \times 10^{-4}$ 则 $Q(\underline{q}) = 0.000\,001\,200\,1$。

用完全相同的方法，可以用最小路集来计算顶事件不发生的概率。

令 D_j 表示第 j 个最小路集 b_j 实现了的事件，即属于第 j 个最小路集的底事件都不发生的事件。所谓顶事件不发生的事件是全部 m 个最小路集中至少有一个实现的事件。显然，可用 $\sum_{j=1}^{m} D_j$ 表示。所以顶事件不发生的概率是 $1 - Q$ 就是

$$1 - Q = P\left(\sum_{j=1}^{m} D_j\right) \tag{4.53}$$

如果将该式展开，并用底事件发生的概率 $\underline{q}$ 表示之，就变为

$$1 - Q = \sum_{j=1}^{m} (-1)^{r-1} S_r =$$
$$\sum_{i=1}^{m} \prod_{l \in c_j} (1 - q_i) - \sum_{1 \leqslant i_1 < i_2 < \cdots \leqslant m} \prod_{l \in b_i \vee b_j} (1 - q_l) + \cdots + (-1)^{m-1} \prod_{l=1}^{n} (1 - q_l)$$
$$\tag{4.54}$$

其中：

$$S_r = \sum_{1 \leqslant i_1 < i_2 < \cdots < i_r \leqslant m} \prod_{l \in b_{i_1} \vee b_{i_2} \vee \cdots \vee b_{i_r}} (1 - q_l) \tag{4.55}$$

将式(4.54)改造后得

$$Q = 1 + \sum_{r=1}^{m} (-1)^r S_r \tag{4.56}$$

这种方法的优点是计算速度快。

（3）顶事件发生概率的近似解

对于大型复杂系统故障树，由于底事件 n 很大，最小割集和最小路集数也很大，精确计算顶事件发生的概率需要非常巨大的计算工作量和很长的计算时间，因此采用近似计算很重要。近似计算方法很多，下面介绍一种用顶事件发生概率的上下限求近似解的方法。

上下限有几种，由式(4.26)两端取数学期望得

$$\prod_{i=1}^{n} q_i \leqslant Q(\underline{q}) \leqslant \sum_{i=1}^{n} q_i \tag{4.57}$$

该式表示任意故障树顶事件发生的概率 Q 的上限是由底事件构成的"或"门结构故障树顶事件发生的概率，而下限是由底事件构成的"与"门结构故障树顶事件发生的概率。

在利用式(4.50)计算时，可得到

$$\left. \begin{array}{l} g \leqslant M_1 \\ g \geqslant M_1 - M_2 \\ g \leqslant M_1 - M_2 + M_3 \\ \cdots \end{array} \right\} \tag{4.58}$$

因此，数列 $M_1, M_1 - M_2, M_1 - M_2 + M_3, \cdots$ 就是用最小割集计算顶事件发生概率的上下限。研究证明，只要 $q_i < 0.01$，则 $Q = M_1 - \dfrac{1}{2} M_2$ 就是很好的近似值。

同样，利用式(4.56)计算时，可得到

$$\left. \begin{array}{l} g \geqslant 1 - S_1 \\ g \leqslant 1 - S_1 + S_2 \\ g \geqslant 1 - S_1 + S_2 - S_3 \\ \cdots \end{array} \right\} \tag{4.59}$$

因此，数列 $1 - S_1, 1 - S_1 + S_2, 1 - S_1 + S_2 - S_3, \cdots$ 就是用最小路集计算顶事件发生概率的上下限。

当底事件发生概率较小时，用式(4.58)计算，当底事件发生概率较大时，用式(4.59)计算都可以得到很高的精度。

研究证明，以下不等式成立：

$$\prod_{j=1}^{m}\sum_{l\in c_j}q_l \leqslant Q(\underline{q}) \leqslant \sum_{j=1}^{k}\prod_{l\in k_j}q_l \qquad (4.60)$$

$$\max_{1\leqslant j\leqslant k}\prod_{i\in k_j}q_i \leqslant Q(\underline{q}) \leqslant \min_{1\leqslant j\leqslant m}\sum_{i\in c_j}q_i \qquad (4.61)$$

2. 底事件重要度的计算

各个底事件在故障树中的重要程度是不同的。底事件或割集的发生对顶事件的贡献,称为底事件或割集的重要度,它是时间、故障、维修和系统结构的函数。为了了解各部件在系统中的重要性,可作以下重要度计算。

(1)底事件结构重要度

底事件的结构重要度是在不考虑其发生概率值的情况下,观察故障树结构,以决定该事件的位置重要程度。底事件的结构重要度从故障树结构的角度反映了各底事件在故障树中的重要程度。

由于底事件 i 的状态 x_i 取 0 或 $1(i=1,2,\cdots,n)$,则由 n 个事件组合的系统状态数应为 2^{n-1}。因此,可以定义底事件 i 的结构重要度 $I_\Phi(i)$ 为

$$I_\Phi(i) = \frac{1}{2^{n-1}} \sum_{\{x_1,\cdots,x_{i-1},x_{i+1},\cdots,x_n\}} [\Phi(1_i,\underline{X}) - \Phi(0_i,\underline{X})] \qquad (4.62)$$

以图 4-54 故障树为例,参照表 4-12,可求出底事件 $1\sim5$ 的结构重要度。

对底事件 1 来说,首先要找出底事件 1 发生和顶事件发生的情况,亦即 $y_1=1,\Phi=1$ 的那些集合,有 12 个;再从中选出 $y_1=0,\Phi=1$ 的集合,有 5 个;两者相减便得底事件 1 的结构重要度为

$$I_\Phi(1) = \frac{12-5}{2^4} = \frac{7}{16}$$

同样,其他底事件的结构重要度,按大小分别为

$$I_\Phi(3) = \frac{7}{16}, I_\Phi(4) = I_\Phi(5) = \frac{5}{16}, I_\Phi(2) = \frac{1}{16}$$

可见,该故障树底事件 1 和 3 最重要,而 2 最不重要。重要度的次序在对该故障树的 4 组最小割集 $\{1,3\},\{1,5\},\{3,4\},\{2,4,5\}$ 的分析中得到理解,即底事件 1,3 在由 2 个事件组成的割集中都出现了 2 次,底事件 4,5 则在由 2 个事件组成的割集中都出现了 1 次,在由 3 个事件组成的割集中都出现了 1 次,而事件 2 仅在由 3 个事件组成的割集中出现了 1 次。底事件的结构重要度的计算值很好地反映了这种事实。

(2)概率重要度

底事件发生概率变化引起顶事件发生概率的变化程度,称为概率重要度。数学定义为

$$I_Q(i) = \frac{\partial Q(q)}{\partial q_i} \qquad (4.63)$$

在"与"门故障树的情况下,

$$Q(\underline{q}) = \prod_{i=1}^{n} q_i \tag{4.64}$$

在"或"门故障树的情况下，

$$Q(\underline{q}) = \sum_{i=1}^{n} q_i = 1 - \prod_{i=1}^{n} (1 - q_i) \tag{4.65}$$

而在一般情况下，

$$Q(\underline{q}) = q_i Q(1_i, \underline{q}) + (1 - q_i) Q(0_i, \underline{q}) \tag{4.66}$$

则概率重要度为

$$I_Q(q) = Q(1_i, \underline{q}) - Q(0_i, \underline{q}), (0 < I_Q(i) < 1) \tag{4.67}$$

因此，顶事件发生概率 Q 的变化量 ΔQ 与底事件发生概率的变化量 Δq_i 间的近似关系为

$$\Delta Q \approx \sum_{i=1}^{n} I_Q(i) \cdot \Delta q_i \tag{4.68}$$

由此可见，若能使概率重要度大的底事件的发生概率有较小的下降，就能使顶事件发生概率有效地降低。

设图 4-54 所示故障树的各底事件的发生概率为

$$q_1 = 0.01, q_2 = 0.02, q_3 = 0.03, q_4 = 0.04, q_5 = 0.05$$

可求出各底事件的概率重要度分别为

$$I_Q(1) = 0.048, I_Q(2) = 0.002, I_Q(3) = 0.049, I_Q(4) = 0.031, I_Q(5) = 0.010$$

顺序排列如下：

$$I_Q(3) > I_Q(1) > I_Q(4) > I_Q(5) > I_Q(2)$$

即底事件 3 的概率重要度最高，1 次之，2 最低。底事件 2 与其他相比，它的重要度小一个数量级。

（3）相对概率重要度

底事件 i 的关键性重要度定义为

$$I_c(i) = \frac{\partial \ln Q(\underline{q})}{\partial \ln q_i} = \frac{\partial Q(\underline{q})}{Q(\underline{q})} \bigg/ \frac{\partial q_i}{q_i} \tag{4.69}$$

或　　　　　　$$I_c(i) = \frac{q_i}{Q(q_1, q_2, \cdots, q_n)} \frac{\partial}{\partial q_i} Q(q_1, q_2, \cdots, q_n) \quad i = 1, 2, \cdots, n, \cdots \tag{4.70}$$

第 i 个底事件的相对概率重要度表示：第 i 个底事件发生概率微小的相对变化而导致顶事件概率的相对变化率。

它与概率重要度 $I_Q(i)$ 的关系为

$$I_c(i) = \frac{q_i}{Q} I_Q(i) \tag{4.71}$$

可见，相对概率重要度是顶事件发生概率与某事件概率变化率之比。

若各事件概率值不变，计算图 4-54 所示故障树的相对概率重要度可得

$$I_c(1) = 0.24, I_c(2) = 0.02, I_c(3) = 0.735, I_c(4) = 0.62, I_c(5) = 0.26$$

顺序排列如下：

$$I_c(3) > I_c(4) > I_c(5) > I_c(1) > I_c(2)$$

可见,与概率重要度相比,底事件1的重要性降低了。这是因为,在所有事件中,底事件1的概率 $q_1 = 0.01$ 为最低。因此,相对概率重要度反映出,改变原来发生概率大的事件要比改变原来发生概率小的事件重要。

（4）底事件相关割集重要度

若 $X_1, X_2, \cdots, X_n$ 是故障树的所有底事件,$C_1, C_2, \cdots, C_r$ 是由底事件组成的故障树的所有最小割集,其中包含第 i 个底事件的最小割集为 $C_1^{(i)}, C_2^{(i)}, \cdots, C_r^{(i)}$,记

$$Q_i = P\left(\sum_{k=1}^{r_i} \prod_{x_j \in c_k^{(i)}} X_j \right) \tag{4.72}$$

式中:$\sum$ 和 $\prod$ 分别表示集合运算的并和交。在故障树所有底事件相互独立的条件下,Q_i 是底事件发生概率 $q_1, q_2, \cdots, q_n$ 函数,即

$$Q_i = Q_i(q_1, q_2, \cdots, q_n)$$

第 i 个底事件相关割集重要度定义为

$$I_{RC}(i) = \frac{Q_i(q_1, q_2, \cdots, q_n)}{Q(q_1, q_2, \cdots, q_n)} \tag{4.73}$$

式中:$Q(q_1, q_2, \cdots, q_n)$ 为故障树的概率密度函数。

第 i 个底事件的相关割集重要度表示:包含第 i 个底事件的所有故障模式中至少有一个发生的概率与顶事件发生的概率之比。

4.4.5　故障树分析法应用举例

目前,故障树分析技术在电气、电子或机电系统中已得到相当成熟的应用,但是对于纯机械液压系统则由于它的特殊性,实际应用还不够广泛。下面以航空发动机 WP7 主燃油系统中加速调节系统故障树分析为例来说明这类纯机械液压系统故障树分析的具体做法和特点。

该系统是一个无余度、无储备系统,若按电子电气系统建立故障树,则势必导致故障树中无"与"门。而对于只有"或"门的故障树来说,所有底事件都是单事件最小割集,这也就失去了故障树分析的意义了。但是,在实际维护工作中,除考虑到部件失效程度的不同和失效影响的大小外,还应考虑人为因素和环境条件的影响,而这些都会在系统中产生"与"门。

经过具体机理分析,按照故障树的建树原则和要求,忽略了管路失效和次因失效,未考虑人为因素和环境条件的影响,着重考虑了部件失效程度的不同和失效影响的大小,建立如图 4-59 所示的加力调节系统故障树。

图中各事件的意义如下。

中间事件有:

T—— 加速调节失效;　　　　　　　　B_2—— 加速时喘振停车;

B_1—— 加速时间过长;　　　　　　　　B_3—— 升压限制器活塞左移速度慢;

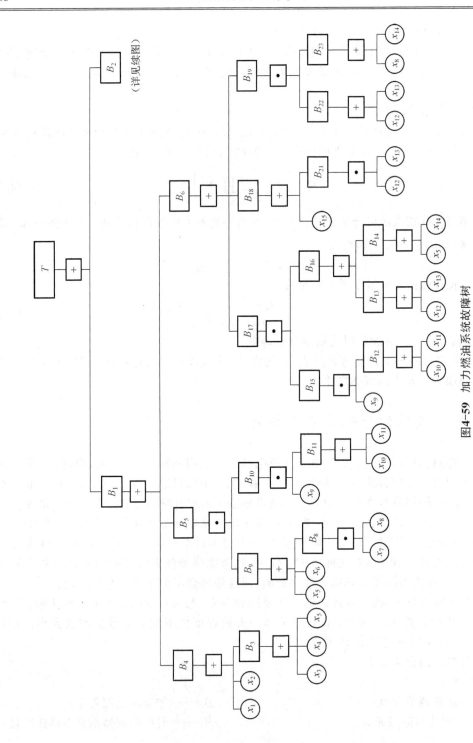

图4-59 加力燃油系统故障树

（详见续图）

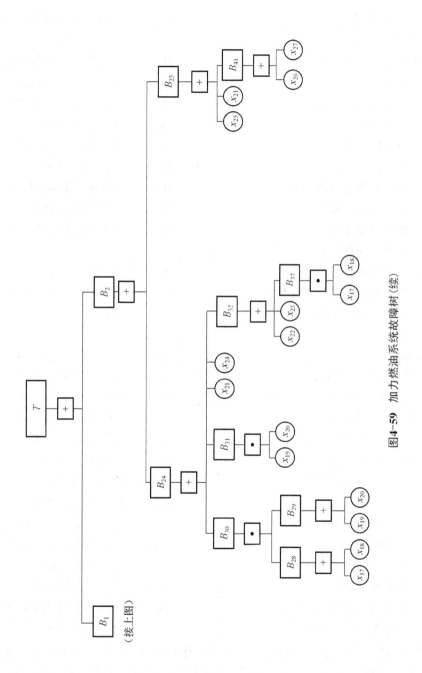

图4-59 加力燃油系统故障树 (续)

B_4—— 升压限制器控制的加速时间长；

B_5—— 供油量增加慢；

B_6—— 延时器控制的加速时间长；

B_8—— 中室容积减小；

B_9—— 随动活塞左移速度慢；

B_{10}—— 油泵效率下降；

B_{11}—— 填充损失大；

B_{12}—— 填充损失大；

B_{13}—— 延迟器活塞左移较慢；

B_{14}—— 随动活塞左移较慢；

B_{15}—— 油泵效率下降；

B_{16}—— 加速时间较长；

B_{17}—— 油泵效率下降后加速时间过长；

B_{18}—— 延迟器活塞左移速度慢；

B_{19}—— 延迟器活塞和随动活塞都左移较慢；

B_{21}—— 延迟节流器流量小但加速时间未超过规定；

B_{22}—— 延迟器活塞左移较慢；

B_{23}—— 随动活塞左移较慢；

B_{24}—— 升压限制器控制的加速时间短；

B_{25}—— 延迟控制器的加速时间短；

B_{28}—— 活塞右室油压上升较快；

B_{29}—— 开门力量较小；

B_{30}—— 升压限制器活门关闭早；

B_{31}—— 活门开门力量小；

B_{32}—— 升压限制器活塞右室油压上升快；

B_{37}—— 油压阻力小；

B_{41}—— 延迟器活塞和随动活塞左移较快。

底事件有：

x_1—— 分配器弹簧太紧；

x_2—— 升压限制器活塞卡在右边；

x_3——2 号节流器流量小；

x_4——1 号节流器流量小；

x_5—— 回输节流器流量小；

x_6—— 分油活门弹簧疲乏；

x_7—— 中室弹簧疲乏；

x_8—— 回输节流器流量较小；

x_9—— 泄漏大；

x_{10}—— 油液中气泡多；

x_{11}—— 柱塞弹簧疲乏；

x_{12}—— 延迟节流器流量较小；

x_{13}—— 延迟器活塞橡皮老化；

x_{14}—— 随动活塞橡皮老化；

x_{15}—— 延迟节流器流量小；

x_{17}——1 号节流器流量较大；

x_{18}——2 号节流器流量较大；

x_{19}—— 分配器弹簧松；

x_{20}—— 活门磨损泄漏；

x_{21}—— 回输节流器流量大；

x_{22}——2 号节流器流量较大；

x_{23}——1 号节流器流量较大；

x_{24}—— 升压限制器活门卡在左边；

x_{25}—— 延迟节流器流量大；

x_{26}—— 延迟节流器流量较大；

x_{27}—— 回输节流器流量较大。

　　加力调节系统的故障会直接影响发动机的工作状态，因此，可以把引起发动机故障的这些失效后果作为故障事件。例如，加力调节系统失效会使发动机加速时间过长或加速时间过短引起喘振，下面就以这两个故障后果作为一级故障事件。

　　该故障树用 Fussell-Vesely 算法求得最小割集是：

$\{x_1\}$；$\{x_2\}$；$\{x_3\}$；$\{x_4\}$；$\{x_5\}$；$\{x_6,x_9,x_{10}\}$；$\{x_6,x_9,x_{11}\}$；$\{x_7,x_8,x_9,x_{10}\}$；
$\{x_7,x_8,x_9,x_{11}\}$；$\{x_9,x_{10},x_{12}\}$；$\{x_9,x_{11},x_{12}\}$；$\{x_9,x_{10},x_{13}\}$；$\{x_9,x_{11},x_{13}\}$；
$\{x_9,x_{10},x_{14}\}$；$\{x_9,x_{11},x_{14}\}$；$\{x_{15}\}$；$\{x_{12},x_{13}\}$；$\{x_{12},x_8\}$；$\{x_{13},x_8\}$；$\{x_{12},x_{14}\}$；
$\{x_{13},x_{14}\}$；$\{x_{19}\}$；$\{x_{20}\}$；$\{x_{21}\}$；$\{x_{22}\}$；$\{x_{23}\}$；$\{x_{24}\}$；$\{x_{25}\}$；$\{x_{17},x_{18}\}$；$\{x_{26},x_{27}\}$。

在计算机上进行可靠性系统仿真后,所得结果与定性分析一致。升压限制器活门、燃油分配器、1 号和 2 号节流器、回输节流器和延迟节流器的故障情况都是相符的。为此,无论是设计制造还是维修监控,都应该把重点放在这几个部件上。

在该故障树的定量分析中,发现元部件可靠性试验的有关数据对分析结果非常重要,是定量分析准确性的关键所在。为此,要成功地对一个系统进行故障树分析,必须掌握大量可靠的基础数据。

思考与练习题

1. 简述趋势图分析方法的基本思路和主要功能。

2. 如何保证数据的可靠性和精度?

3. 造成测量参数偏差的主要因素有哪些?

4. 什么是指印图,如何利用指印图进行发动机的故障诊断?

5. 利用指印图进行发动机的故障诊断需要哪些基本条件?

6. 指印图模板和指印图样本有何区别?

7. 机械零件的磨损过程分为哪几个阶段?航空发动机受润滑零件的磨损程度与时间关系如何?

8. 油样分析的基本原理是什么?油样分析有哪几个步骤?

9. 磁性屑末探测器的工作原理是什么?

10. 滑油的理化分析主要检测滑油的哪些性能指标?

11. 目前在航空发动机上使用了哪几种铁谱分析仪,各有什么特点?

12. 油样分析中如何采集到具有代表性的油样?取样的时机与位置如何?

13. 铁谱分析仪的基本原理是什么?磨损状态的定性分析与定量分析各分析什么?

14. 什么是铁谱?制铁谱的前后对油样和基片需进行哪些处理?

15. 滑油铁谱分析中有哪几个重要的磨损指标?

16. 光谱分析仪的基本原理是什么?发射光谱分析仪由哪些部分组成?其作用是什么?

17. 简述三种滑油分析方法的分析能力和应用范围。如何综合应用这三种方法对滑油系统进行检测?

第5章 现代故障诊断方法

在发动机故障诊断方面还有其他许多诊断方法,近年来涌现的有关专著更是特别关注于此。在此,只列举两种具有典型意义的现代故障诊断方法加以介绍,即模糊诊断方法和神经网络方法在发动机故障诊断中的应用。这两种方法都已经在发动机或高速旋转机械的故障诊断中得到了应用。由于这两种方法本质上均属于故障模式识别的范畴,所以先介绍一些模式识别理论的基本概念。

5.1 模式识别理论概述

5.1.1 简 介

模式识别理论(Pattern Recognition)是 20 世纪 60 年代初迅速发展起来的一门学科,首先在自动控制、机电工程、通信雷达等领域得到了广泛的重视,近 30 年来已成功地应用于机械设备的故障诊断、遥感数据分析、自动视觉检验、医学数据分析、文字识别、语音识别等领域,取得了大量的研究成果。所以,模式识别理论是与高科技发展有着密切联系的一门新兴学科。它涉及自动控制、计算机科学、人工智能等,是由许多相关理论和技术组成的一个整体。特别是在向人类智能逼近这一永恒前沿课题中,模式识别占有一席之地。

发动机故障诊断的实质是对发动机的工作状态或工作模式进行识别和分类,区分其为正常或异常,并区分各种不同的异常状态。状态模式的识别和分类是模式识别学科所研究的内容,状态监控和故障诊断的最终目的是从对应于待检状态的各类判别函数中选出其判别函数为最大值的类作为决策结果。因此,模式识别的理论和方法在发动机故障诊断中有重要的应用,是故障诊断技术的重要理论基础。

1. 识 别

识别的本质是人类认识外部世界的一种过程。当世界进入了计算机与人工智能时代以后,人们才需要理性地研究它以便自觉地加以运用。人们希望用计算机实现人对各种事物或现象的分析、描述、判断和识别。因此,所谓"识别",就是利用计算机对某些物理对象进行分类,在错误概率最小的条件下,使识别的结果尽量与客观事物相符。基本的识别方法有:聚类分析法、主成分分析法、模式识别和系统辨识等。

2. 模　式

"模式"的原意是模仿标本或模型做某些事情的方案。在数学上把没有适当数学描述的信息结构称为模式。

在识别与归类问题中,模式是指根据某一类事物的特点归纳出来的具有特征性的东西,代表了同类事物的共性。按模式进行识别是识别方法之一。从模式识别的角度看,模式与集合的概念是分不开的,只要认识这个集合中的有限数量的事物或现象,就可以识别属于这个集合的任意多的事物或现象。为了强调从一些个别的事物或现象推断出事物或现象的总体,我们把这样一些个别的事物或现象称为模式。模式和模式类就相当于集合论中的子集和元素,同一模式类中的各个模式尽管不完全相同,但它们总有某些相似之处,在一定的意义上是不可区分的。而不同的模式类是可以区分的。有了模式这一概念,根据集合中有限数量的现象就可能认识集合中具有相似特征的一类事物(现象)。模式中的现象在发生了很大变化后,还仍然属于这个模式。在故障诊断中,系统的不同状态就是不同的模式类,可以根据一定的特征量相互区分,比如状态量。模式类的总体构成论域,论域内各种模式类的特征量构成特征空间。一种模式,是特征空间上的一个点。同一类模式,位于这一点的附近。所以,故障诊断的实质是个"状态识别"问题。

模式也是人脑识别外部世界的方法。人脑以模式的形式接受外部世界,从而可以在熟悉有限个对象的基础上以一定的可靠性认识无限多个对象。

5.1.2　模式识别方法

1. 经典模式识别方法

(1)统计方法

在统计模式识别方法中,待识客体(对象)可以用一个或一组数值来表征,即通过数据采集装置得到一系列数值,经过相应的预处理后,得到表征该类客体的矢量集合——呈现某种对象特征并籍以与异类客体相区分的统计特征。不同类客体的矢量集合具有个体特征,因而能相互区分。统计模式识别就是研究各种划分特征空间的方法,以判别待识客体的归属。

(2)句法方法

句法方法又称为结构模式识别。句法方法侧重于对模式进行结构描述和分析。通过寻找模式内在的结构特征,将一复杂模式逐级分解为若干简单的、易于识别的子模式的集合。分层次地运用形式语言和自动机技术加以识别。句法方法适用于复杂客体的模式识别。

2. 现代模式识别方法

(1)模糊识别方法

在经典模式识别的基础上,采用模糊数学的理论方法实现模式识别。

人们习惯使用定性符号特征和定量特征两种方式来描述模式,模糊集理论则提供了它们之间的一种联系。

这种方法主要针对识别对象本身的模糊性或识别要求上的模糊性,而解决问题的关键还在于能否获得(或建立)良好的隶属函数。

实现模糊识别的方法和途径主要有:

① 隶属原则和择近原则;

② 模糊聚类分析;

③ 模糊相似选择和信息检索;

④ 模糊逻辑与模糊形式语言;

⑤ 模糊综合评判;

⑥ 模糊控制技术等。

(2)基于人工神经网络的智能模式识别

基于人工神经网络的智能模式识别是指利用人工神经网络在自学习、自组织、自联想及容错等方面的非凡能力来实现模式识别。

5.1.3　模式识别系统

基于统计模式识别的故障诊断系统主要由 5 部分组成:数据获取、预处理、特征提取和选择、分类和识别、分析决策与维护管理,如图 5-1 所示。

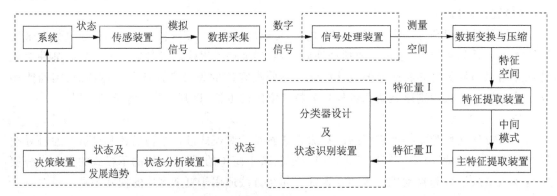

图 5-1　故障诊断的模式识别系统

1. 数据获取

来自传感器的信号要用计算机可以运算的符号来表示。通常,输入对象的信息类型有一维波形(如机械振动信号)、二维图像(如光弹图像、文字、图片等)、物理参数(如压力、温度、速度)和逻辑值(对状态的描述,如开关的状态:1 或 0)等。

通过测量、采样、量化、校准、数据形式的转换、编码的环节,使信号变成可以计算的数据。其数据可以用向量或矩阵表示一维波形或二维图像,这就是数据的获取过程。

2. 预处理

预处理的目的是提高信号的信噪比,如剔除奇异项,去掉电平漂移,必要时零均值化,消除趋势项和平滑滤波等,以便突出有用的信息,并对由输入测量仪器或其他原因造成的退化现象进行复原。

3. 特征提取和选择

为了有效实现分类识别,需要根据系统的性质与要求对原始数据进行提取和选择,正确地测取与状态有关的、能够反映状态分类本质的特征。例如:为了诊断结构的裂纹,可测取反应结构特征的振动信号,而不测取其他的不反映裂纹特征的信号,如温度。一般把原始数据组成的空间称为测量空间,把分类识别赖以进行的空间称为特征空间。通过变换或映射可把维数较高的测量空间中的模式变为维数较低的特征空间中的模式。描述特征空间的故障特征量是相对于故障模式而言的,某些特征量对某些故障具有较大的敏感度,而对另一些故障则相当迟钝,这样就需要正确地从特征信号中提取对待识别状态变化最敏感的特征量(征兆)。在有些情况下,还须进一步提取主特征量(主征兆),以便于识别和诊断。

4. 分类和识别

正确地根据特征量构造识别函数(判据)作为状态分类的基础是模式识别的关键步骤。这是因为往往不能直接根据特征量的取值对系统的状态进行判别。应该根据实际情况和诊断的要求对各特征量进行综合考虑来构成判据,从总体上把握分类器的设计,使所设计的分类器尽可能好地满足设计要求。"尽可能好"是相对设计要求而言的。这种设计要求,在数学上往往表现为某个特定的函数形式,称为准则函数。"尽可能好"的结果是相对于准则函数取最优值。这样就可以用最优化技术解决模式识别问题。

某模式类的特征代表了该类中所有模式的共性称为类内特征。代表不同模式类之间差别的特征称为类间特征。只要各个模式类是可分的,总存在一个空间,使测量上属于同一类的所有各点都映射到特征空间的同一点上,而把另一类的所有各点都映射到特征空间上的另外一点上,而且使两点相隔一个显著的距离。

根据系统的实际状况,对系统的待检状态作出正确的判断和归属,应是系统在规定可靠性的条件下具有不低于某一给定的识别品质。

5. 分析决策与维护管理

分析系统特征、工作状态和发展趋势,包括发生故障时分析故障位置、类型、性质、原因与趋势,并据此作出相应的决策判断,干预系统的工作过程,包括控制、自诊治、调整、维修和寿命管理的措施。

故障诊断往往都是在现场实时在线进行的,需要及时地将系统的状态,特别是发生故障的征兆诊断出来。因此,从现场特征信号的测取到判别函数值的计算,直至完成诊断的全过程,必须重视计算速度,否则就起不到诊断作用。这样就要求提高计算速度,特别是在建立模型、计算判别函数值的过程中,需要采用一系列快速算法。

5.2 航空发动机故障特征提取方法

故障诊断技术的发展在很大程度上取决于信号处理技术的进步。20 世纪以来,傅里叶变换在故障诊断领域得到了广泛应用,取得了良好的效果。但是,当信号中存在非平稳随机信号时,傅里叶变换就无法准确检测出信号的时域畸变特征,而采用时频分析特别是其中的小波变换,对这类信号进行处理,可以取得较好的效果,所提取的故障特征量和传统的时域、频域特征量相比,在反映故障特征时具有更加明显的优势。

5.2.1 信号预处理

状态监测中采集到的振动信号,由于存在零点漂移、传感器工作频率外低频特性不稳定以及周围环境的干扰,信号的幅值往往会随时间偏离基线,这个过程称为信号的趋势项。趋势项影响信号的正确性,必须将其去除。常用的消除方法是多项式最小二乘法,原理如下:

设采样数据为 $\{x_k\}(k=1,2,3,\cdots,n)$,为了简化起见,令采样间隔为 $\Delta t=1$,必然存在一个多项式:

$$\hat{x}_k = a_0 + a_1 k + a_2 k^2 + \cdots + a_m k^m \qquad k=1,2,3,\cdots,n \qquad (5.1)$$

确定 $\hat{x}_k$ 的各待定系数为 $a_j(j=1,2,3,\cdots,m)$ 使得函数 $\hat{x}_k$ 与采样数据 x_k 的平方和为最小,即

$$E = \sum_{k=1}^{n} (\hat{x}_k - x_k)^2 = \sum_{k=1}^{n} \left(\sum_{j=0}^{m} a_j k^j - x_k \right)^2 \qquad (5.2)$$

为使 E 最小,依次对 a_j 求偏导,令其值为零,可以产生 $m+1$ 个方程:

$$\sum_{k=1}^{n} \sum_{j=0}^{m} a_j k^{j+1} - \sum_{k=1}^{n} x_k k^i = 0 \qquad i=1,2,3,\cdots,m \qquad (5.3)$$

解方程组求出 $m+1$ 个待定系数 $a_j(j=0,1,2,\cdots,m)$，其中 m 为多项式的阶次，范围为 $0 \leqslant j \leqslant m$。

当 $m=0$ 时可求得趋势项为常数，解方程得 $a_0=(1/n)\sum_{k=1}^{n}x_k$，可见 $m=0$ 时趋势项为采样数据的算术平均值，消除常数趋势项的公式为

$$y_k = x_k - \hat{x}_k = x_k - a_0 \qquad k=1,2,3,\cdots,n \tag{5.4}$$

当 $m=1$ 时为线性趋势项，代入式(5.4)有：

$$a_0 = \frac{2(2n+1)\sum_{k=1}^{n}x_k - 6\sum_{k=1}^{n}x_k k}{n(n-1)}$$

$$a_1 = \frac{12\sum_{k=1}^{n}x_k - 6(n-1)\sum_{k=1}^{n}x_k k}{n(n-1)(n+1)} \tag{5.5}$$

于是，消除项的公式为

$$y_k = x_k - \hat{x}_k = x_k - (a_0 - a_1 k) \tag{5.6}$$

当 $m \geqslant 2$ 时，为曲线趋势项，同时采用上述方法可得 2 阶以上的各系数。在实际的数据处理中，常取 $m=1\sim3$ 来消除采样数据中的多项式趋势项。

5.2.2 时域统计参数分析

在故障诊断中采集的信号往往是随时间变化的。用时域波形描述信号在不同时刻幅值变化，它的横坐标是时间，纵坐标是信号在时刻 t 的幅值。因为从航空发动机上测得的各种信号通常为随机信号，所以可以用统计的方法来提取信号的某些特征用于故障诊断。时域统计参数分析法提取时域波形的统计参数作为状态特征量来分析确认故障。常用的统计参数有：峰值、均值、均方值、方差、标准差、偏斜度和峭度指标等。对于通过 A/D 转换采集到的离散信号，其统计参数的计算公式如下：

峰值 $x_{\max}$

$$x_{\max} = \max(|x_k|) \qquad k=1,2,\cdots,n \tag{5.7}$$

均值 μ_x

$$\mu_x = \frac{1}{N}\sum_{k=1}^{N}x(k) \tag{5.8}$$

均方值 ψ_x^2

$$\psi_x^2 = \frac{1}{N}\sum_{k=1}^{N}x^2(k) \tag{5.9}$$

方差 σ_x^2

$$\sigma_x^2 = \frac{1}{N}\sum_{k=1}^{N}\left[x(k)-\mu_x\right]^2 \tag{5.10}$$

标准差 S

$$S = \sqrt{\frac{1}{N}\sum_{k=1}^{N}\left[x(k)-\mu_x\right]^2} \tag{5.11}$$

偏斜度 $K_{偏态}$

$$K_{偏态} = \sqrt{\frac{1}{6N}\sum_{k=1}^{N}\left[\frac{x(k)-\mu_x}{S}\right]^3} \tag{5.12}$$

峭度指标 $K_{峭度}$

$$K_{峭度} = \sqrt{\frac{N}{24}}\left\{\frac{1}{N}\sum_{k=1}^{N}\left[\frac{x(k)-\mu_x}{S}\right]^3 - 3\right\} \tag{5.13}$$

其中各参数的物理意义参见 3.3.2 节的讨论。

5.2.3　频域分析

对信号进行时域分析时,有时不同信号的一些统计参数会相同,从而无法辨识。因为系统的状态不仅随时间变化,还与信号的频率、相位等信息有关。对于复杂系统进行故障诊断常常需要进一步提取信号的频率成分和相位等信息作为特征量,这就是信号的频率分析。

频域分析的理论基础是傅里叶变换,它可以把时域函数转换为频域的函数,又称为频谱。常用的频谱分析方法有幅值谱分析和功率谱分析,功率谱中包括自功率谱和互功率谱等。幅值谱反映了信号在频域的频率特性及相位特性,通过幅值谱分析可以从频率的角度分析系统的状态特征,对诊断对象的正常或故障状态作出比较可靠的判断。功率谱反映了信号能量在频域的分布,与幅值谱相比突出了信号的主要频率成分。功率谱包括自功率谱和互功率谱,又可分为单边功率谱和双边功率谱等。在频谱分析中,功率谱可以通过相关函数的傅里叶变换求得,在一定条件下也可直接通过幅值谱的平方求得。更深入讨论可参见 3.3 节中有关"振动故障诊断"的论述。

5.2.4　Wigner-Ville 分布

Wigner-Ville 分布被看做信号能量在时域和频域中的分布,利用它可以同时描述信号在不同时间的能量密度和强度,它的公式为

$$W_z(t,f) = \int_{-\infty}^{\infty} z\left(t+\frac{\tau}{2}\right)z^*\left(t-\frac{\tau}{2}\right)\mathrm{e}^{-\mathrm{j}2\pi f}\mathrm{d}\tau \tag{5.14}$$

式中:$z(t)$ 是 $s(t)$ 的解析信号。Wigner-Ville 分布也可以用解析信号的频谱表示。

Wigner-Ville 分布具有一些重要性质。例如 $W_z(t,f)$ 对于所有的 t 和 f 值是实的,具有时移和频移不变性,满足时间和频率的边缘特性等,这使得它成为信号时频分析的重要方法。

5.2.5　小波变换

傅里叶变换的基本思想是将信号分解成许多不同频率的正弦波信号,保留源信号各频率分量的幅值和相位信息,将信号从时域转换到频域,属于整体变换。在频谱分析中,频谱 $F(\omega)$ 显示了信号中各种频率分量的振幅和相位。对于振动分析来说,频谱中的各个频率分量说明了信号的组成部分,表征着信号的不同来源和传导特征。

但是,傅里叶变换的不足之处在于它只适用于稳态随机信号的分析。因为它无法表达信号各频率分量随时间变化的关系,无法表述信号的时频特性。而非稳态随机信号在故障诊断中是特别容易出现的,因此傅里叶变换不能满足要求。

加窗傅里叶变换是为了适应非稳态信号分析而发展起来的一种改进方法。时域信号 $f(t)$ 的加窗傅里叶变换如下:

$$G(\omega,\tau)=\int_{-\infty}^{\infty}f(t)g(t-\tau)\mathrm{e}^{\mathrm{i}\omega t}\,\mathrm{d}t$$

式中:$g(t-\tau)$ 为窗函数;τ 为可变参数,变动 τ 可控制窗函数沿时间轴平移,以实现信号 $f(t)$ 的按时逐段分析。如果窗函数 $g(t-\tau)$ 的形状和大小都可以改变,就可以适应信号分析中高、低频信号的不同要求,即在低频段使用宽时窗,在高频段使用窄时窗。小波分析正是为适应这一要求而发展起来的一种信号分析方法。

小波分析继承了傅里叶变换用简谐函数作为基函数来逼近任意信号的特点,但小波采用一系列尺度可变的窗函数,这使得小波分析具有良好的时频定位特征,故而能对各种时变信号进行分解。

1. 小波函数及小波变换

小波变换的基函数即小波函数可以选择为如下形式的函数:

$$w_{s,\tau}(t)=\frac{1}{\sqrt{s}}w\left(\frac{t-\tau}{s}\right) \tag{5.15}$$

相应的积分小波变换和反变换分别为

$$a(s,\tau)=\frac{1}{\sqrt{s}}\int_{-\infty}^{\infty}f(t)w_{s,\tau}^{*}(t)\,\mathrm{d}t$$

$$f(t)=\frac{1}{C_w}\int_{-\infty}^{\infty}\int_{-\infty}^{\infty}\frac{a(s,\tau)w_{s,\tau}(t)}{s^2}\,\mathrm{d}s\mathrm{d}t$$

式中:$w_{s,\tau}^{*}$ 是 $w_{s,\tau}$ 的共轭函数;系数 C_w 由下式确定:

$$C_w = \int_{-\infty}^{\infty} \frac{|W_{s,\tau}(\omega)|^2}{|\omega|} d\omega$$

式中：$W_{s,\tau}(\omega)$ 为 $w_{s,\tau}(t)$ 的傅里叶变换。C_w 的有限性限制了在小波变换的定义中能作为小波基函数的函数类。下式称为容许性条件：

$$\int_{-\infty}^{\infty} \frac{|W_{s,\tau}(\omega)|^2}{|\omega|} d\omega < \infty \tag{5.16}$$

式（5.16）成立的必要条件为

$$W_{s,\tau}(\omega)\Big|_{\omega=0} = \frac{1}{2\pi}\int_{-\infty}^{\infty} w_{s,\tau}(t) e^{-i\omega t} dt\Big|_{\omega=0} = \frac{1}{2\pi}\int_{-\infty}^{\infty} w_{s,\tau}(t) dt = 0 \tag{5.17}$$

式（5.17）表明，$w_{s,\tau}(t)$ 必为衰减的振荡波形，即 $w_{s,\tau}(t)$ 必须具有小的波形，术语称为"小波"。

如果小波函数 $w(t)$ 的时间窗为 Δt，经傅里叶变换后谱 $W(\omega)$ 的频窗宽度为 $\Delta\omega$（时窗宽度和频窗宽度的定义详见小波分析的著作），则 $w(t/s)$ 的时窗宽度为 $s\Delta t$，其频谱 $W(s\omega)$ 的频窗宽度为 $\Delta\omega/s$。因此，小波变换对低频信号（s 相对较小）在频域中有很好的分辨率。而对高频信号（s 相对较大）在时域中也有较好的分辨率。如果变动式（5.15）中的 s 和 τ，则可得到一族小波函数。将待分析信号 $f(t)$ 按该函数分解，则根据展开系数就可以知道 $f(t)$ 在某一局部频段的信号成分有多少，从而实现可调窗口的时、频局部分析。

2. 小波分解

正如傅里叶变换可以分为积分傅里叶变换和离散傅里叶变换一样，小波变换也包含积分小波变换和离散小波变换，它们分别应用于连续信号和数字信号的分析。离散小波变换也称为小波分解，通俗地说，就是将数字信号分解成一组小波函数的叠加。当然，为了实现小波分解，首先必须找到一个小波函数族。

如前所述，变动式（5.15）中的参数 s 和 τ 可以生成小波函数族。s 的变动使函数拉伸或压缩，形成不同"级"的小波；τ 的变动使函数平移，形成不同"位"的小波。对于数字信号分析，s 和 τ 的变动应依据一定的离散规则，最常用的是二进制离散，即参数 s 按二进制规则 $\cdots,2^{-k},\cdots,$ $2^{-1},2^0,\cdots,2^1,\cdots,2^k,\cdots$ 取值，τ 等间隔取值。具体地说，任何形如式（5.15）并满足式（5.16）所示的容许性条件的正交函数族均可用来构成小波函数。实际应用中还需要从生成方便、可以形成有效的数值算法等多方面加以考虑。小波函数生成是小波分析中重要的研究方向之一。

数字信号 $f(t)$ 的二进小波分解的数学表达式如下：

$$\begin{aligned}
f(t) = & a_\phi \phi(t) + a_0 w(t) + a_{1,0} w(2t) + a_{1,1} w(2t-1) + \\
& a_{2,0} w(4t) + a_{2,1} w(4t-1) + a_{2,2} w(4t-2) + a_{2,3} w(4t-3) + \\
& a_{3,0} w(8t) + \cdots + a_{3,7} w(8t-7) + \cdots + a_{k,l} w(2^k t - l) + \cdots
\end{aligned} \tag{5.18}$$

式中：$a_\phi \phi(t)$ 表示 $f(t)$ 的直流分量，0 级小波只有 $w(t)$ 一项，2 级小波由 $w(2t)$ 与 $w(2t-1)$ 两个移位小波叠加组成，依此类推，k 级小波由 2^k 个移位小波 $w(2^k t - l)$，$l=0,1,\cdots,2^k-1$ 叠加组成。

在小波分解表达式(5.18)中,每级小波实际上代表着不同倍频程段内的信号成分,所有频段正好不相交地布满整个频率轴,因此小波分解可以实现频域局部分析。

与傅里叶变换相比,小波变换可以对信号进行更为精细的分析,但如果没有相应的快速算法对理论予以支持,则很难在实际应用中得以推广。要实现式(5.18)所示的小波分解,关键问题是确定其中各小波分量的系数。如果所采用的小波函数满足正交性条件,那么理论上可按下式确定各小波系数:

$$a_{k,l} = \int_{-\infty}^{\infty} f(t)w(2^k t - l)\mathrm{d}t \tag{5.19}$$

但由于小波函数通常比较复杂甚至不具有解析表达式,实际上积分表达式(5.19)只是从理论上反映了小波系数、小波函数和信号 $f(t)$ 三者之间的关系。要计算出小波系数还须采用其他可行的方法。

就目前研究水平而言,最成功的算法是马拉特(Mallat)算法。该算法利用小波的正交性导出各系数矩阵的正交关系,从高级到低级逐级滤去信号中的各级小波。为叙述简便,假设数字信号 $f(t)$ 有 8 个采样点,其小波分解式中包含 0 级、1 级和 2 级小波,分别记为 f_0,f_1,f_2。其中: f_0 只含 $a_0 w(t)$ 一项,f_1 由两个位移小波 $a_{1,0}w(2t)$ 和 $a_{1,1}w(2t-1)$ 叠加而成,f_2 由 4 个位移小波 $a_{2,0}w(4t),a_{2,1}w(4t-1),a_{2,2}w(4t-2)$ 和 $a_{2,3}w(4t-3)$ 叠加而成,加上常数项 $f_\phi = a_\phi \phi(t)$,分解式中共有 8 项,与信号采样点数相同。若同级小波作为一个整体,则分解式(5.18)可记成如下形式:

$$f(t) = f_\phi + f_0 + f_1 + f_2 \tag{5.20}$$

下面采用图 5-2 并结合小波分解式(5.20)说明马拉特算法的主要思想。

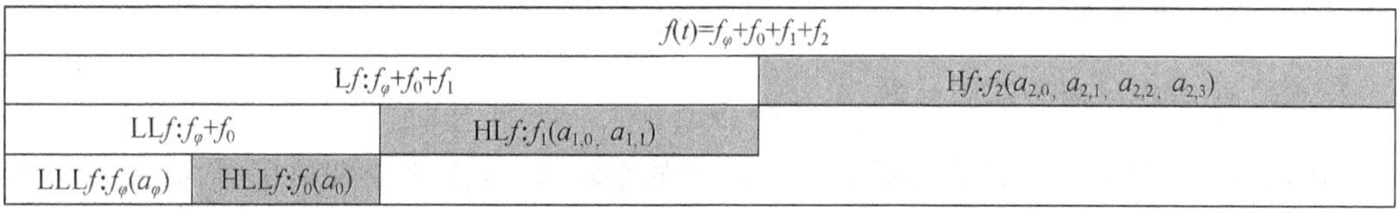

$f(t)=f_\phi+f_0+f_1+f_2$			
$\mathrm{L}f:f_\phi+f_0+f_1$		$\mathrm{H}f:f_2(a_{2,0}, a_{2,1}, a_{2,2}, a_{2,3})$	
$\mathrm{LL}f:f_\phi+f_0$	$\mathrm{HL}f:f_1(a_{1,0}, a_{1,1})$		
$\mathrm{LLL}f:f_\phi(a_\varphi)$	$\mathrm{HLL}f:f_0(a_0)$		

图 5-2　马拉特算法示意图

马拉特算法不直接计算积分表达式,而是利用小波函数的正交性,从高级到低级滤出信号中的各级小波。以上述含 8 个采样点的数字信号 $f(t)$ 为例,马拉特算法第一步是从中滤出 2 级小波 f_2,同时确定 2 级小波中各位移小波的系数 $a_{2,0},a_{2,1}$,和 $a_{2,2},a_{2,3}$,并将信号分解成 f_2 和 $f_\phi+f_0+f_1$ 的叠加。这一过程相当于一个低通滤波器,对应于 2 阶小波的高频信号 $\mathrm{H}f$ 被分离出来,而低频信号 $\mathrm{L}f$(0,1级小波及常数项)全部保留,如图5-2所示。算法的第 2 步是从 $\mathrm{L}f$ 中再滤出 1 级小波并确定 1 级小波系数,即 $a_{1,0}$ 和 $a_{1,1}$。如此进行下去,直至滤出各级小波并确定所有的系数,小波分解就完成了。

马拉特算法概念清楚,计算简便,其在小波分析中的地位相当于傅里叶积分中 FFT 算法。但要完整地介绍该算法需要较大篇幅,不在本书教学内容之内。

3. 小波包分解

图 5-2 中的阴影部分表示在对信号进行小波分解后,用于分析的各级小波频段。可以看到,低频时频窗窄,频率分辨率高;高频时频窗宽,频率分辨率低。这符合普通原则。但对于某些特定的信号,人们感兴趣的可能只是某一个或几个特殊频段,并要求对这些特殊频段的分解足够精细,这些频段的频率可能是相对高的。对于这类问题,小波分解就有欠缺了。

小波包分解是比小波分解更精细的一种分解,其不同之处是对滤出的高频部分也同样实施分解,并可一直进行下去,这种分解在高频段和低频段都可以达到很精细的程度,如图 5-3 所示。

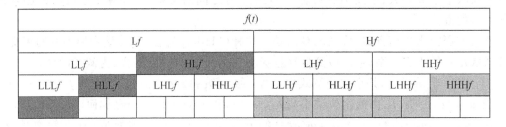

图 5-3　小波包分解示意图

信号经过分解后形成若干大大小小的"包",图中阴影部分表示用于分析的各个包的频段。根据需要分析的信号频段,可以适当选取不同大小的包来部分复原原始信号。对于部分信号分析来说,人们所关心的主要特征可能只体现在某一个或几个包上,因此可以只注意这几个包,这在故障诊断中是非常有用的。

4. 基于小波包分解的故障诊断

如前所述,傅里叶分析的条件是待分析信号的平稳性。对非平稳随机信号,傅里叶分析可能给出虚假的结果,从而导致诊断失误。对于机械设备故障诊断来说,傅里叶分析不适用于以下情况:

① 由于发动机转速不稳定、负荷变化等原因导致非平稳信号产生。

② 由于发动机各振源零部件的结构和联系不同,致使振动信号所包含的不同零部件的故障信息分布在不同的频段范围,特别是某一零部件的早期微弱缺陷时,它的故障信号可能被其他振动信号或随机噪声淹没。

③ 系统中存在随机发生的故障信号源,燃烧过程中的脉动,转子与静子间的偶发碰磨引起的摩擦和冲击等。

对于这类问题,小波分析方法显示出它的优点。小波变换具有多分辨率(多尺度)特性,在时域和频域都具有很强的表征信号局部特征的能力。它的窗口大小不变,但形状可以改变,是一种时间窗和频率窗都可以改变的时频分析方法。在低频部分具有较低的时间分辨率和较高的频率分辨率,在高频部分具有较高的时间分辨率和较低的频率分辨率。适当地选择基本函数,可以由粗到精地逐步观察信号,这使得它的应用范围十分广泛,被誉为信号分析的显微镜。

由于小波分解,尤其是小波包分解技术能将任何信号(平稳和非平稳)分解到一个由小波伸缩而成的基函数上,信息量完整无缺,在通频范围内得到分布在不同频道内的分解序列,在时域和频域均有局部化的分解功能,因此可根据故障诊断的需要选取包含所需故障模式的频段序列,进行深层信息处理,提取有用的故障特征。

近年来,小波分析技术在齿轮箱故障诊断、颤振分析等方面得到了广泛的应用。

5.2.6　转子不平衡故障的特征提取

以航空发动机转子不平衡故障为例,介绍不同信号处理方法在故障特征提取中的应用。

在转子不平衡实验中,令转轴的旋转频率为 8 Hz,采样频率设为 1 024 Hz,采样点数为 4 096 个,采集转子正常和不平衡时的振动信号各 10 组。

1. 信号时域统计参数分析

进行航空发动机故障诊断时,对振动信号进行时域变换是最简单、直观的方法。通过对时域波形和统计参数的比较,可以简单评判是否存在故障。转子正常和不平衡时的信号如图 5-4 所示。

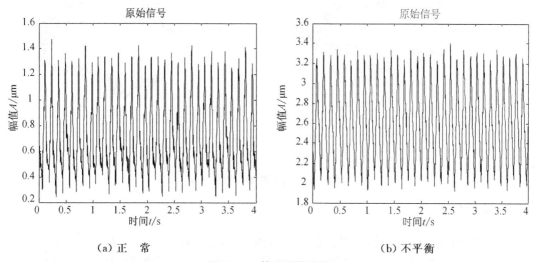

（a）正　常　　　　　　　　　　　　（b）不平衡

图 5-4　转子原始信号

计算转子正常和不平衡时的振动信号(各 10 组)的时域统计参数,再分别求出正常和不平衡两种情况下统计参数的平均值,如表 5-1 所列。

表 5-1 信号时域统计参数的平均值

统计参数 状态	均 值	均方值	方 差	标准差	偏斜度	峭 度
正常	2.524 0	6.449 6	0.078 9	0.281 0	16.044 7	9.736 4
不平衡	2.584 5	6.822 3	0.142 9	0.378 0	15.678 5	14.439 0

通过对比可以看出,统计参数虽然能反映信号的变化,但大多变化不明显。此次试验,时域统计参数只有峭度对转子不平衡故障比较敏感,特别是在不平衡发生的早期,它有明显的增加。这是因为峭度系数将表示故障的概率密度曲线对故障程度的数量化,是概率密度曲线陡峭度的度量,所以它对于故障导致概率密度曲线的变大很敏感。

在进行信号特征提取时,振动信号的循环波动性和非平稳性使得各样本的统计参数不稳定,因此时域统计参数常常作为故障诊断的初步判断依据。

采用去除趋势项的方法对转子正常和不平衡信号进行预处理,绘制两种信号的轴心轨迹,如图 5-5 所示,可以看出,转子发生不平衡时,转子的轴心轨迹为一个偏心率较小的椭圆,这与正常信号的轴心轨迹有较大差别。

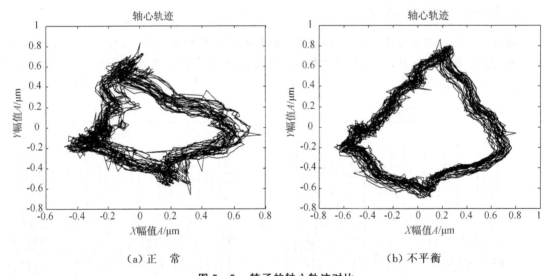

(a)正 常　　　　　　　　　　　(b)不平衡

图 5-5 转子的轴心轨迹对比

2. 频域分析

对信号进行频域分析时,功率谱是最常用的方法,它反映了信号总能量随频率的分布状况。图 5-6 所示是转子正常和不平衡时的功率谱。可以看出,在一个准周期内,不平衡信号的功率谱在基频处的幅值明显增高。

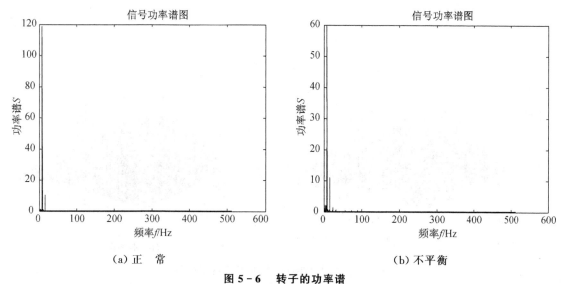

（a）正　常　　　　　　　　　　　　　　　（b）不平衡

图 5 - 6　转子的功率谱

3. Wigener-Ville 分布

Wigener-Ville 分布是时频分析的重要工具,转子正常和不平衡时的 Wigener-Ville 分布和三维图如图 5 - 7 和图 5 - 8 所示。

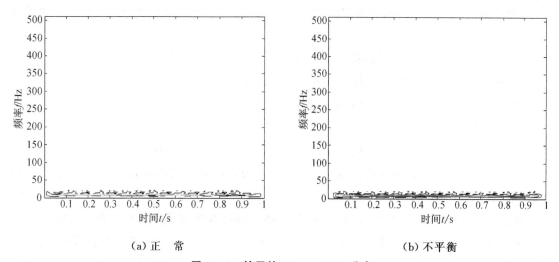

（a）正　常　　　　　　　　　　　　　　　（b）不平衡

图 5 - 7　转子的 Wigener-Ville 分布

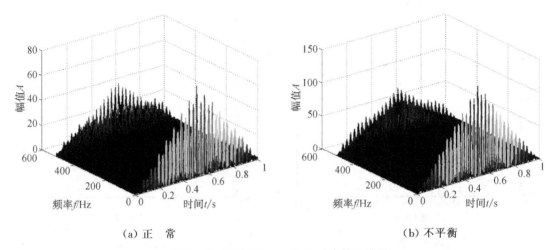

（a）正　常　　　　　　　　　　　　　　（b）不平衡

图 5 - 8　转子 Wigener-Ville 分布的三维图

4. 小波分析和与 FFT 变换相结合

实际工程中由于信号可能包括许多尖峰或突变成分,因此首先需要将信号中的噪声去除,提取有用信号.对这种信号消噪,传统的方法是使信号变换后的熵增高,无法刻画信号非平稳特性,并且无法得到信号的相关性.为了克服上述缺点,这里使用小波变换处理信号解决消噪问题.

利用小波变换对信号消噪的基本步骤如下:

① 对信号做小波分解,提取低频系数和高频系数;

② 小波分解高频系数的阈值量化;

③ 信号小波分解重构.

使用小波分解的低频系数和阈值量化处理后的高频系数进行消噪处理.

转子正常和不平衡时预处理信号波形和采用小波进行软阈值消噪后的波形如图 5 - 9 所示.小波滤波后的轴心轨迹如图 5 - 10 所示.

从图 5 - 5、图 5 - 9 和图 5 - 10 可以看出,小波消噪效果明显优于傅里叶变换消噪.

小波分解可以得到信号不同尺度上各频带系数,将每层节点重构成新的时间序列,再对这些时间序列进行 FFT 变换,得到对应频带的功率谱.这样可以很好地将信号各尺度时域信息对应到频域上,方便判断信号是否存在故障征兆并判断其类型.

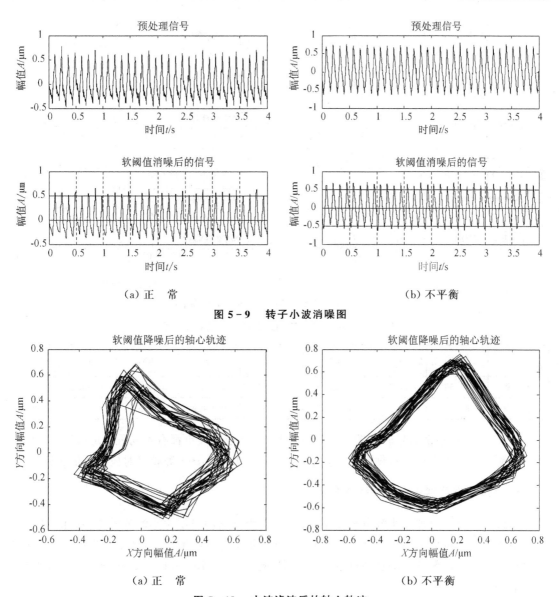

图 5 - 9　转子小波消噪图

图 5 - 10　小波滤波后的轴心轨迹

　　利用 db4 正交小波基函数对信号（S）进行 5 层分解，用 $D_1 \sim D_5$ 分别表示第 1,2,3,4,5 层的细节信号，C_5 为逼近信号，它们满足关系：$S = C_5 + D_5 + D_4 + D_3 + D_2 + D_1$。小波分解及各层频带功率谱如图 5 - 11 所示。

　　图 5 - 11 显示，转子发生不平衡时频域功率谱较正常信号变化较大，提取正常和不平衡信号基频及其倍频功率谱值作为一组特征向量，如表 5 - 2 所列。表中：X 为信号基频，其他依次类推。

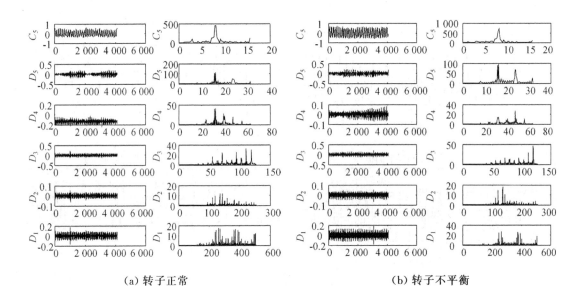

（a）转子正常　　　　　　　　　　　　　　（b）转子不平衡

图 5 - 11　　小波分解及各层 FFT 功率谱

表 5 - 2　　用信号各倍频功率谱构造的特征向量

频率 状 态	$1X$	$2X$	$3X$	$4X$	$5X$	$6X$	$7X$	$8X$
正 常	52.59	14.37	0.888 0	1.497	0.171 7	0.090 1	0.307 3	0.254 9
不平衡	91.24	10.72	0.594 2	0.515 3	0.180 9	0.140 5	0.236 1	0.066 0

另外,产生不平衡信号时基频处的值变化较大,其他倍频也都有不同程度的改变。因此,对于不平衡故障的识别可以看做是对 $X/n, X, nX (n = 1, 2, 3, \cdots)$ 等频率对应的幅值进行识别。

5. 小波包频移细化及频带能量分析

小波包分析是一种比小波分析更精确的方法,因此它的应用比小波分析更加广泛。对信号进行小波包分析可以采用很多种小波包基。必须根据信号分析的要求,从中选择更好的一种小波包基,即最佳基。最佳基的选择标准是熵标准,例如采用 Minimum 熵。Minimum 熵的计算过程如下:

首先,计算振动信号的 shannon 熵 e_{00};其次用 haar 小波对信号进行分解;再次,计算信号分解第一层低频、高频的熵 e_{10} 和 e_{11}(其中 e_{11} 为 0)。由于 $e_{10} + e_{11} < e_{00}$,对 e_{10} 分解得 e_{20} 和 e_{21}(其中 e_{21} 为 0),此时 $e_{20} + e_{21} < e_{10}$,继续对 e_{20} 分解得 e_{30} 和 e_{31}(其中 e_{31} 为 0)。此时发现, $e_{30} = 0$,根据零值最优熵理论,确定第 3 层小波包基是比较合理的小波包基。图 5 - 12 所示是最优小波分解的树结构。其中,左图是小波包分解层数,右图是(3.0)结点重构序列的波形。

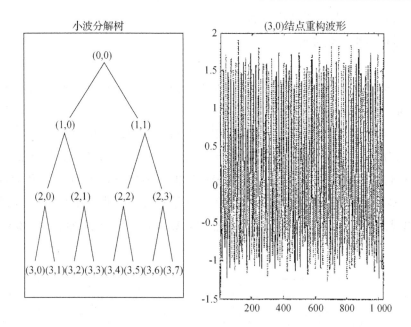

图 5 - 12　最优小波分解的树结构及重构波形

图 5 - 13 所示是采用全局阈值的方式对信号进行小波包消噪波形图。

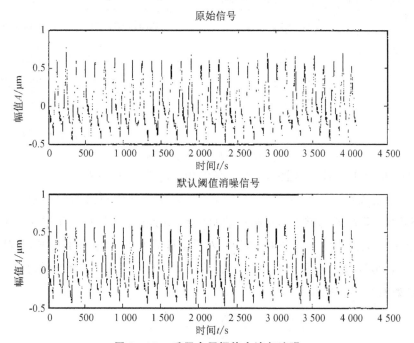

图 5 - 13　采用全局阈值小波包消噪

小波包消噪一般包括以下几个步骤：

① 对信号进行小波包分解；

② 确定最佳小波包基；

③ 小波包分解系数的阈值量化(特别是低频分解系数)，即对每一个小波包分解系数选择一个适当的阈值进行量化；

④ 小波包重构，即根据小波包分解系数和量化处理系数进行小波包重构。

从上面的分析可知，信号 3 层小波包分解时，用 (i,j) 表示第 i 层第 j 个结点 $(i = 0,1,2,3;$ $j = 0,1,2,3,4,5,6,7)$，其中每个结点都代表一定的信号特征，$(0,0)$ 结点代表原始信号 S，$(1,0)$ 代表小波包分解第 1 层低频系数 X_{10}，$(1,1)$ 结点代表小波包分解第 1 层高频系数 X_{11}，$(3,0)$ 结点代表小波包分解第 3 层第 0 个结点的系数 X_{30}，…，以此类推。正常和不平衡时小波包分解如图 5-14 所示。

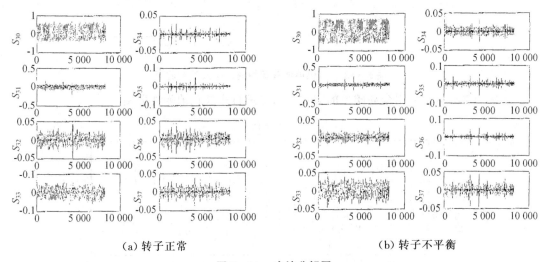

（a）转子正常　　　　　　　　　　　　　　　　（b）转子不平衡

图 5-14　小波分解图

频移细化的 FFT 是基于离散傅里叶变换的频移原理，它可以对信号频域实现局部放大细化，使被关注的频段获得较高的分辨率。假设 f_k 为需要细化频段的中心频率，对信号乘以 $e^{-j2\pi f_k t}$ 进行移项，原 f_k 处的谱线移至频率轴的 0 处。用低通滤波器滤除所需细化频段外的频率成分，并以细化倍数为间隔进行重采样，最后对重采样后的信号做 FFT 变换，并对变换结果进行重新排序。对小波包分解和重构算法进行改进，转子正常和不平衡时低频段信号的细化 FFT 幅值谱如图 5-15 所示。

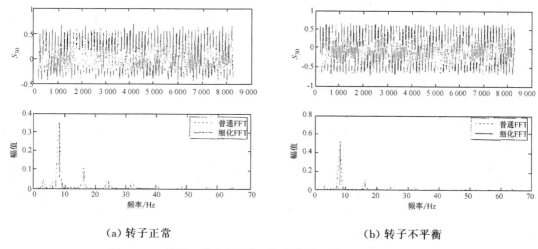

（a）转子正常　　　　　　　　　　　（b）转子不平衡

图 5−15　转子正常和不平衡时低频段信号的细化 FFT 幅值谱图

从图 5-15 可以看出，发生不平衡时不同频段的幅值较正常时有较大变化，反映在能量上，即不平衡信号的频带能量与正常信号有较大差别。由于各频带能量包含着丰富的故障信息，某些或某几种频带能量的改变即可代表一种故障信号，因此可以采用"频带能量-故障"的方法区分不同故障，对信号 S 进行小波分解重构，以 S_{30} 表示 X_{30} 的重构信号，S_{31} 表示 X_{31} 的重构信号，依此类推，则信号 S 可表示为

$$S = S_{30} + S_{31} + S_{32} + S_{33} + S_{34} + S_{35} + S_{36} + S_{37}$$

设 $S_{3j}(j = 0, 1, \cdots, 7)$ 的能量为 E_{3j}，则有

$$E_{3j} = \int |S_{3j}(t)|^2 \mathrm{d}t = \sum_{k=1}^{n} |x_{jk}|^2 \tag{5.21}$$

式中：x_{jk} 表示重构信号 S_{3j} 的幅值。当发生不平衡时，各频带能量均有较大变化。构造特征量 T，则有

$$T = [E_{30}, E_{31}, E_{32}, E_{33}, E_{34}, E_{35}, E_{36}, E_{37}] \tag{5.22}$$

对 T 归一化，令 $E = \left(\sum_{j=0}^{7} |E_{3j}|^2 \right)^{1/2}$，则有：

$$T' = [E_{30}/E, E_{31}/E, E_{32}/E, E_{33}/E, E_{34}/E, E_{35}/E, E_{36}/E, E_{37}/E] \tag{5.23}$$

转子正常和不平衡时各频带能量分布百分比如图 5-16 所示。

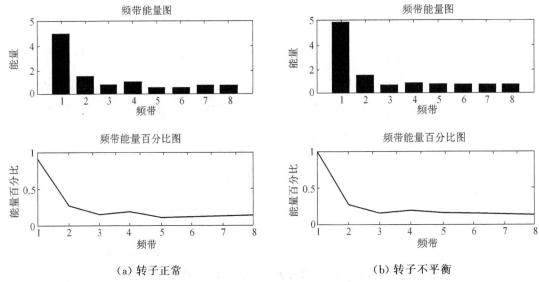

（a）转子正常　　　　　　　　　　　　（b）转子不平衡

图 5 - 16　转子正常和不平衡时小波分解各频段能量百分比图

小波包频带能量用小波包能量作为特征量,它反映了信号的本质特征,克服了用正交小波变换进行分析时频谱随着小波尺度指数的增大分辨率降低的缺点,可以提供丰富的故障特征信息。该方法可与模糊、神经网络等模式识别方法相结合,有效地识别故障信息。小波包分解后用各频带能量所占百分比构造的特征向量,如表 5 - 3 所列。

表 5 - 3　小波包分解后用各频带能量所占百分比构造的特征向量

能量 状态	S_{30}	S_{31}	S_{32}	S_{33}	S_{34}	S_{35}	S_{36}	S_{37}
正　常	0.899 0	0.277 6	0.147 1	0.189 3	0.098 9	0.110 0	0.139 5	0.126 1
不平衡	0.934 8	0.219 3	0.109 3	0.149	0.108 2	0.110 5	0.099 1	0.107 3

对信号进行小波包分解,还可用不同分解节点重构时间序列(S_{30},S_{31},S_{32},S_{33},S_{34},S_{35},S_{36} 和 S_{37}),这些时间序列的一些时域或频域指标也能较好地体现信号的特征。因此,也可以将它们作为一些可供选择的特征量,部分参数如表 5 - 4 和表 5 - 5 所列。

表 5 - 4　小波包分解后用各重构信号的方差构造的特征向量

方差 状态	S_{30}	S_{31}	S_{32}	S_{33}	S_{34}	S_{35}	S_{36}	S_{37}
正　常	17.77	1.694	0.475 5	0.787 4	0.215 0	0.266 2	0.428 1	0.349 6
不平衡	24.56	1.351	0.303 6	0.590 5	0.329 3	0.371 6	0.276 3	0.323 4

表 5 - 5　小波包分解后用各重构信号的峭度构造的特征向量

峭 度 状 态	S_{30}	S_{31}	S_{32}	S_{33}	S_{34}	S_{35}	S_{36}	S_{37}
正　常	7 710	70	5.520	15.14	1.128	1.730	4.473	2.984
不平衡	14 730	44.57	2.250	8.512	2.648	3.370	1.863	2.553

　　从这些统计参数可以看出,用小波包分解后重构信号的参数指标构造信号的特征向量,一样能反映信号的一些特征信息,在进行故障诊断时,可以根据实际需要加以选择。

　　通过转子发生不平衡时信号特征量的提取方法进行研究,可以发现现在进行发动机故障诊断时,可以选择的特征量很多,但是不同特征量在故障诊断时,会因故障模式不同而应用效果不尽相同。

　　故障特征提取是故障识别方法研究的基础,因此特征量应能反映信号的本质特征。如果特征量提取不好,识别算法很可能会无法准确识别出故障,甚至可能发生误判。因此,特征量的选择还必须在具体故障的诊断实践中不断探索积累经验,针对实际故障情况,找出对具体故障最具敏感性的特征向量。

5.3　模糊诊断原理及应用

　　模糊(fuzzy)理论最初是由 Zadeh 在 1965 年提出的,其目的是为描述与处理广泛存在的不精确、模糊的事件和概念提供相应的理论工具。该理论经过不断发展,目前已经形成了有关纯粹数学和应用数学的诸多分支,包括拓扑学、图论、系统决策、自动控制、模式识别等,应用成果不断出现,尤其是基于模糊理论的模糊逻辑系统,为解决复杂系统的故障诊断问题提供了重要的理论方法和实现工具。

5.3.1　模糊信息及其处理

　　模糊数学的创始人 Zadeh 提出的"不相容原理"指出:"当系统的复杂性增加时,我们使之精确和有效地描述其行为的能力就减少,当达到某一阈值时,精确性和复杂性变得互相排斥。"也就是说:复杂系统本身存在着不确定性,包括随机意义下的不确定性及系统内涵和外延上的不确定性。因此,系统越复杂就越难以对它进行精确描述。复杂系统的这种不确定性(或"亦此亦彼"性)即所谓模糊性。

　　随着现代科学技术的飞速发展,航空机械设备越来越复杂化,根据 Zadeh 的"不相容原理",航空机械设备系统的模糊性也越强。因此,在对设备状态进行监测和故障诊断时,必须运用模糊数学这一新的数学工具,分析处理设备状态监控和故障诊断的各个环节所遇到的各种模糊信息,才能对它们进行科学的、定量的处理和解释。

1. 模糊现象及其描述

"模糊"（fuzzy）的原意为"毛茸茸"、"边界不清"。所谓模糊，是指在质上没有确切的含义，在量上也没有明确的界限，即边界不清晰。

在实际工作中存在着大量的模糊概念，如："材料强度高"、"学生自学能力强"、"滑油消耗量大"、"设备技术先进"等。例如"材料强度高"这个概念：$[\sigma] = 200$ MPa 算高，那么 $[\sigma] = 300$ MPa 或 $[\sigma] = 100$ MPa 算不算高?如 A3 钢，$[\sigma] = 176.5$ MPa，那么 $\sigma = 176.6$ MPa 就不允许用了，但实际上两者并无本质的区别。这时，如果硬套一个数字来规定它，就歪曲了它的客观属性。所以，这种边界不清的模糊概念，也是事物的一种客观属性，它说明差异之间存在着过渡过程。描述模糊概念，或对模糊概念进行逻辑运算，必须用专门的数学方法。

对不同属性的事物需要用不同描述方法。在数学中描述量与量之间的关系有 3 条途径：一是经典数学分析和集合论，用于描述与度量"确定性"的量和有清晰界限的事物，其研究对象和计算结果绝不允许模棱两可；二是概率论与数理统计，用于研究事先不能确定其发生与否的"随机事件"；三是模糊数学，描述和研究具有"模糊性"概念的数学，用于解决其内涵和外延都不分明的事物的数学方法。

用模糊数学，能够定量地描述客观存在的模糊现象，合理准确地刻画模糊性事物之间的关系。模糊事件和随机事件在概念上有本质的区别。对于"随机事件"，虽然不能事先确定其发生与否，但事件本身的含义是清晰明确的。如："振动加速度超过 $5g$" 这一事件，它何时发生不能确定，但这一事件的含义是明确的。这种不确定的因果关系，可以用事件发生的概率统计模型来解决。而模糊事件则不同，其不确定性在于其概念的边界模糊不清，而在发生的时机上是确定的。

2. 模糊集合的基本概念

经典集合论要求一个对象对于一个集合来说要么属于，要么不属于，两者必居其一且仅居其一。这种情况是对客观研究对象提取特征或划分等级与分类的结果。但是，就人们对客观现象的认识和描述而言，大多数情况并不具有这种"非此即彼"性，这时所研究对象的集合并没有一个明确的边界。

下面观察一个随机事件，比如"主冷气系统压力小于 130PSI*"，事件"小于 130PSI"的含义是清晰的，尽管对某一主冷气系统来说该事件可能发生也可能不发生。如果说"冷气压力较低"，那么"较低"本身的含义就不清晰了。压力小于 100PSI 时当然称"较低"，那么压力小于 105PSI 算不算"较低"呢?因此，"较低"这一事件即是一个模糊事件。在外场的维护语言中，这种模糊语言很多，比如"排气温度高"、"振动大"、"滑油消耗量大"等，都没有明确限定"高"或"大"的程度。对于这些现象，过于简单的提取特征，就会歪曲事物本身的规律。描述模糊事件

---

　*　1PSI = 1 磅 / 英寸^2 = 1 lb/in^2 ≈ 6.89 kPa　　　　　　　　　　——作者注

的工具是模糊集合论。

在经典集合论中,对于论域 U 中的任意一个元素 u 与集合 A 来说,它们之间的关系只能有 $u \in A$ 或 $u \notin A$ 这两种情况,二者必居且仅居其一。如果用函数来表示,则有:

$$x_A(u) = \begin{cases} 1 & u \in A \\ 0 & u \notin A \end{cases} \tag{5.24}$$

这里函数 x_A 称为集合 A 的特征函数。为了以后讨论方便,也称 A 的特征函数 x_A 为 A 的隶属函数。x_A 在 u 处的值 $x_A(u)$ 称为 A 的隶属度。当 u 属于 A 时,u 的隶属度 $x_A(u) = 1$,表示 u 绝对隶属于 A;当 u 不属于 A 时,u 的隶属度 $x_A(u) = 0$,表示 u 绝对不隶属于 A。

模糊集合论则把集合 A 的隶属函数在 u 上的值,即 u 对 A 的隶属度,从 0 或 1 扩充为 [0,1] 闭区间。在这里,把 A 的隶属函数记为 μ_A,具体地说,有:

如果论域 U 中的任意一元素 u 对 A 的隶属函数 μ_A 在 u 上都对应着一个值 $\mu_A(u)$,且 $\mu_A(u)$ 满足 $0 \leqslant \mu_A(u) \leqslant 1$,即 $\mu_A(u) \in [0,1]$,则说隶属函数 μ_A 确定了论域 U 上的一个模糊子集 $\underset{\sim}{A}$,或简称模糊集 $\underset{\sim}{A}$;$\mu_A(u)$ 称为 u 对于模糊集 $\underset{\sim}{A}$ 的隶属度。

模糊集 $\underset{\sim}{A}$ 完全由其隶属函数所刻画。μ_A 的大小反映了元素 u 对模糊集 $\underset{\sim}{A}$ 的隶属程度,$\mu_A(u)$ 的值越接近 1,表示 u 隶属于 A 的程度越高;$\mu_A(u)$ 的值越接近 0,表示 u 隶属于 A 的程度越低。特别是,当 μ_A 仅取 [0,1] 闭区间的两个端点值时,$\underset{\sim}{A}$ 便退化为一个普通子集,隶属函数也就退化为特征函数。

[例 5.1]　模糊集"年老 $\underset{\sim}{A}$" 和"年轻 $\underset{\sim}{B}$" 的隶属函数。

年老、年轻,都是模糊概念。在这里,论域 $U = $ 年龄,取值范围是 $u = \{0,150\}$。$\underset{\sim}{A}$ 和 $\underset{\sim}{B}$ 的隶属函数如图 5-17 所示。

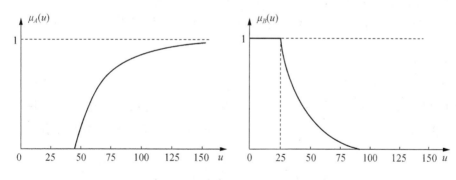

图 5-17　模糊集"年老 $\underset{\sim}{A}$" 和"年轻 $\underset{\sim}{B}$" 的隶属函数

有了隶属函数,模糊集 $\underset{\sim}{A}$ 就完全由其隶属函数所刻画,即用 $\underset{\sim}{A}$ 的隶属函数在 u 上的一系列取值——隶属度来描述。

[例 5.2]　用模糊集 $\underset{\sim}{A}$ 表示"冷气压力较低"这一模糊事件,考察 4 个冷气压力值:$u_1 = 80\text{PSI}$,$u_2 = 100\text{PSI}$,$u_3 = 120\text{PSI}$,$u_4 = 150\text{PSI}$,以 $\mu_A(u_i)(i = 1,2,3,4)$ 表示某一压力值隶属

于模糊集 A 的程度,暂且直观地给出: $\mu_A(u_1)=1,\mu_A(u_2)=0.5,\mu_A(u_3)=0.3,\mu_A(u_4)=0$。这里,$\mu_A$ 为隶属函数,μ_A 刻画了"冷气压力较低"这一事件,A 称为论域 $U=\{u_1,u_2,u_3,u_4\}$ 上的一个模糊子集,可表示为

$$A=(1,0.5,0.3,0)$$

或采用查得记号表示为

$$A=\left\{\frac{1}{u_1}+\frac{0.5}{u_2}+\frac{0.3}{u_3}+\frac{0}{u_4}\right\}$$

其中隶属度为 0 者,可以略去不计,写为

$$A=\left\{\frac{1}{u_1}+\frac{0.5}{u_2}+\frac{0.3}{u_3}\right\}$$

但是应该特别注意,查德记号仅仅是一种符号表示方式,而决不是分式求和。查德记号中的"分母"是论域 U 的某一元素,"分子"是相应元素的隶属度。当隶属度为 0 时,那一项可以不写入。

3. 模糊子集的运算

两个模糊子集间的运算,实际上就是逐元对隶属度作相应的运算,运算规则列举如下:

$A=\Phi\Leftrightarrow$ 对 $\forall u\in U,\mu_A(u)=0$

$A=B\Leftrightarrow$ 对 $\forall u\in U,\mu_A(u)=\mu_B(u)$

$\overline{A}\Leftrightarrow$ 对 $\forall u\in U,\mu_A(u)=1-\mu_B(u)$

$A\subseteq B\Leftrightarrow$ 对 $\forall u\in U,\mu_A(u)\leqslant\mu_B(u)$

$C=A\bigcup B\Leftrightarrow$ 对 $\forall u\in U,\mu_C(u)=\max[\mu_A(u),\mu_B(u)]$

$D=A\bigcap B\Leftrightarrow$ 对 $\forall x\in U,\mu_D(x)=\min[\mu_A(x),\mu_B(x)]$

为运算方便起见,常用符号"$\vee$"代替 max,常用符号"$\wedge$"代替 min,称为最大、最小运算。如:

$0.8\vee 0.4=0.8$

$0.8\wedge 0.4=0.4$

[例 5.3] 设论域 $U=\{u_1,u_2,u_3,u_4\}$,模糊子集 $A=\{排气温度高\}$,$B=\{排气温度低\}$,并设 $u_1=950\text{ K}$、$u_2=750\text{ K}$、$u_3=600\text{ K}$、$u_4=540\text{ K}$、$u_5=500\text{ K}$,其相应于各子集的隶属度规定为

$$A=\left\{\frac{1}{u_1}+\frac{0.8}{u_2}+\frac{0.3}{u_3}+\frac{0.2}{u_4}+\frac{0}{u_5}\right\}$$

$$B=\left\{\frac{0}{u_1}+\frac{0.1}{u_2}+\frac{0.2}{u_3}+\frac{0.8}{u_4}+\frac{1}{u_5}\right\}$$

1) 求 $\overline{A}=\{排气温度不高\}$ 和 $\overline{B}=\{排气温度不低\}$

利用 $\mu_{\overline{A}}(u)=1-\mu_A(u)$ 得:

$$\bar{A} = \left\{ \frac{0}{u_1} + \frac{0.2}{u_2} + \frac{0.7}{u_3} + \frac{0.8}{u_4} + \frac{1}{u_5} \right\}$$

$$\bar{B} = \left\{ \frac{1}{u_1} + \frac{0.9}{u_2} + \frac{0.8}{u_3} + \frac{0.2}{u_4} + \frac{0}{u_5} \right\}$$

2) 求 $\bar{A} \cap \bar{B} = \{$排气温度不高也不低（即正常）$\}$

利用 $\mu_{A \cap B} = \min(\mu_{A}(u), \mu_{B}(u))$ 得：

$$\bar{A} \cap \bar{B} = \left\{ \frac{0 \wedge 1}{u_1} + \frac{0.2 \wedge 0.9}{u_2} + \frac{0.7 \wedge 0.8}{u_3} + \frac{0.8 \wedge 0.2}{u_4} + \frac{1 \wedge 0}{u_5} \right\} =$$

$$\left\{ \frac{0}{u_1} + \frac{0.2}{u_2} + \frac{0.7}{u_3} + \frac{0.2}{u_4} + \frac{0}{u_5} \right\}$$

3) 求 $\bar{A} \cup \bar{B} = \{$排气温度或高或低（排气温度失常）$\}$

利用 $\mu_{A \cup B} = \max(\mu_{A}(u), \mu_{B}(u))$ 得：

$$\bar{A} \cup \bar{B} = \left\{ \frac{1 \vee 0}{u_1} + \frac{0.8 \vee 0.1}{u_2} + \frac{0.3 \vee 0.2}{u_3} + \frac{0.2 \vee 0.8}{u_4} + \frac{0 \vee 1}{u_5} \right\} =$$

$$\left\{ \frac{1}{u_1} + \frac{0.8}{u_2} + \frac{0.3}{u_3} + \frac{0.8}{u_4} + \frac{1}{u_5} \right\}$$

5.3.2 隶属函数的确定

由上述可见，模糊集完全由隶属函数所刻画。因此，在航空发动机状态监控和故障诊断各个环节中所遇到的各种模糊信息，可借助模糊数学中的隶属函数来描述和处理。应用模糊数学理论建立故障诊断模型，就是要正确地确立征兆与故障成因间的隶属关系，建立相应的模糊关系诊断矩阵。所以，正确地确定隶属函数是应用模糊数学理论定量地刻画模糊故障信息的基础，是解决航空发动机状态监测和故障诊断问题的首要条件。

1. 概率统计与模糊统计

如同在概率统计中，事件 A 发生的频率定义为在 n 次试验中事件 A 发生的次数 m 与试验次数 n 的比值一样，在模糊统计中，在确定元素 u_0 对集合 A 的隶属度时，可以通过做大量的模糊统计试验来找出其统计规律。

① 模糊统计试验的基本要求是：在每一次试验中，要对 u_0 是否属于 A 作一个确切的判断，即在每一次试验中，A 必须是一个确切的普通集合。

② 模糊统计试验的特点是：如果在所做的 n 次试验中，元素 u_0 属于 A 的次数为 m，则元素 u_0 对模糊集 A 的隶属频率定义为

$$\text{元素 } u_0 \text{ 对模糊集} A \text{ 的隶属频率} = \frac{u_0 \text{ 属于 } A \text{ 的次数 } m}{\text{试验的总次数 } n} \tag{5.25}$$

当试验次数 n 无限增大时,元素 u_0 对模糊集 $\underset{\sim}{A}$ 的隶属频率总是稳定于某一数,这个稳定的数称为元素 u_0 对模糊集 $\underset{\sim}{A}$ 的隶属度。

例如:设论域 $U = [400, 1\,000\ \text{K}]$,$A^*$ 为"排气温度高",是 U 上的一个运动着的、边界可变的普通集合。排气温度多大为高?这含义是不明确的。每次试验是在 U 中间固定一元素 $u \in U$,比如 $u = 600\ \text{K}$ 让大量专业人员各自对此温度值进行评定是不是属于温度高这个集合 A^*。当然,每个人的评定不会都一样,有的人认为"600 K 属于温度高",即 $u \in A^*$,但也有人认为"600 K 不属于温度高",即 $u \notin A^*$。这样,u 对排气温度的隶属度 $\mu_{A^*}(u)$ 可表示为

$$\mu_{A^*}(u) = \lim \frac{u \in A^* \text{ 的次数}}{\text{总的试验次数 } n} \tag{5.26}$$

式中:总的试验次数 n 就是参加评定的总人数。实践证明,随着的 n 的增大,$\mu_{A^*}(u)$ 也会趋向 $[0,1]$ 闭区间的一个数,这个数就是隶属度。对所有不同的 $u \in U$,进行与上类似的模糊统计,即得到与不同 u 相对应的隶属度,此即 U 上的模糊子集,$\underset{\sim}{A^*} = \{$排气温度高$\}$。

求隶属函数有多种方法,如:模糊统计求法、利用隶属函数图表的求法和构造隶属函数的待定系数法。在此,只讨论模糊统计求法。

2. 隶属函数的模糊统计求法

隶属函数的统计求法是在上述模糊统计的基础上进行的,下面结合一实例讲明这种求法的步骤。

[例 5.4] 设论域 $U = [400, 1\,000\ \text{K}]$,模糊子集 $\underset{\sim}{A} = \{$某工作状态排气温度较高$\}$,约请 60 名(当然人数越多越好)专业人员,在他们独立并认真地考虑了"排气温度较高"的含义之后,各自提出他们认为最符合"排气温度较高"的温度范围,这相当于进行了 60 次模糊统计试验,故样本总数 $n = 60$,60 个人所提的温度范围如下($\times 100\ \text{K}$):

4.5～7.0	5.2～9.5	5.9～6.6	6.0～6.5	5.5～9.8	4.8～6.5
5.0～8.0	6.1～7.2	5.8～6.7	6.0～6.8	5.8～9.2	4.0～7.1
6.0～9.0	6.3～7.8	5.9～8.2	6.1～7.3	5.7～8.3	4.6～8.7
4.0～9.0	6.0～10	5.3～9.2	6.2～8.1	5.8～9.5	5.8～9.0
6.2～6.8	5.0～6.5	4.9～6.6	6.3～8.2	6.0～9.7	5.9～7.1
5.8～7.2	6.1～7.3	6.0～7.0	6.3～7.6	6.1～9.8	6.0～8.0
5.3～8.5	6.3～8.0	6.2～7.5	6.2～7.8	6.2～7.5	6.0～6.0
5.5～6.8	6.2～10	6.1～8.5	6.1～9.0	6.1～8.0	6.1～9.0
5.0～6.6	6.2～6.6	6.3～9.2	6.2～6.5	6.0～7.3	6.2～9.7
4.3～9.2	6.0～6.8	6.3～7.2	6.0～10	6.3～9.2	6.2～9.5

再将以上所列数据按温度分组,并计算出频率数,比如 4.35～4.55($\times 100\ \text{K}$)共出现 3 次,故频数 $m = 3$,因为试验了 $n = 60$ 次,故最高频数为 60,相对频数为 $m/60$。现每隔 20 K 计算一次,计算其频数与相对频数,列于表 5-6 中。

表 5 - 6　频数分布

序号	分组	频数	相对频数	序号	分组	频数	相对频数	序号	分组	频数	相对频数
01	4.00～4.35	2	0.033	11	6.15～6.35	60	1.000	21	8.15～8.35	26	0.433
02	4.35～4.55	3	0.050	12	6.35～6.55	60	1.000	22	8.35～8.55	23	0.383
03	4.55～4.75	3	0.050	13	6.55～6.75	55	0.917	23	8.55～8.75	21	0.350
04	4.75～4.95	7	0.117	14	6.75～6.95	51	0.850	24	8.75～8.95	21	0.350
05	4.95～5.15	10	0.167	15	6.95～7.15	48	0.800	25	8.95～9.15	21	0.350
06	5.15～5.35	13	0.217	16	7.15～7.35	48	0.800	26	9.15～9.35	17	0.283
07	5.35～5.55	15	0.250	17	7.35～7.55	37	0.617	27	9.35～9.55	12	0.200
08	5.55～5.75	16	0.267	18	7.55～7.75	35	0.583	28	9.55～9.75	8	0.133
09	5.75～5.95	23	0.383	19	7.75～7.95	34	0.567	29	9.75～10.0	4	0.067
10	5.95～6.15	42	0.700	20	7.95～8.15	32	0.533	30			

表中相对频数即为每一温度区间所对应的隶属度。利用表 5 - 6 中数据即可作出模糊集 $\underset{\sim}{A}$ "排气温度较高"的隶属函数曲线,如图 5 - 18 所示。由该曲线可得:在 $u_0 = 620$ K 时,对应的 $\mu_{\underset{\sim}{A}}(u_0) = 1$。

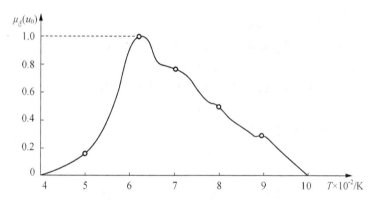

图 5 - 18　排气温度较高隶属函数

由例 5.4 可以看出,隶属函数的统计求法的实质是:将外场发动机故障诊断中常用的自然语言以隶属度的形式进行数量化,有效地总结了大量专业人员对征兆的表现程度的体会,避免了某一个人的偏见,使其更符合客观实际。例如就"某状态排气温度较高"这一句外场常用的自然语言,若不用隶属函数来表达,就很难对其有一个比较明确的解说,比如某一人认为 620 K 算"较高",那么 619.99 K 算不算"较高"?显然很难划出明确的界限。用隶属函数表达"较高",使不同的温度值对"较高"这一模糊子集具有相应的隶属度,使模糊的自然语言得以数量化。

在作上述模糊统计时,必须要求参与模糊统计的专业人员对所使用的自然语言概念熟悉,并有用数量近似表达这一概念的能力。对原始数据要进行初步分析,发现有明显不合乎逻辑的数据应予作废。

3. 二元对比排序法

二元对比排序法中有相对比较法、对比平均法、优先关系定序法、择优比较法等几种方法，在此仅举例介绍一下对比平均法。

当论域 U 中的元素大于或等于 3 时，即设论域为

$$U = \{u_1, u_2, \cdots, u_n\}, \quad n \geqslant 3$$

先将论域中的各元素分别两两进行比较，即当只考虑论域中的两个元素时，求出某一元素 u_i 对模糊集 A 的相似程度，用 $g(u_i, u_j)(i = 1, \cdots, n; j = 1, \cdots, n)$ 表示，称为二元比较级。

将该元素 u_i 对各元素的二元比较级求和平均，即得元素 u_i 对模糊集 A 的隶属度，即

$$\mu(u_i) = \frac{1}{n}\sum_{j=1}^{n} g(u_i, u_j)$$

[例 5.5]　根据 A、B、C 三朵花，求模糊集"美丽"的隶属函数。

解　设论域

$$E = \{A, B, C\}$$

式中：3 个元素分别用 u_1, u_2, u_3 表示。

当 A 花与 B 花两两比较时，得出 A 花的美丽度为 0.85，即

$$g(u_1, u_2) = 0.85$$

当 A 花与 C 花两两比较时，得出 A 花的美丽度为 0.9，即

$$g(u_1, u_3) = 0.90$$

当 B 花与 A 花两两比较时，得出 B 花的美丽度为 0.72，即

$$g(u_2, u_1) = 0.72$$

同理，依次有：

$$g(u_2, u_3) = 0.82, \quad g(u_3, u_1) = 0.55, \quad g(u_3, u_2) = 0.41$$

另有：

$$g(u_i, u_i) = 1$$

则

$$\mu(u_1) = \frac{1}{3}[g(u_1,u_1) + g(u_1,u_2) + g(u_1,u_3)] = 0.92$$

$$\mu(u_2) = \frac{1}{3}[g(u_2,u_1) + g(u_2,u_2) + g(u_2,u_3)] = 0.85$$

$$\mu(u_3) = \frac{1}{3}[g(u_3,u_1) + g(u_3,u_2) + g(u_3,u_3)] = 0.65$$

所以

$$A = \left[\frac{0.92}{u_1} + \frac{0.85}{u_2} + \frac{0.65}{u_3}\right]$$

4. 待定系数法

在模糊诊断的实际应用中,可根据隶属函数的形状,借用常见的模糊分布确定适当的隶属函数表达式,可简化建立隶属函数的过程。

(1) 隶属函数的主要类型

常用的隶属函数的主要类型如下:

1) 戒上型(偏小型)

如降半 Γ 型分布、降半正态形分布、降半梯形分布、降半哥西形分布和降半岭形分布等。其特点是当 u 增大,隶属度减小,u 有一上界,超过此界时隶属度为零。这种分布适用于 u 很小的隶属函数。

2) 戒下型(偏大型)

如升半 Γ 型分布、升半正态形分布、升半梯形分布、升半哥西形分布和升半岭形分布等。其特点是隶属度随 u 增大而增大,u 有一下界,小于此界时 隶属度为零。这种分布适用于 u 较大的隶属函数。

3) 中间型(对称型)

如尖 Γ 型分布、正态形分布、梯形分布、哥西形分布和岭形分布等。其特点是隶属函数相对于某一 u 值对称分布。

除对称型分布中的岭形分布外,其余函数的论域 u 均取正值。

常用的隶属函数的名称、函数表达式和图形如表 5-7 所列。

表 5-7　常用的隶属函数的名称、函数表达式和图形

类　型	隶属函数名称	隶属函数图形	隶属函数表达式
偏小型（戒上型）	降半 Γ 形分布		$\mu(x) = \begin{cases} 1, & x \leqslant a \\ e^{-k(x-a)}, & x > a, k > 0 \end{cases}$
	降半正态形分布		$\mu(x) = \begin{cases} 1, & x \leqslant a \\ e^{-k(x-a)^2}, & x > a, k > 0 \end{cases}$
	降半哥西形分布		$\mu(x) = \begin{cases} 1, & x \leqslant a \\ \dfrac{1}{1+a(x-a)^\beta}, & x > a, a > 0, \beta > 0 \end{cases}$

类　型	隶属函数名称	隶属函数图形	隶属函数表达式
偏小型（戒上型）	降半凹(凸)形分布		$\mu(x) = \begin{cases} 1 - ax^k, & 0 \leqslant x \leqslant \dfrac{1}{\sqrt[k]{a}} \\ 0, & x > \dfrac{1}{\sqrt[k]{a}} \end{cases}$
	降半梯形分布		$\mu(x) = \begin{cases} 1, & 0 \leqslant x \leqslant a_1 \\ \dfrac{a_2 - x}{a_2 - a_1}, & a_1 \leqslant x \leqslant a_2 \\ 0, & x \geqslant a_2 \end{cases}$
	降半岭形分布		$\mu(x) = \begin{cases} 1, & 0 \leqslant x \leqslant a_1 \\ \dfrac{1}{2} - \dfrac{1}{2}\sin\dfrac{\pi}{a_2 - a_1}\left(x - \dfrac{a_2 + a_1}{2}\right), & a_1 \leqslant x \leqslant a_2 \\ 0, & x \geqslant a_2 \end{cases}$
偏大型（戒下型）	升半 Γ 形分布		$\mu(x) = \begin{cases} 0, & x \leqslant a \\ 1 - e^{-k(x-a)}, & x > a, k > 0 \end{cases}$
	升半正态形分布		$\mu(x) = \begin{cases} 0, & x \leqslant a \\ 1 - e^{-k(x-a)^2}, & x > a, k > 0 \end{cases}$
	升半哥西形分布		$\mu(x) = \begin{cases} 1, & x \leqslant a \\ \dfrac{1}{1 + a(x-a)^{-\beta}}, & x > a, a > 0, \beta > 0 \end{cases}$
	升半凹(凸)形分布		$\mu(x) = \begin{cases} 0, & 0 \leqslant x \leqslant a \\ a(x-a)^k, & a < x < a + \dfrac{1}{\sqrt[k]{a}} \\ 1, & x \geqslant a + \dfrac{1}{\sqrt[k]{a}} \end{cases}$

类　型	隶属函数名称	隶属函数图形	隶属函数表达式
偏大型（戒下型）	升半梯形分布		$\mu(x) = \begin{cases} 0, & 0 \leqslant x \leqslant a_1 \\ \dfrac{x-a_1}{a_2-a_1}, & a_1 \leqslant x \leqslant a_2 \\ 1, & x \geqslant a_2 \end{cases}$
偏大型（戒下型）	升半岭形分布		$\mu(x) = \begin{cases} 0, & 0 \leqslant x \leqslant a_1 \\ \dfrac{1}{2} + \dfrac{1}{2}\sin\dfrac{\pi}{a_2-a_1}\left(x - \dfrac{a_2+a_1}{2}\right), & a_1 < x \leqslant a_2 \\ 1, & x > a_2 \end{cases}$
中间型（对称型）	矩形分布		$\mu(x) = \begin{cases} 0, & 0 \leqslant x \leqslant a-b \\ 1, & a-b \leqslant x \leqslant a+b \\ 0, & x \geqslant a+b \end{cases}$
中间型（对称型）	尖 Γ 形分布		$\mu(x) = \begin{cases} e^{k(x-a)}, & x \leqslant a \\ e^{-k(x-a)}, & x > a, k > 0 \end{cases}$
中间型（对称型）	正态形分布		$\mu(x) = e^{-k(x-a)^2}, k > 0$
中间型（对称型）	哥西形分布		$\mu(x) = \dfrac{1}{1 + \alpha(x-a)^{\beta}}, \alpha > 0, \beta$ 为正偶数

类　型	隶属函数名称	隶属函数图形	隶属函数表达式
中间型（对称型）	梯形分布		$$\mu(x)=\begin{cases}0, & 0\leqslant x\leqslant a-a_2\\[4pt]\dfrac{a_2+x-a}{a_2-a_1}, & a-a_2<x<a-a_1\\[4pt]1, & a-a_1\leqslant x\leqslant a+a_1\\[4pt]\dfrac{a_2-x+a}{a_2-a_1}, & a+a_1<x<a+a_2\\[4pt]0, & x\geqslant a+a_2\end{cases}$$
	岭形分布		$$\mu(x)=\begin{cases}0, & x\leqslant-a_2\\[4pt]\dfrac{1}{2}+\dfrac{1}{2}\sin\dfrac{\pi}{a_2-a_1}\left(x-\dfrac{a_2+a_1}{2}\right), & -a_2<x\leqslant-a_1\\[4pt]1, & -a_1<x\leqslant a_1\\[4pt]\dfrac{1}{2}-\dfrac{1}{2}\sin\dfrac{\pi}{a_2-a_1}\left(x-\dfrac{a_2+a_1}{2}\right), & a_1<x\leqslant a_2\\[4pt]0, & x>a_2\end{cases}$$

（2）待定系数法

待定系数法即根据实际工作经验或将观测数据的分布情况与简单的隶属函数图形作比较,大致确定模糊分布的函数类型,再求几个必要的点处的隶属度,以确定待定系数。

1）线性隶属函数

梯形分布的斜边部分属于线性隶属函数。为简单起见,令梯形分布的顶边为零,使其蜕化为三角形的分布。

此时,可以把论域 U 限制在实数轴上,先确定一个点 u_0,使得 $\mu_{\underset{\sim}{A}}(u_0)=1$;再在 u_0 左边和右边分别确定一个点 $u_1,u_2,u_1<u_0<u_2$,使得

$$\mu_{\underset{\sim}{A}}(u_1)=\mu_{\underset{\sim}{A}}(u_2)=0$$

并且当 $u_1<u\leqslant u_2$ 时,有 $\mu_{\underset{\sim}{A}}(u)>0$ 。

用线性插值公式得到待定系数法建立的隶属函数 $\mu_{\underset{\sim}{A}}(u)$ 为

$$\mu_{\underset{\sim}{A}}(u)=\begin{cases}f_1(u), & 当\ u_1\leqslant u\leqslant u_0\\ f_2(u), & 当\ u_0\leqslant u\leqslant u_2\\ 0, & 其他情况\end{cases}$$

其中:

$$f_1(u)=\frac{1}{u_0-u_1}(u-u_1)$$

$$f_2(u) = \frac{1}{u_2 - u_0}(u - u_2)$$

以上两式为线性函数,且满足 $f_1(u_0) = f_2(u_0) = 1, f_1(u_1) = f_2(u_2) = 0$。

由此可见,要建立模糊集 $\underset{\sim}{A}$ 的隶属函数 $\mu_{\underset{\sim}{A}}(u)$,关键在于确定 3 个点,即 u_1, u_0, u_2 等。

2)非线性隶属函数

用待定系数法确定非线性的隶属函数,其步骤如下:

① 根据经验确定隶属函数的形式;

② 构造非线性的隶属函数的表达式;

③ 确定待定系数。

[例 5.6]　研究电厂汽轮机设备的状态,可用主蒸汽压力、低压缸排气温度、各轴承振动等参数,其值增大表示状态朝异常或故障方向发展。

选择论域为主蒸汽压力

$$U = \{u_1, u_2, u_3\}$$

式中:$u_1 = \{$正常值$\}$, $u_2 = \{$报警值$\}$, $u_3 = \{$停机值$\}$。

在电厂汽轮机设备热力参数的故障诊断中,以参数略高为报警标准,参数极高为停机标准,分别为:$u_1 = 16.57$ MPa,$u_2 = 17.35$ MPa,$u_3 = 21.57$ MPa。

令模糊集为 $\underset{\sim}{A} = \{$发生故障$\}$。

根据经验,论域上的元素对 u 模糊集 $\underset{\sim}{A}$ 的隶属函数 $\mu_{\underset{\sim}{A}}(u)$ 一般为"升半 Γ 型"分布,故选用指数型函数,即

$$\mu_{\underset{\sim}{A}}(u) = ae^{bu} + c \tag{5.27}$$

式中:a、b、c 是待定系数。

指数型分布的特点是:前期变化缓慢,后期变化陡峭,符合设备状态参数变化特点。

根据理论公式可以确定元素 u 对模糊集 $\underset{\sim}{A}$ 的隶属度:

正常状态　$\mu_{\underset{\sim}{A}}(u_1) = 0$

报警状态　$\mu_{\underset{\sim}{A}}(u_2) = 0.5^2 = 0.25$

停机状态　$\mu_{\underset{\sim}{A}}(u_3) = 0.5^{\frac{1}{4}} = 0.84$

式中:0.5 为阈值(门槛值)。

将以上三个隶属度值代入式(5.27),可得:$a = -461.182, b = -0.371, c = 0.996$。因此,主蒸汽压力 u 对"发生故障"模糊集 $\underset{\sim}{A}$ 的隶属函数 $\mu_{\underset{\sim}{A}}(u)$ 为

$$\mu_{\underset{\sim}{A}}(u) = \begin{cases} -461.182e^{-0.371u} + 0.996, & u > 16.57 \\ 0, & u \leqslant 16.57 \end{cases}$$

5. 其他方法

在故障诊断问题中,可以利用动态信号处理的结果建立隶属函数,叫做动态信号处理法,

举例如下：

(1) 相关系数法

当研究线性动态信号 $x(t)$ 中周期分量（或噪声）多少时，也可以属于模糊领域。

设论域 $U = \{x_i(t), i = 1, 2, \cdots, n\}$，用 $\underset{\sim}{A}$ 表示 $x_i(t)$ 中周期分量大的模糊子集，则隶属函数为

$$\mu_{\underset{\sim}{A}}(x_i) = \frac{E[\max R_{x_i}(\tau)] - (\bar{x_i})^2}{\sigma_{x_i}^2}$$

式中：$E[\max R_{x_i}(\tau)]$ 是当 $0 < \tau_0 < \tau$ 时自相关函数极大值的平均值，τ_0 是一足够大的正数。

当 $x_i(t)$ 为周期函数时，$\mu_{\underset{\sim}{A}}(x_i) = 1$；$\mu_{\underset{\sim}{A}}(x_i) \in [0, 1]$。

(2) 状态参量法

不同时期机械所处状态的某些参量的值增大时，表示状态相故障严重方向发展（如谱峰值、均方差、偏心等）。

参量 u 属于模糊子集 $\underset{\sim}{A} = \{严重异常状态\}$ 的隶属函数可定义为

$$\mu_{\underset{\sim}{A}}(u) = \begin{cases} 0, & 0 \leqslant u \leqslant a_1 \\ \dfrac{u - a_1}{a_2 - a_1}, & a_1 < u \leqslant a_2 \quad （升半梯形分布） \\ 1, & u > a_2 \end{cases}$$

式中：a_1 和 a_2 是根据工程要求设定的下限和上限值。

如果定义：

$$\underset{\sim}{B} = \{状态正常或无异常状态\}$$

则
$$\mu_{\underset{\sim}{B}}(u) = 1 - \mu_{\underset{\sim}{A}}(u)$$

利用动态信号处理的结果确定隶属函数的方法还有：凝聚函数法、谱距离指标法、峭度指标法等。

5.3.3　模糊诊断方法

1. 模糊模式识别方法

在故障诊断范畴里，所谓"模式"是能够反映一类事物特征并能够与别类事物相区分的样板。模式识别就是对故障进行区分和归类以达到辨识目的的一种科学方法。故障诊断的模式识别由两个过程组成：一是学习过程，即把所研究系统的状态分为若干模式类；二是识别过程，即用模式类的样板对待检状态进行分类决策。

在故障诊断的实际问题中，当诊断对象的故障、故障原因、征兆是明确、清晰和肯定的，即模式是明确、清晰和肯定的，可以应用故障的模式识别诊断方法。而诊断对象的模式具有模糊

性时,可以用"模糊模式识别"方法来处理。模糊模式识别的方法大致可分为两种:一种是模糊模式识别的直接方法,另一种是模糊模式识别的间接方法。正确地提取状态特征并根据特征量构造判别函数是模式识别的关键步骤。

2. 故障诊断模糊模式识别的直接方法

故障诊断模糊模式识别的直接方法就是直接根据隶属函数或隶属度进行判断。

设 U 是给定的待识别诊断对象全体的集合,U 中的每个诊断对象 u 有 p 个特性指标 $u_1,u_2,\cdots,u_p$。每个特性指标所刻画的是诊断对象 u 的某个特征,于是由 p 个特性指标确定的每一个诊断对象 u 可记为

$$u = (u_1,u_2,\cdots,u_p)$$

此式称为诊断对象的特性向量。

识别对象集合 U 可分为 n 个类别,且每一类别均是 U 上的一个模糊集,记作:$\underset{\sim}{A}_1,\underset{\sim}{A}_2,\cdots,\underset{\sim}{A}_n$,则称它们为模糊模式。

模糊识别的宗旨是把对象 $u = (u_1,u_2,\cdots,u_p)$ 划归一个与其相似的类别 $\underset{\sim}{A}_i$ 中。

当一个识别算法作用于诊断对象 u 时,就产生一组隶属度,$\mu_{\underset{\sim}{A}_1}(u),\mu_{\underset{\sim}{A}_2}(u),\cdots,\mu_{\underset{\sim}{A}_n}(u)$,它们分别表示诊断对象 u 隶属于类别 $\underset{\sim}{A}_1,\underset{\sim}{A}_2,\cdots,\underset{\sim}{A}_n$ 的程度。

建立了模糊模式的隶属函数组之后,我们可以按照某种隶属原则对诊断对象 u 进行判断,指出它应归属哪一类别。可采用的隶属原则如下。

(1) 最大隶属度原则

设 $\underset{\sim}{A}$ 是给定论域 U 上的一个模糊子集,$u_1,u_2,\cdots,u_n$,是论域 U 中的 n 个待选择诊断对象,若

$$\mu_{\underset{\sim}{A}}(u_i) = \max[\mu_{\underset{\sim}{A}}(u_1),\mu_{\underset{\sim}{A}}(u_2),\cdots,\mu_{\underset{\sim}{A}}(u_n)]$$

则认为 u_i 优先隶属于模糊子集 $\underset{\sim}{A}$(即选其中隶属度最大者 u_i 优先隶属于 $\underset{\sim}{A}$)。

(2) 最大隶属原则

设 $\underset{\sim}{A}_1,\underset{\sim}{A}_2,\cdots,\underset{\sim}{A}_n$ 是给定的论域 U 上的 n 个模糊子集(模糊模式),$u_0 \in U$ 是一被识别诊断对象,若 $\mu_{\underset{\sim}{A}_i}(u_0) = \max(\mu_{\underset{\sim}{A}_1}(u_0),\mu_{\underset{\sim}{A}_2}(u_0),\cdots,\mu_{\underset{\sim}{A}_n}(u_0))$,则认为 u_0 优先隶属于 $\underset{\sim}{A}_i$。

(3) 阈值原则

设给定的论域 U 上的 n 个模糊子集(模糊模式) $\underset{\sim}{A}_1,\underset{\sim}{A}_2,\cdots,\underset{\sim}{A}_n$,规定一个阈值(水平)$\lambda \in [0,1]$,$u_0 \in U$ 是一被识别诊断对象。

① 若 $\max[\mu_{\underset{\sim}{A}_1}(u_0),\mu_{\underset{\sim}{A}_2}(u_0),\cdots,\mu_{\underset{\sim}{A}_n}(u_0)] < \lambda$,则作"拒绝识别"的判决,应查找原因另作分析。

② 若 $\max[\mu_{\underset{\sim}{A}_1}(u_0),\mu_{\underset{\sim}{A}_2}(u_0),\cdots,\mu_{\underset{\sim}{A}_n}(u_0)] \geqslant \lambda$,并且共有 k 个 $\mu_{\underset{\sim}{A}_{i1}}(u_0),\mu_{\underset{\sim}{A}_{i2}}(u_0),\cdots,\mu_{\underset{\sim}{A}_{ik}}(u_0)$ 大于或等于 λ,则认为识别可行,并将 u_0 划归于 $\underset{\sim}{A}_{i1} \bigcap \underset{\sim}{A}_{i2} \bigcap \cdots \bigcap \underset{\sim}{A}_{ik}$。

　　在实际诊断中,还可将最大隶属原则和阈值原则结合起来应用。对各模糊子集和诊断对象的隶属函数还可加权处理。

3. 故障诊断模糊模式识别的间接方法

　　在识别的直接方法中,待识别的诊断对象 u 是确定的单个元素,即所要识别的诊断对象 U 是清楚的。但在故障诊断的实际问题中,有时待识别的诊断对象并不是确定的单个元素,而是论域 U 上的模糊子集,并且已知模式也是论域 U 上的模糊子集。这时所讨论的模糊模式识别问题,需要采用模糊模式识别的间接方法,按择近原则来处理。

　　设 U 是全体待识别诊断对象的集合,而且每一诊断对象 $\underset{\sim}{B}$ 均是 U 上的模糊子集,并且 U 中每一个元素有 p 个特性指标 $(u_1, u_2, \cdots, u_p)$。给定论域 U 上的 n 个已知模糊模式(模糊子集) $\underset{\sim}{A_1}, \underset{\sim}{A_2}, \cdots, \underset{\sim}{A_n}$,在判断待识别诊断对象 $\underset{\sim}{B}$ 应归属于哪一个模糊模式 $\underset{\sim}{A_i}(i=1,2,\cdots,n)$ 时,需要确定 $\underset{\sim}{B}$ 与 $\underset{\sim}{A_i}$ 的贴近度 $\sigma(\underset{\sim}{B}, \underset{\sim}{A_i})$,如何按照下面介绍的择近原则对诊断对象 $\underset{\sim}{B}$ 进行判决,即指出它应归属于哪一模式。

　　择近原则:设 $\underset{\sim}{A_1}, \underset{\sim}{A_2}, \cdots, \underset{\sim}{A_n}$,为论域 U 上的 n 个模糊模式(模糊子集), $\underset{\sim}{B}$ 也是 U 上的一个模糊子集,若:

$$\sigma(\underset{\sim}{B}, \underset{\sim}{A_i}) = \max(\sigma(\underset{\sim}{B}, \underset{\sim}{A_1}), \sigma(\underset{\sim}{B}, \underset{\sim}{A_2}), \cdots, \sigma(\underset{\sim}{B}, \underset{\sim}{A_n}))$$

则认为 $\underset{\sim}{B}$ 应归属于 $\underset{\sim}{A_i}$,这里 σ 是某一种贴近度。

　　表 5-8 和表 5-9 所列是几种常用的距离和贴近度。

表 5-8　几种常用的距离

距离类型	数学表达式
海明(Hamming)距离	$d_1(\underset{\sim}{A}, \underset{\sim}{B}) = \dfrac{1}{n} \sum\limits_{i=1}^{n} \left\| \mu_{\underset{\sim}{A}}(u_i) - \mu_{\underset{\sim}{B}}(u_i) \right\|$
欧几里得(Eoelid)距离	$d_2(\underset{\sim}{A}, \underset{\sim}{B}) = \dfrac{1}{\sqrt{n}} \sqrt{\sum\limits_{i=1}^{n} [\mu_{\underset{\sim}{A}}(u_i) - \mu_{\underset{\sim}{B}}(u_i)]^2}$
闵可夫斯基(Minkowski)距离	$d_3(\underset{\sim}{A}, \underset{\sim}{B}) = \left[\dfrac{1}{n} \sum\limits_{i=1}^{n} \left\| \mu_{\underset{\sim}{A}}(u_i) - \mu_{\underset{\sim}{B}}(u_i) \right\|^p \right]^{\frac{1}{p}}, \ p \geqslant 1$
另一种形式的距离	$d_4(\underset{\sim}{A}, \underset{\sim}{B}) = \dfrac{\dfrac{1}{n} \sum\limits_{i=1}^{n} \left\| \mu_{\underset{\sim}{A}}(u_i) - \mu_{\underset{\sim}{B}}(u_i) \right\|}{\dfrac{1}{n} \sum\limits_{i=1}^{n} [\mu_{\underset{\sim}{A}}(u_i) - \mu_{\underset{\sim}{B}}(u_i)]}$

注:距离的计算即隶属函数的运算。

表 5-9　几种常用的贴近度

贴近度类型	数学表达式
海明贴近度	$\sigma_1(\underset{\sim}{A},\underset{\sim}{B}) = 1 - d_1(\underset{\sim}{A},\underset{\sim}{B}) = 1 - \dfrac{1}{n}\sum\limits_{i=1}^{n}\left|\mu_{\underset{\sim}{A}}(u_i) - \mu_{\underset{\sim}{B}}(u_i)\right|$
欧几里得贴近度	$\sigma_2(\underset{\sim}{A},\underset{\sim}{B}) = 1 - d_2(\underset{\sim}{A},\underset{\sim}{B}) = 1 - \dfrac{1}{\sqrt{n}}\sqrt{\sum\limits_{i=1}^{n}\left[\mu_{\underset{\sim}{A}}(u_i) - \mu_{\underset{\sim}{B}}(u_i)\right]^2}$
闵可夫斯基贴近度	$\sigma_3(\underset{\sim}{A},\underset{\sim}{B}) = 1 - d_3(\underset{\sim}{A},\underset{\sim}{B}) = 1 - \left[\dfrac{1}{n}\sum\limits_{i=1}^{n}\left|\mu_{\underset{\sim}{A}}(u_i) - \mu_{\underset{\sim}{B}}(u_i)\right|^p\right]^{\frac{1}{p}}$
另一种形式的贴近度	$\sigma_4(\underset{\sim}{A},\underset{\sim}{B}) = 1 - d_4(\underset{\sim}{A},\underset{\sim}{B}) = 1 - \dfrac{\frac{1}{n}\sum\limits_{i=1}^{n}\left|\mu_{\underset{\sim}{A}}(u_i) - \mu_{\underset{\sim}{B}}(u_i)\right|}{\frac{1}{n}\sum\limits_{i=1}^{n}\left[\mu_{\underset{\sim}{A}}(u_i) - \mu_{\underset{\sim}{B}}(u_i)\right]}$

[例 5.7]　设

$$U = \{n_1, n_2, \cdots, n_6\}$$

$$\underset{\sim}{A} = \frac{0.6}{u_1} + \frac{0.8}{u_2} + \frac{1}{u_3} + \frac{0.8}{u_4} + \frac{0.6}{u_5} + \frac{0.4}{u_6}$$

$$\underset{\sim}{B} = \frac{0.4}{u_1} + \frac{0.6}{u_2} + \frac{0.3}{u_3} + \frac{1}{u_4} + \frac{0.8}{u_5} + \frac{0.6}{u_6}$$

则有

$$d_1(\underset{\sim}{A},\underset{\sim}{B}) = \frac{1}{6}\sum_{i=1}^{6}\left|\mu_{\underset{\sim}{A}}(u_i) - \mu_{\underset{\sim}{B}}(u_i)\right| \approx 0.28$$

$$d_2(\underset{\sim}{A},\underset{\sim}{B}) = \frac{1}{\sqrt{6}}\sqrt{\sum_{i=1}^{6}\left[\mu_{\underset{\sim}{A}}(u_i) - \mu_{\underset{\sim}{B}}(u_i)\right]^2} \approx 0.34$$

取 $p = \dfrac{1}{3}$，则有

$$d_3(\underset{\sim}{A},\underset{\sim}{B}) = \left[\frac{1}{6}\sum_{i=1}^{6}\left|\mu_{\underset{\sim}{A}}(u_i) - \mu_{\underset{\sim}{B}}(u_i)\right|^{\frac{1}{3}}\right]^3 \approx 0.16$$

$$d_4(\underset{\sim}{A},\underset{\sim}{B}) = \frac{\frac{1}{6}\sum\limits_{i=1}^{6}\left|\mu_{\underset{\sim}{A}}(u_i) - \mu_{\underset{\sim}{B}}(u_i)\right|}{\frac{1}{6}\sum\limits_{i=1}^{6}\left[\mu_{\underset{\sim}{A}}(u_i) - \mu_{\underset{\sim}{B}}(u_i)\right]} \approx 0.22$$

由前述可知：用距离来度量模糊性时，需要把许多项相加求和，且当论域为连续的时候还要计算积分，这往往是一项复杂的工作。

注：贴近度的计算亦即隶属函数的运算。

模糊故障诊断除了模糊模式识别方法之外,还有模糊综合评判方法、模糊聚类方法等。模糊聚类分析是依据诊断对象间故障和征兆的特征、亲疏程度和相似性,通过建立模糊相似关系对诊断对象进行故障分类和诊断的数学方法。故障诊断的模糊综合评判就是应用模糊变换原理和最大隶属原则,根据各故障原因与故障征兆之间的不同程度的因果关系,在综合考虑所有征兆的基础上,来诊断设备发生故障的可能原因。这里,评价的着眼点是所要考虑的各个相关的故障原因。在故障诊断的模糊聚类分析中,要对样本所发生的故障进行合理的诊断分类。这种方法适用于样本的故障和征兆之间的关系尚不明了的情况,如喷气发动机空中自动停车的故障诊断问题。在大量的统计资料中,停车故障与观测量如飞机飞行高度、速度、发动机排气温度和转速等之间存在着复杂的关系,我们对各类停车故障和各征兆间的规律尚一无所知,这时必须应用模糊聚类分析方法来寻找它们之间的关系。

对于故障诊断的模糊综合评判方法和模糊聚类分析方法在此不作详细讨论。感兴趣的读者请查阅有关论著。

5.3.4　模糊故障诊断实例

下面介绍"最大隶属原则诊断方法"的一个应用实例。通过这个实例来了解如何将模糊故障诊断理论应用于故障诊断中,即如何具体地得到论域 U、模糊子集 $\underset{\sim}{A_i}$ 与相应的隶属函数 $\mu_{\underset{\sim}{A_i}}(u)$。

1. 征兆群空间

设某类故障共有 n 种征兆,$x_i(i=1,2,\cdots,n)$ 是描述第 i 个征兆的状态变量,最简单的形式是 x_i 只取 0 和 1。当征兆出现时 x_i 取 1,当征兆不出现时 x_i 取 0。n 个征兆变量的每一种取值组合构成一个征兆群,对应着 n 维空间中的一个点。全体征兆群的集合,称为征兆群空间,记作 X,它对应于 n 维空间的 2^n 个点。

例如,考虑自动停车故障有 3 个征兆的情况,即用 x_1 表示"振动",x_2 表示"转速急降",x_3 表示"超温"的状态变量,则在三维空间中建立 8 个点,即 $(0,0,0),(0,0,1),(0,1,0),(0,1,1),(1,0,0),(1,0,1),(1,1,0),(1,1,1)$。此 8 个点分别对应 8 个"征兆群",用 $u_1,u_2,\cdots,u_8$ 来表示。

在 n 个征兆的情况下,n 维空间就有 2^n 个点,分别对应着 2^n 个"征兆群",所有征兆群构成的征兆空间就是论域 U

$$U = \{u_1,u_2,\cdots,u_{2^n}\}$$

2. 故障成因

故障成因,也就是造成故障征兆的原因。当发生某一故障时,可能会出现若干个征兆;而具体地对某一个征兆而言,有可能与若干个故障都有联系。故障成因的决断因此困难。

设 $A_1, A_2, \cdots, A_m$ 分别表示 m 种故障成因,它们是征兆群空间 X(论域 U)上的 m 个模糊子集。下面的问题是如何在征兆群空间上建立各种故障成因的隶属函数 $\mu_{A_i}(u)(i = 1, 2, \cdots, m)$。

3. 求隶属函数

这里假设我们考虑有 n 种征兆。在诊断过程中,不同征兆的出现对每一故障成因的贡献是不同的,它们的权重彼此不同,可以用权系数来表示。设有 n 种征兆,m 种故障成因,r_{ij} 表示征兆 x_i 诊断为故障成因 A_j 的权系数。所有的征兆与故障成因的关系用一个权系数矩阵 $[r_{ij}]_{n \times m}$ 表示。通常 r_{ij} 可在 $[0, 1]$ 区间上取值,根据专家经验及统计资料综合评定,并可在实际诊断中逐步进行修正。

征兆群 $n \in U$ 对故障成因 $A_i (i = 1, 2, \cdots, n)$ 的隶属函数为

$$\mu_{A_j} = \sum_{i=1}^{n} x_i \cdot r_{ij} \bigg/ \sum_{i=1}^{n} r_{ij} \tag{5.28}$$

其中:$x_i (i = 1, 2, \cdots, n)$ 表示第 i 个征兆出现的状态,征兆出现取 1,不出现取 0,r_{ij} 是权系数。

4. 故障诊断

若某一故障出现的征兆群为 u_0,根据式(5.28)相应地可以计算出各故障成因的隶属度 $\mu_{A_j}(u_0)(j = 1, 2, \cdots, m)$。因此,运用最大隶属原则判别故障成因,即

$$\mu_{A_w}(u_0) = \max_{1 \leq j \leq m} \{\mu_{A_j}(u_0)\}$$

此时,判断故障为 A_w。

5. 诊断实例

[**例 5.8**]　设自动停车成因分别为 A_1(离心活门抱轴),A_2(涡轮叶片折断),A_3(滑油导管振裂),A_4(油泵随动活塞卡死),A_5(传动轴折断);征兆为 x_1(排气温度超温),x_2(振动超标),x_3(转速急降),x_4(滑油警告灯亮),x_5(滑油消耗量大),x_6(转速悬挂)。根据专家的经验和统计资料综合评定的权系数矩阵 $[r_{ij}]_{5 \times 6}$ 为

	A_1	A_2	A_3	A_4	A_5
x_1	0.5	0.4	0	0.98	0
x_2	0.8	0.98	0.3	0	0
x_3	0.95	0	0.8	0.3	0.98
x_4	0	0	0.98	0	0
x_5	0	0	0.9	0	0
x_6	0.3	0.6	0.9	0.98	0.95

若出现的征兆群为 $u_0 = (0,0,1,1,1,0)$ 即出现 x_3（转速急降），x_4（滑油警告灯亮），x_5（滑油消耗量大），则根据式（5.28）可计算隶属度，得

$$\mu_{\underset{\sim}{A}_1}(u_0) = \frac{0.95+0+0}{0.6+0.8+0.95+0+0+0.3} = 0.358$$

$$\mu_{\underset{\sim}{A}_2}(u_0) = \frac{0+0+0}{0.4+0.98+0+0+0+0.6} = 0$$

$$\mu_{\underset{\sim}{A}_3}(u_0) = \frac{0.8+0.98+0.9}{0+0.3+0.8+0.98+0.9+0.9} = 0.69$$

$$\mu_{\underset{\sim}{A}_4}(u_0) = \frac{0.3+0+0}{0.95+0+0.3+0+0+0.95} = 0.13$$

$$\mu_{\underset{\sim}{A}_5}(u_0) = \frac{0.98+0+0}{0+0+0.98+0+0+0.95} = 0.507$$

根据最大隶属原则

$$\mu_{\underset{\sim}{A}_3}(u_0) = \max_{1 \leqslant j \leqslant m}\{\mu_{\underset{\sim}{A}_j}(u_0)\} = 0.69$$

则判别故障成因为 A_3（滑油导管振裂）。

5.4　神经网络及其在故障诊断中的应用

5.4.1　神经网络概述

人工神经网络（Artificial Neural Network，ANN）或者通常称为神经网络（NN），是近年来十分热门的交叉学科。它涉及生物、电子、计算机、数学、物理等学科，有着十分广泛的应用背景与前景。

简单地说，神经网络就是用物理上可实现的器件、系统或现有的计算机来模拟人脑的结构和功能的人工系统。它由大量简单神经元经广泛互联构成一种计算结构，模拟人脑信息处理的方式，并应用这种模拟解决工程实际问题。

20 世纪 80 年代以来，神经网络的研究在经过了曲折的发展后取得了突破性进展，成为现代神经科学、信息科学、计算机科学的前沿研究领域，现在已有 50 多种结构的神经网络模型，常用的有 13 种，典型的数学模型是 Hopfield 联想记忆网络、玻耳兹曼学习机及多层网络的误差反传试验方法。

1. 人工神经网络的优越性及存在的问题

人工神经网络采用并行分布式计算方法，很适合处理并行信息。它突破了传统的以串行处理为基础的数字计算机的局限，其优缺点如下：

① 并行结构与并行处理方式。神经网络具有类似人脑的功能,它不仅在结构上是并行的,而且处理问题方式也是并行的,克服了传统智能诊断系统出现的无穷递归、组合爆炸及匹配冲突等问题。它特别适用于处理大量的并行信息。

② 具有高度的自适应性。系统在知识表示和组织、诊断求解策略与实施等方面可根据生存环境自适应自组织达到自我完善。

③ 具有很强的自学习能力。它克服了传统的确定性理论、Bayes(贝叶斯) 理论、证据理论及模糊诊断理论在其应用时的局限性。系统可根据环境提供的大量信息,自动进行联想、记忆及聚类等方面的自组织学习,也可在导师的指导下学习特定的任务,从而达到自我完善。

④ 具有很强的容错性,即当外界输入到神经网络中的信息存在某些局部错误时不会影响到整个系统的输出性能。

⑤ 人工神经网络也有许多局限性,主要是学习过程是一个艰苦的过程,网络学习没有一个确定的模式,一般根据经验来选择。在脱机训练过程中,它的训练时间很长,为了得到理想的效果,要经过多次实验,才能确定一个理想的网络拓扑结构。

2. 人工智能专家系统与神经网络的比较

人工智能专家系统是一种基于知识的信息处理系统,类似于人类的逻辑思维,它是从传统的数值信息处理转向知识信息处理的系统。它解决了许多实际问题,现在已经有了许多商品化的专家系统,工作是令人满意的,但它还存在若干缺点:

① 某些专家系统缺乏联想、容错、自学习、自适应及自组织的自我完善功能。

② 专家系统诊断准确率的高低主要取决于知识库的知识多少及正确率的大小。因此专家系统成功与否要看领域专家的合作程度及他的经验成熟程度,不同的专家给出的诊断规则可能相互矛盾。所以,要开发一个复杂的多功能专家系统对开发者及领域专家来说都很困难。

③ 当系统很大时,知识库的组织和维护十分复杂和困难,推理的效率也受到限制。

人工神经网络不包含任何规则,它是通过训练使网络中的权值变化,最后达到某一稳定状态,类似于人类的形象思维。通过示例训练的网络,相当于这些具体的特殊示例来达到一般化,使神经网络专家系统除了能对这些特殊示例进行处理外,还能解决那些特殊示例以外的输入数据。开发者不需要专门领域的知识,只要有适当数目的具有一定类间距的示例就可以了。但神经网络也有一个重要缺点,那就是它不能像专家系统那样能够清晰地解释推理过程,它的知识分布于系统内部,没有明确的物理意义。它不能直接利用规则,因为求解是以所学例子为基础的相似求解,当存在两个相似示例时,求解不可能完全正确。

3. 人工神经网络在机械故障诊断中的应用

由于神经网络诊断技术较传统的一些诊断方法,如 Bayes 统计诊断方法、模糊诊断方法及专家系统诊断方法等,具有较大的优越性,因此它的应用领域不断扩大,目前人们正在设备故障诊断领域掀起一股神经网络的研究热潮。国内许多高等院校及科研单位都相继推出了各自的系统，并正在生产现场发挥作用。

5.4.2　人工神经网络基础

1. 神经网络的基本组成

神经网络是从生物学的角度来模拟人类的思维过程的。由于人们对大脑的思维机制还不很了解，因此当前的人工神经网络还只能是大脑的低层次模拟。

（1）神经元

神经元就是神经细胞。在生物体内有种类繁多的神经细胞，它们在生物体内通过相互连接构成一个有机的网络系统。一个神经元主要包含两个部分：一个是神经细胞体，细胞体内有一个细胞核；另一个是突触，它包含树突和轴突，对神经细胞来说树突相当于信息输入通道，轴突相当于输入信息经细胞体处理后的输出通道。一般来说，人体内有大约 10^{13} 个不同种类的神经元，构成一个复杂的有机体。我们的目的就是建立人工神经网络来模拟人的思维过程。

（2）神经元间的连接

生物体内的神经元是靠突触相互连接的。这些连接通道不仅起到传输信息的作用，而且还能对输入信息加权。对某一个神经元来说，各个输入信息所起的作用不同，有些输入信息起到兴奋作用，因此该信息的输入权值较大且是正的，而另外一些输入信息对神经元起抑制作用，因此该信息的输入权值是负值。一个神经元是否能被激活，主要取决于输入信息的大小。根据研究发现，一个神经元的输入信息可能有很多个，当这些输入信息的加权和超过神经元的门限值时，该神经元就被激活。

（3）神经网络

神经网络通过数量庞大的神经元之间的相互连接进行工作，有时也称为连接学习方法。问题求解时，每个神经元都是独立的信息处理单元，网络中各神经元并行处理信息，通过竞争求得适合问题解的最佳模式，这使得神经网络信息处理具有容错性和鲁棒性（Robustness）。另外，神经网络运行时无中央控制器，它是靠各个神经元协同作用、相互制约来达到求解目的。

2. 人工神经网络的典型模型

人们建立各种人工神经网络模型来模拟生物神经网络。在人工神经网络模型中，神经元是一多输入单输出的非线性器件。其结构模型如图 5-19 所示。

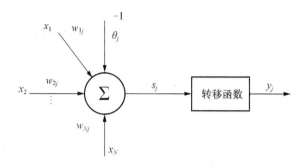

图 5 - 19　神经网络单元模型

这个人工神经元有以下功能：

① 对每个输入信息 x_i 加权；

② 对加权后的信息求和；

③ 通过转移函数求输出。

人工神经元是生物细胞神经元的简单近似。

图 5 - 19 中神经元共有 N 个输入，构成 $\{x\} = [x_1, x_2, \cdots, x_N]^T$ 输入向量；其中 $\{w_j\} = [w_{1j}, w_{2j}, \cdots, w_{Nj}]^T$ 为输入向量与第 j 个处理单元的连接权；θ_j 为该处理单元的阈值。

按以下公式可以算出神经元的输入 s_j，

$$s_j = \sum_{i=1}^{N} x_i w_{ij} - \theta_j$$

对于一个神经元，其转移函数有多种形式，体现生物体上不同的神经特性。在人工神经网络中常采用符号函数和 Sigmoid 函数，如图 5 - 20 所示。

符号函数，如图 5 - 20(a) 所示，其表达式为

$$y = F(s) = \begin{cases} 1, & s > 0 \\ -1, & s \leqslant 0 \end{cases}$$

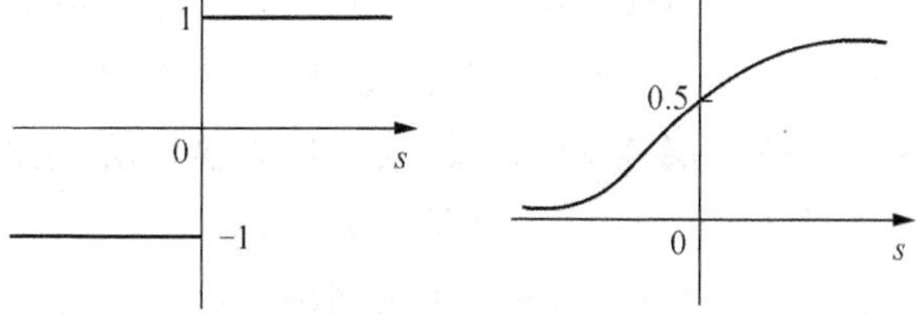

（a）符号函数　　　　（b）Sigmoid 转移函数

图 5 - 20　常用的转移函数

Sigmoid 函数，如图 5 - 20(b) 所示，其表达式为

$$y = F(s) = 1/(1 + e^{-s})$$

Sigmoid 函数是当前应用最广泛的函数,它是没有内部状态的取值连续的函数,体现了神经元的饱和特性。

除了以上讲的两种神经元转移函数外,还有一些其他种类的转移函数,如线性函数、斜坡函数、阶跃函数及双曲正切函数等。

3. 神经网络的拓扑结构

多个神经元相互连接形成一个神经网络。网络中如果仅含有输入层及输出层,则这种网络称为单层网络;若网络中除包含有输入及输出层外,还有中间隐含层,则这种网络称为多层网络;若后层或本层节点的输出又是该层节点的输入,则这种网络称为反馈网络。

(1) 单层网络

单层网络仅包含有输入层及输出层,且每层之内节点之间没有联系,如图 5-21 所示。神经元输入向量的加权和为

$$\left\{\begin{matrix} s_1 \\ s_2 \\ \vdots \\ s_M \end{matrix}\right\} = \begin{bmatrix} w_{11} & w_{21} & \cdots & w_{N1} \\ w_{12} & w_{22} & \cdots & w_{N2} \\ \vdots & \vdots & \vdots & \vdots \\ w_{1M} & w_{2M} & \cdots & w_{NM} \end{bmatrix} \left\{\begin{matrix} x_1 \\ x_2 \\ \vdots \\ x_N \end{matrix}\right\} \tag{5.29}$$

简写成: $\{S\}^{\mathrm{T}} = [W]\{X\}^{\mathrm{T}}$

设输出向量为

$$\{y\} = [y_1, y_2, \ldots, y_M]^{\mathrm{T}}$$

则 $y_j = F(s_j), j = 1, 2, \cdots, M$。

单层网络进行故障诊断实质上是输入的征兆到输出的故障类型的一种映射,或是一种变换,其权值矩阵是通过大量的训练示例学习而形成的。

(2) 多层网络

单层网络能解决很多问题,但要解决更复杂的问题,就必须采用更复杂的多层网络。多层网络就是在单层网络的基础上,加入一些中间的隐层,隐层的作用是连接输入与输出,将输入信号通过加权,转移成更能被输出层接受的形式。第一层为输入层,它的输出是中间隐层的输入,隐层的输出是输出层的输入。图 5-22 所示是一个 2 层网络。

在多层网络中,可以通过多空间映射,解决单层网络无法解决的问题,大大地提高了神经网络的计算能力。对于多层网络,转移函数一般取成非线性的;若取成线性的,则只会增加计算的复杂性而不会对计算能力有任何提高。

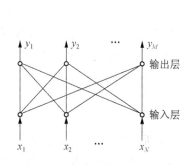

图 5-21　单层网络拓扑结构

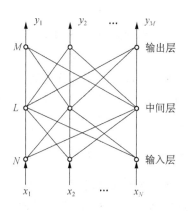

图 5-22　多层网络拓扑结构

（3）反馈网络

反馈网络与前馈网络不同，它是提高神经元状态变迁而最终稳定在某一输出状态的网络，网络节点不多，但其处理问题的能力很强，应用领域也广，如图像处理、模式识别、容错计算等。

反馈网络就是带有反馈能力的网络，图 5-23 所示为一单层及多层反馈网络。

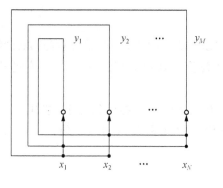

（a）单层反馈网络

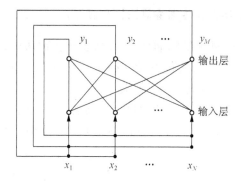

（b）多层反馈网络

图 5-23　反馈网络拓扑结构

4. 人工神经网络的稳定性问题

一个反馈网络系统要能正常工作，必须是一个稳定的系统，即当系统受到外界干扰后，虽然它的平衡状态被破坏，但它通过自身调节最后仍能稳定在某一稳定点上。对于线性系统用奈奎斯特（Nyquist）稳定性判据就能很好地判别出系统是否稳定。但在神经网络中，大部分网络都是非线性的，对于这种非线性时变网络的稳定性可采用李亚普诺夫（Lyapunov）函数进行判别。

5.4.3　前馈神经网络

神经网络从结构上主要可分为两类：一类是前馈网络，另一类是反馈网络。解剖学的研究证明，神经元节点间的连接大部分属于前馈连接。从现在的研究来看，前馈网络是一种比较完善的网络，达到了实用化的程度。

1. 感知器(Perception)

感知器是一种前馈网络，其拓扑结构类似于图 5-21 所示的结构，只有输入层、输出层，没有隐层。感知器是在有导师的情况下训练的，它通过输入一些示例来学会某种功能，如逻辑"与"、逻辑"或"等运算。但有些逻辑运算如逻辑"异或"等，无论怎样调整权值也不能构造出这类感知器，这是由于逻辑"异或"等一类问题是线性不可分的。所谓线性不可分性是指在多维线性空间中，有两类不同的点，在此空间中不存在一个超平面，能将这两个点分割开。感知器的线性不可分性限制了它的应用。经过不断深入研究，人们发现必须用多层网络才能解决这一问题。

2. 误差反传训练算法(BP 算法)

多层网络在 20 世纪 60 年代初被人们认识到能解决复杂的分类问题，但直到 20 世纪 80 年代初期，误差反向传播(Backword Propagation)训练算法，即 BP 算法研制成功，才使多层前馈网络得到了非常广泛的应用。

BP 算法是一种有导师的训练算法，其思路是在给出输出目标的情况下，按其实际输出与目标值之差的平方和为目标函数，通过调节权值使目标函数达到最小值。BP 网络模型如图 5-24 所示。

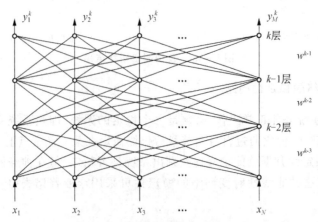

图 5-24　BP 网络模型

BP 算法的步骤如下：

① 写出输出层(k)第 p 节点的输入值与输出值 y_p^k。

② 确定目标函数

$$E = \frac{1}{2} \sum_{p=0}^{N^k} (T_p - y_p^k)^2$$

式中：T_p 为输出层 p 节点输出目标值，由训练者提供。

③ 应用优化方法（梯度下降法），找到合适的权值使总的能量函数 E 达到最小。

　　A. 从输出层开始修正，先求出 $k-1$ 层权值的修正量 Δw_{mp}^{k-1}。

　　B. 再求 $k-2$ 层权值的修正量 Δw_{im}^{k-2}。

　　C. 分析得 $k-1$ 层输出误差 Δ_m^{k-1} 是前一层（k 层）节点输出误差 Δ_p^k 的函数。

　　D. Δ_p^k 已知，则 Δ_m^{k-1} 可知。k 层的误差 Δ_p^k 反传到 $k-1$ 层的误差 Δ_m^{k-1}，由此得名。

根据网络的工作原理，第 $k-1$ 层第 j 节点的输入加权和为

$$s_j^{k-1} = \sum_{i=1}^{N^{k-2}} w_{ij}^{k-2} y_i^{k-2} \tag{5.30}$$

式中：N^{k-2} 表示第 $k-2$ 层的节点数；s_j^{k-1} 表示第 $k-1$ 层第 j 个节点输入加权和；w_{ij}^{k-2} 表示第 $k-2$ 层第 i 个节点与 $k-1$ 层第 j 个节点间的连接权值；y_i^{k-2} 表示第 $k-2$ 层第 i 个节点的输出值。

因此，第 $k-1$ 层第 j 个节点的输出为

$$y_j^{k-1} = F^*(s_j^{k-1}) \tag{5.31}$$

F^* 表示第 $k-1$ 层的转移函数。输出层第 p 个节点的输入值为

$$s_p^k = \sum_{m=1}^{N^{k-1}} w_{mp}^{k-1} y_m^{k-1} \tag{5.32}$$

式中：m 为第 $k-1$ 层的节点号。最后得到输出层第 p 个节点的输出值为

$$y_p^k = F(s_p^k) \tag{5.33}$$

其中：F 为第 k 层节点的转移函数。

综合式(5.30) ～ 式(5.33)可得

$$y_p^k = F\left[\sum_{m=1}^{N^{k-1}} w_{mp}^{k-1} F^*\left(\sum_{i=1}^{N^{k-2}} w_{im}^{k-2} y_i^{k-2}\right)\right] \tag{5.34}$$

为了对网络进行训练，首先要确定一个目标函数，在这里目标函数定为输出与给定目标之差的平方和，如下所示：

$$E = \frac{1}{2} \sum_{p=1}^{N^k} (T_p - y_p^k)^2 = \frac{1}{2} \sum_{p=1}^{N^k} \left\{ T_p - F\left[\sum_{m=1}^{N^{k-1}} w_{mp}^{k-1} F^*\left(\sum_{i=1}^{N^{k-2}} w_{im}^{k-2} y_i^{k-2}\right)\right] \right\}^2 \tag{5.35}$$

式中：T_p 为输出层第 p 个节点的输出目标值，这个值是由训练者提供的。我们的目标是找到合

适的权值,使其能使总的能量函数 E 达到最小,这就是 BP 网络分析的目的。这里用梯度下降法来求优化权值。梯度下降法的基本思想是首先求出能量函数沿着多个变元(权值)的变化梯度,然后按梯度值大小的比例快速向目标值靠近,最后收敛于某一目标值。该权值从输出层开始修正,然后再修正前一层网络的权值。

写出总能量对输出层(k 层)与 $k-1$ 层某一权值 w_{mp}^{k-1} 的梯度:

$$\frac{\partial E}{\partial w_{mp}^{k-1}} = \frac{\partial}{\partial w_{mp}^{k-1}}\left[\frac{1}{2}\sum_{Q=1}^{N^k}(T_Q - y_Q^k)^2\right] = \frac{\partial}{\partial w_{mp}^{k-1}}\left[\frac{1}{2}(T_p - y_p^k)^2\right] = (T_p - y_p^k)\frac{\partial y_p^k}{w_{mp}^k}$$

$$\frac{\partial y_p^k}{\partial w_{mp}^{k-1}} = \frac{\partial F(s_p^k)}{\partial w_{mp}^{k-1}} = \frac{\mathrm{d}F(s_p^k)}{\mathrm{d}s_p^k} \times \frac{\partial s_p^k}{\partial w_{mp}^{k-1}}$$

而:

$$\frac{\partial s_p^k}{\partial w_{mp}^{k-1}} = \frac{\partial}{\partial w_{mp}^{k-1}}\left(\sum_{n=1}^{N^{k-1}} w_{np}^{k-1} \times y_n^{k-1}\right) = y_m^{k-1}$$

所以,总能量对输出层与前一层某一权值 w_{mp}^{k-1} 的梯度为

$$\frac{\partial E}{\partial w_{mp}^{k-1}} = (T_p - y_p^k)\frac{\mathrm{d}F(s_p^k)}{\mathrm{d}s_p^k} y_m^{k-1} \tag{5.36}$$

式中: w_{mp}^{k-1} 为 $k-1$ 层 m 节点与 k 层 p 节点之间的连接权值。

因此,要使第 $k-1$ 层权值向最优权值靠近,$k-1$ 层权值应作如下修正:

$$w'^{k-1}_{mp} = w_{mp}^{k-1} + \Delta w_{mp}^{k-1}$$

$$\Delta w_{mp}^{k-1} = \eta(T_p - y_p^k)\frac{\mathrm{d}F(s_p^k)}{\mathrm{d}s_p^k} y_m^{k-1} \tag{5.37}$$

式中: η 为训练速度。

同理,可得

$$\frac{\partial E}{\partial w_{im}^{k-2}} = \frac{\partial}{\partial w_{im}^{k-2}}\left[\frac{1}{2}\sum_{p=1}^{N^k}(T_p - y_p^k)^2\right] =$$

$$\sum_{p=1}^{N^k}(T_p - y_p^k) \cdot \frac{\partial y_p^k}{\partial w_{im}^{k-2}}$$

$$\frac{\partial y_p^k}{\partial w_{im}^{k-2}} = \frac{\partial F(s_p^k)}{\partial w_{im}^{k-2}} = \frac{\mathrm{d}F(s_p^k)}{\mathrm{d}s_p^k} \cdot \frac{\partial s_p^k}{\partial w_{im}^{k-2}}$$

$$\frac{\partial s_p^k}{\partial w_{im}^{k-2}} = \frac{\partial}{\partial w_{im}^{k-2}}\left(\sum_{n=1}^{N^{k-1}} w_{np}^{k-1} y_n^{k-1}\right) = w_{mp}^{k-1} \cdot \frac{\partial y_m^{k-1}}{\partial w_{im}^{k-2}}$$

$$\frac{\partial y_m^{k-1}}{\partial w_{im}^{k-2}} = \frac{\partial F^*(s_m^{k-1})}{\partial w_{im}^{k-2}} = \frac{\mathrm{d}F^*(s_m^{k-1})}{\partial w_{im}^{k-2}} \cdot \frac{\partial s_m^{k-1}}{\partial w_{im}^{k-2}}$$

$$\frac{\partial s_m^{k-1}}{\partial w_{im}^{k-2}} = \frac{\partial}{\partial w_{im}^{k-2}}\left(\sum_{j=1}^{N^{k-2}} w_{jm}^{k-2} y_j^{k-2}\right) = \frac{\partial}{\partial w_{im}^{k-2}}(w_{im}^{k-1} \cdot y_i^{k-2}) = y_i^{k-2}$$

所以
$$\frac{\partial E}{\partial w_{im}^{k-2}} = \left[\sum_{p=1}^{N^k} (T_p - y_p^k) \cdot \frac{\mathrm{d}F(s_p^k)}{\mathrm{d}s_p^k} \cdot w_{mp}^{k-1} \right] \frac{\mathrm{d}F^*(s_m^{k-1})}{\mathrm{d}s_m^{k-1}} \cdot y_i^{k-2}$$

图 5 - 25 所示为 w_{im} 相关节点示意图。

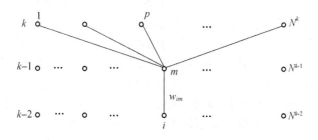

图 5 - 25　w_{im} 相关节点示意图

因此,总能量与前一层和再前一层(即 $k-2$ 层)之间某一权值的梯度为
$$\frac{\partial E}{\partial w_{im}^{k-2}} = \left[\sum_{p=1}^{N^k} (T_p - y_p^k) \frac{\mathrm{d}F(s_p^k)}{\mathrm{d}s_p^k} w_{mp}^{k-1} \right] \frac{\mathrm{d}F^*(s_m^{k-1})}{\mathrm{d}s_m^{k-1}} y_i^{k-2} \tag{5.38}$$

因此,$k-2$ 层权值的修正量为
$$\Delta w_{im}^{k-2} = \eta \Delta_m^{k-1} \frac{\mathrm{d}F^*(s_m^{k-2})}{\mathrm{d}s_m^{k-2}} y_i^{k-2} \tag{5.39}$$

其中
$$\Delta_m^{k-1} = \sum_{p=1}^{N^k} \left[\Delta_p^k \frac{\mathrm{d}F(s_p^k)}{\mathrm{d}s_p^k} w_{mp}^{k-1} \right], \quad \Delta_p^k = T_p - y_p^k \tag{5.40}$$

通过以上的分析可知:输出层的 Δ_p^k 是当前输出与目标值的差,是已知的,转移函数 F 确定后,由于 s_p^k 是当前求出的,因此 $\dfrac{\mathrm{d}F(s_p^k)}{\mathrm{d}s_p^k}$ 可求出,训练速度 η 也是已知的,y_m^{k-1} 为输出层第 m 输出,也是已知的,因此可知第 $k-1$ 层权值的修正量为 Δw_{mp}^{k-1}。从式(5.39)可以看出对第 $k-2$ 层的权值修正关系。其中:Δ_m^{k-1} 相当于 $k-1$ 节点层的输出误差,它的前一层节点输出误差 Δ_p^k 的函数,与 $\dfrac{\mathrm{d}F(s_p^k)}{\mathrm{d}s_p^k} w_{mp}^{k-1}$ 有关,因此当前一层的这几个参数已知时,Δ_m^{k-1} 就是一个已知常数;这就像是前一层的输出误差 Δ_p^k 反传到 $k-1$ 层的输出误差 Δ_m^{k-1}。BP 算法就是根据这种计算过程命名的。

BP 训练算法自问世以来,一直受到人们的高度重视,不仅因为该算法简单易于实现,更重要的是它能具体解决许多实际问题,因此在很多方面获得了巨大成功。目前,这种算法存在的问题是:训练速度慢,易陷入局部最小而不能达到全局最小;如果隐层选得过多,则网络只对训练示例误差较小,其应变、联想及概括能力较差;若隐节点选得过少,则网络又不易于收敛到训练示例上。针对这些问题,不少学者开展了大量的研究工作,取得了一系列的成果。

3. BP 算法在大型旋转机械故障诊断中的应用

BP 算法在工程中的应用很多。在应用中如何选取网络的结构参数（网络的输出节点数、隐层节点数及网络层数）是非常重要的问题。具有两个隐层的网络可以得到满足任何要求的判决边界以实现分类。输入层节点数一般是根据输入的特征多少来定的；输出层节点数的选取有两种方式：一种是根据输出的个数，另一种是将输出按二进制编码。但隐层节点数的选取还没有确定的方法，一般是靠经验来选取。可以让故障数与网络输出数相等，隐层节点数等于输入层节点数，输入层节点数为外界提供给系统的信号特征数。

例如，表 5-10 是一组旋转机械故障的训练示例。表中的值表示各训练示例特征值的大小，其取值区间为 $[0,1]$，如在不平衡训练示例中，$0 \sim 1/4$ 倍频振动幅值的当量值为 0.0；$1/4 \sim 3/4$ 倍频的振动幅值的当量值为 0.0；$3/4 \sim 1$ 倍频的振动幅值的当量值为 0.0；1 倍频的振动幅值的当量值为 0.9；2 倍频的振动幅值当量值为 0.1，等等，其余类推。

表 5-10　旋转机械的故障训练示例

故　障	$1 \sim \frac{1}{4}$ 倍频	$\frac{1}{4} \sim \frac{3}{4}$ 倍频	$\frac{3}{4} \sim 1$ 倍频	1 倍频	2 倍频	3 倍频	高次偶频	高次奇频
不平衡	0	0	0	0.9	0.1	0	0	0
油膜涡动	0	0.6	0	0.3	0.1	0	0	0
不对中	0	0	0	0.6	0.1	0	0	0

将这些故障示例输入到一个具有 8 个输入层节点，8 个中间层节点，3 个输入层节点的网络中，经过 1 200 次迭代，形成一个网络，其记忆效果如表 5-11 所列；经过 12 000 次迭代所形成的网络的记忆效果如表 5-12 所列。

表 5-11 中：第一行表示，当输入一组不平衡故障后，得出该故障的置信度为 0.94，而得出其他故障的可能几乎为零。第二行表示，当输入一组油膜涡动故障后，得出该故障的置信度为 0.96，而其他故障几乎为零。第三行表示，当输入一组不对中故障后，得出该故障的置信度为 0.90，而其他故障几乎为零。表 5-12 的结果有所改进，其值已趋于稳定。通过比较表 5-11 与表 5-12 可看出，训练中迭代次数越多，所得的网络越能更好地联想出训练示例。但训练次数也不宜过多，只要满足精度要求，训练次数应尽可能少，以缩短训练时间。

表 5-11　经过 1 200 次迭代所形成的网络记忆效果

故　障	不平衡	油膜涡动	不对中
不平衡	0.94	0.00	0.06
油膜涡动	0.00	0.96	0.04
不对中	0.06	0.04	0.90

表 5-12　经过 12 000 次迭代所形成的网络记忆效果

故　障	不平衡	油膜涡动	不对中
不平衡	0.98	0.00	0.02
油膜涡动	0.00	0.96	0.04
不对中	0.06	0.02	0.92

5.4.4　其他神经网络概述

1. 反馈网络

神经网络按照信息的走向可分为前馈网络和反馈网络。前馈网络就是信息由输入层开始通过加权求和转移,最后得到输出层信息。反馈网络就是信息一方面向输出层传播,另一方面后层的输出又反馈为前层的或同一层的输入,构成反馈网络。它是通过神经元状态的变迁最终稳定在某一状态(输出)。反馈网络的主要研究方向是网络稳定性问题和如何构造一个具有实际应用价值的稳定网络。

Hopfield 网络是一种应用比较广泛的反馈网络,它对神经网络的发展起到突破性的作用。它与电子线路中的反馈类似,其拓扑结构如图 5-23 所示。若网络从某一初始状态出发,经过时间 t 后,稳定在 $y(t)$ 上,则此时称该神经网络是稳定的,并称 $y(t)$ 为该网络的一个吸引子,对某一非线性网络,可能存在多个吸引子,对于一个吸引子 $y(t)$,初始状态 $y(0)$ 能选择的最大区间为吸引子 $y(t)$ 的吸引域,当初始状态 $y(0)$ 在这个吸引域内时,它一定能收敛于这个吸引子上。

Hopfield 网络主要适合于图像识别等一类问题,其学习方法是记忆所要学习的示例,使之成为该网络的一个稳定吸引子。

2. 自组织神经网络

所谓自组织神经网络就是一种无导师指导的网络,与前面所讲的有教师指导的网络不同。自组织神经网络是根据观察与发现寻找外界事物的内在规律,通过自适应来使网络适应环境的变化。它相当于人工智能中的根据观察与发现式的学习方法。这种网络包括以下一些著名网络,如 Hamming 网络、Kohonen 的自组织特征映射网络、神经认知机、对传网络及自适应共振理论等。这些网络在实际中都有应用,其中自组织特征映射网络已应用于旋转机械故障诊断中,并取得了一定的效果。自适应共振理论在旋转机械故障诊断中也有应用,但效果还不够理想,需做进一步的工作。

思考与练习题

1. 什么是模糊概念?举例说明。
2. 模糊事件和随机事件有何不同?
3. 对模糊概念如何进行描述和刻画?
4. 模糊集合与经典集合有哪些不同?
5. 模糊子集的运算规则主要有哪几种?如何叙述?

6. 确定隶属函数主要有哪些方法?

7. 简述模糊识别的三种直接方法。

8. 模糊模式识别的间接方法是按什么原则进行判别的?用于判决的两个参数是什么?

9. 简述人工神经元的结构和主要功能。

10. 什么是转移函数?常用的转移函数有哪些?

11. 理解并掌握人工神经网络的主要类型及其拓扑结构。

12. 建立人工神经网络有哪些主要步骤?

13. 什么是 BP 算法?它的基本思路是什么?

14. 设某型单转子涡喷发动机的故障征兆为:$x_1 =$(排气温度超温),$x_2 =$(振动),$x_3 =$(转速急降),$x_4 =$(滑油警告灯亮),$x_5 =$(滑油消耗量大),$x_6 =$(转速悬挂)。

自动停车的故障成因分别为:A_1(离心活门抱轴),A_2(涡轮叶片折断),A_3(滑油导管振裂),A_4(油泵随动活塞卡死),A_5(传动轴折断)。

根据专家的经验和统计资料综合评定的权系数矩阵$[r_{ij}]_{5\times6}$见例 5.8。

设征兆群为:$u_0 = (1,1,0,0,0,1)$,即出现:x_1,x_2,x_6。试诊断造成自动停车的故障成因。

15. 设论域$U = \{u_1,u_2,u_3,u_4,u_5\}$,模糊子集$\underset{\sim}{A} = \{$排气温度高$\}$,$\underset{\sim}{B} = \{$排气温度低$\}$,并设$u_1 = 950$ K,$u_2 = 750$ K,$u_3 = 600$ K,$u_4 = 540$ K,$u_5 = 500$ K,其相应于各子集的隶属度规定为

$$\underset{\sim}{A} = \left\{ \frac{1}{u_1} + \frac{0.8}{u_2} + \frac{0.3}{u_3} + \frac{0.2}{u_4} + \frac{0}{u_5} \right\}$$

$$\underset{\sim}{B} = \left\{ \frac{0}{u_1} + \frac{0.1}{u_2} + \frac{0.2}{u_3} + \frac{0.8}{u_4} + \frac{1}{u_5} \right\}$$

求:$\underset{\sim}{A} \cup \underset{\sim}{B} = \{$排气温度或高或低$\}$(排气温度失常)。

16. 试推导总能量 E 与 $k-1$ 层和 $k-2$ 层之间某一连接权值的梯度公式(式 5.38)。

第6章　　故障诊断专家系统概论

从故障诊断技术的实用效果来说,除了希望故障诊断理论的科学性、诊断结果的准确性之外,故障诊断专业工作者当然更希望故障诊断技术便于推广和应用,这就要求诊断理论要通俗化,诊断技术要智能化,诊断过程要程序化。简单地说,就是要使受到较少培训的技术人员能够完成复杂的故障诊断工作。

前面章节中介绍的许多故障模式识别、故障隔离和故障诊断的方法,都是要对某种信息进行数字处理,大多是一些数学分析的方法。而专业领域专家在诊断故障的实际过程中,要运用多方面的知识和经验,可以通过视觉、听觉、嗅觉接受到一些难以用数据描述的事实,并考虑系统发生故障的历史和系统的结构及工作原理,从而很快地找到故障源。在这个过程中,专家的理论知识和经验都起着很大的作用,特别是专家经验的应用对于复杂大系统的故障诊断十分重要,而这些又正是生产一线操作者和普通工程技术人员所欠缺的。另外,专家诊断故障时的思路可能是跳跃式的,如果两次面对同一个故障,解决的思路也有可能不一样。因此,建立集数学的辨识能力和专家经验的知识库两者优势,模拟专家辩证思维及决策过程的故障诊断专家系统,即把专家的经验嵌入一个以科学理论为基础的推理决断系统中,使诊断过程程序化,诊断操作简单化,对于故障诊断技术的推广、应用、传承和发展都非常重要。

本章只对故障诊断的专家系统方法作简要介绍,读者若要建立一个具体的专家系统,还应参阅专家系统方面的专著和文献资料。

6.1　　专家系统概述

专家系统(Expert System,ES)产生于20世纪60年代中期,是人工智能(Artificial Intelligence,AI)技术的主要发展方向。

故障诊断专家系统往往是经验的,难以用数学公式描述。故障诊断过程中所依据的知识也往往是不确定的,逻辑推理的概念多是不精确的,思维的过程是跳跃式和直觉的。不断有学者用模糊数学去把握人类的基于非精确概念的推断过程,用灰色理论去模拟人们对非确定知识的处理过程,用神经网络去模拟人脑的学习和思维过程,力图把握非确定性推理和知识。专家系统主要研究启发式推理,以便从功能上模拟专家,实质上就是建立某种知识的框架,并采用不同于传统数学方法的算法模拟人类的思维过程,把专家系统的故障诊断过程程序化。

6.1.1　故障诊断专家系统的功能

专家系统是人工智能中新发展的最活跃的分支。一个专家系统是一种软件系统,它用来辅助人们解决要求高水平的经验、推理及启发性的问题。这类问题比较复杂,范围较宽,故障诊断就属于这一类问题。一般认为,专家系统至少应具备专门领域中一般专家的水平,它要能解释自身的行为,对于有助于问题快速求解的经验具有自动积累或修正的能力。事实上,专家系统尚无统一的定义。

专家系统用于故障诊断,包括了从信号测取、状态分析、决策形成到干预的全过程。一个完整的监控与诊断专家系统,应具备以下功能:

① 借助于适当的测量数据,可以检测故障,对危险性故障发出警告;

② 辅助判断故障原因和预报部分潜在故障;

③ 辅助故障评估;

④ 辅助故障决策,必要时自动补偿或治理故障的影响,修改操作或控制、停机等;

⑤ 辅助选择合适的诊断方法;

⑥ 具有解释系统,便于人们理解其实现过程;

⑦ 具有一定的学习功能,在每次成功的故障诊断后,自动产生新规则等;

⑧ 具有数据处理和知识处理双重功能,在系统中,容纳了各种传统诊断方法,可随时调用各种诊断功能程序。

6.1.2　故障诊断专家系统的结构

故障诊断专家系统视应用环境不同,大致可分为 3 种结构类型,如图 6-1 所示。

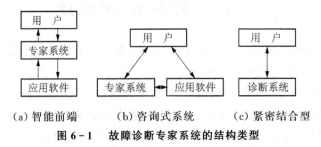

（a）智能前端　　　　（b）咨询式系统　　　　（c）紧密结合型

图 6-1　故障诊断专家系统的结构类型

1. 智能前端

如图 6-1(a) 所示,用户不直接与数值计算型的诊断软件发生关系,而由专家系统去管理、调用这些诊断软件。在这样的结构中,用户的作用不大,一切都由计算机自动完成。

2. 咨询式系统

咨询式系统的结构如图 6-1(b) 所示。在这种类型中，一些数值计算型诊断软件则由用户和专家系统共同操作。用户主要告诉专家系统要干些什么，而专家系统则帮助用户"出主意"。告诉用户从何处着手开始诊断，要检查什么部位或部件，要用什么方法和软件，等等。

3. 紧密结合的结构形式

还有一种系统结构形式，如图 6-1(c) 所示。在这种结构中，专家系统和一些数值计算型诊断软件紧密结合，专家系统被嵌入到应用软件包中，与应用软件混合为一体，或者成为诊断软件的一部分。

以上介绍的 3 种结构，除了应用场合不同外，还与实现监控与诊断专家系统的手段和条件有密切的关系。

可以认为，一般的故障诊断问题都适合采用专家系统方法。但是，建立专家系统的条件差别很大。一般来说，建立专家系统的前提条件是要有"专家"，专家是相对的，不一定是某个权威，只要是代表本方面较高水平的经验与知识的人即可。也不一定非得是专家本人的经验和知识，许多书本知识也有大用。须指出的是，有的诊断问题过于复杂，故障机理不完全清楚，现场专家也解决不好，对这类故障的诊断就是缺乏经验，要先研究诊断技术问题；否则，建立系统的效率以及专家系统建好后的诊断效率都很低。有些设备领域，本身历史短，目前经验还不很成熟，学术水平较低，但这些设备的诊断很重要，如果运用专家系统作为参谋、顾问，由于计算机所具备的独特长处，其意义和效果也是很大的。在上述两种情况下，所建的系统就是图 6-1(a)、(b) 两种结构，以图(b) 结构更佳。至于图(c) 的结构，只有在经验丰富，应用成熟的设备领域使用。

6.1.3　故障诊断专家系统的原理

一个典型的专家系统由 3 部分组成：知识库（包括数据库）、推理机和人机交互接口，如图 6-2 所示。专家系统主要运用了人工智能的知识表示技术和问题求解技术，形成思维模型，模拟专家的思维活动。故障诊断专家系统的原理结构框图如图 6-3 所示。

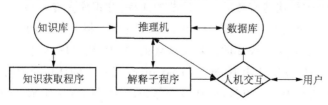

图 6-2　专家系统的结构

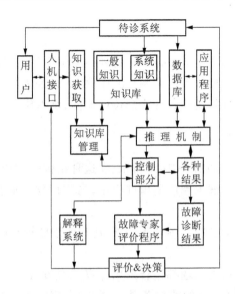

图 6 - 3　专家系统的原理结构框图

主要模块功能说明如下:

1. 数据库

数据库用于存放测量数据和与用户交互对话中各种初始的与中间的信息。

2. 知识库

知识库用于存放知识,它是由一定知识表达形式组织起来的软件块。对于一个直接给出诊断结果的诊断系统来说,通常的知识库具有两方面的知识内容。一方面是针对具体的系统而言,包括系统的结构,系统经常出现的故障现象,每种故障现象都是由哪些原因引起的,各种原因引起该故障现象可能性大小的经验数据,判断每一种故障是否发生的一些充分及必要条件,每种故障源又都能同时引起哪些故障现象,可能性有多大等;另一方面是针对一般的系统设备故障诊断的专家经验,内容与前面相仿。基于这两方面的内容,知识库还包含有一系列规则,这些规则大多是关于具体系统或通用设备的因果关系逻辑法则。所以,真实反应对象系统的知识库的建立是专家系统进行快速有效的故障诊断的前提。知识库是专家系统的核心内容,知识库内容如:故障与现象对应关系规则的建立,有些是理论上严格的,而有些则取决于领域专家的经验。目前,知识表达手法采用较多的是产生式规则、逻辑、语义网络、框架等。

产生式规则方法是 1972 年由 Newell 与 Simon 在建立人的认识模型时引入人工智能领域的。它是一个模块化的知识表示方法,由众多的称为产生式的规则组成。这种产生式规则是以"条件 — 动作"或"前提 — 结论"这种成对形式,即"如果该条件成立,那么做这个动作"或者

"如果这个前提成立,那么得到这个结论"来表现的。这种规则形式上与传统计算机语言中的IF 语句相似,但实质不同,它没有分支,以一独立的事实存在。在故障诊断中用产生式规则表达知识往往是恰当的,因为所得到的模块化的规则集合易于修改和补充,有利于系统的学习,便于显示曾用过的规则,使系统具有强有力的解释说明能力。

逻辑方法是利用形式逻辑的谓词演算,从事实进行推理来表示知识,其特点是推演能力强。

语义网络法中网络由节点和连接组成,节点表示物体、概念及事件,连接表示节点之间的关系,其特点是有关一个物体对象和概念的有关事实不必通过一个大的数据库进行搜索,而从直接被连接的节点去推导得到。

框架方法是由一些槽位(slot)组成的数据结构,反映着知识预先确定的内部关系。框架形式用来描述陈述性知识或事实,由它组成的集合常称为事实库。除上述几种知识表示方法外,有的采用假设 — 测试方法来解决诊断方面的问题。

3. 推理机

用知识表示方法将专家的知识存放在知识库中,如何运用这些知识,这是推理机构的任务。它实际上是一个应用知识来做出决策的控制程序。一个专家系统采用什么样的推理机制,是与知识表示方法密切相关的。例如通过统计识别进行诊断的系统,则可以用 Bayes 决策理论作为推理机制,根据输入的特定数据,寻找知识库中相应的先验概率和条件概率,去计算它们的后验概率进行分类判决。含有规则基的系统则采用前提驱动(或数据驱动,前向推理)或结论驱动(或后向推理)或问题化简洁(混合推理)。前提驱动是根据出现的前提去触发对应规则的应用来推断其结论,是以初始数据和条件的目标或结论行进。结论驱动正相反,为了确定某个事实,则去选择以这事实作为结论的规则,然后证实这个规则的前提是否成立。问题化简法是把一个复杂的问题分解为若干个可独立求解的子问题,将各子问题的解组合起来得到整个问题的解。在求解子问题时,常把前向推理和后向推理混合使用,形成混合推理。

4. 人机交互接口

完成专家系统与用户的交流和互动。专家系统通过它向用户提问,并将用户回答的数据、事实及用户的要求和询问传递给系统,以及将中间和最后的结论告诉给用户,并向用户进行解释。用户回答系统的提问,可以一个或几个同时回答,甚至可以回答"不知道"。系统给用户的回答可以有肯定的结论,也可以有几种可能性和每种可能性的可靠程度,以及向用户提出一些建议和进一步的询问。总之,专家系统要做到像一个真正的专家与用户进行对话,人机接口是非常重要的。所以在有的系统中,人机交互接口部分(包括解释系统)所占的比例远远超过知识库和推理机构部分的总和。

5. 知识库管理

知识库管理的内容有建立和维护知识库,更新和删除知识,补充新知识,对知识库进行一致性检验等。

6. 控制模块

使各部分功能协调工作,在时序上进行安排和控制。

6.1.4　故障诊断专家系统的诊断模型

1. 故障诊断专家系统的诊断过程

专家系统诊断故障的过程是这样的,对于在线监控和实时诊断系统,数据库的内容是实时检测到的目前系统工作数据。对于离线诊断,则数据库的内容可以是故障发生时检测数据的保存,也可以是人为检测的一些特征数据。人机接口系统可以为知识库提供系统实时运行时或发生故障时观察到的一些可靠现象、事实,然后专家系统诊断程序在知识库和数据库的基础上,通过推理机制,综合利用各种规则,必要时还可调用各种应用程序,并在运行过程中向用户索取必要的信息后,就可尽快地直接找到最后故障或最有可能的故障,再由用户来证实;或者专家系统告诉用户怎么思考,要检查什么,要用哪些诊断方法等,而由用户诊断故障。故障源确定后,根据原先建立的故障的专家评价程序,对系统的未来作出预测和评价,并采取相应的专家决策,使系统尽快恢复正常。

2. 诊断专家系统的诊断模型

目前,设备诊断专家系统的诊断模型或知识库模型主要有4种,即浅知识模型、深知识模型、集成诊断模型和层次诊断模型。浅知识模型是利用系统工作异常时的征兆进行诊断的方法。深知识模型是利用系统工作时的功能关系信息来进行诊断的方法。它们分别适用于征兆信息较多和功能关系明确的系统。而集成诊断模型是前两种模型的组合,因而对于前两种系统均能进行诊断。但是实际系统不只是前两种,更多的是介于这两者之间以及功能关系不明确且征兆信息很少的系统,层次诊断模型就是针对这类复杂系统的诊断问题而提出来的。下面主要介绍层次诊断模型。

(1) 基本原理

该模型方法主要是利用系统结构分级原理将复杂系统划为系统级、子系统级和部件级等几个层次,然后对不同性质的层次,分别采用与之最适应的各种具体诊断方法逐层确定故障的部位和原因,直至得到预定层次的结果为止。

　　系统结构分级是指将系统按其各部分的隶属关系描述成树状结构的一种分级方法。根据系统结构分级的概念，很自然地得出系统的故障主要是由某几个子系统的某些故障引起的，而各子系统的故障自然又是由各部件的故障引起的，因而可按系统结构分级诊断故障，逐步缩小故障范围。该诊断策略在专家系统实现中可大幅度减少搜索工作量。

　　(2) 几种具体的诊断方法

　　层次诊断模型作为一种诊断策略，其具体实现还得靠与每级诊断相适应的诊断方法。下面介绍的三种方法都与专家的经验和知识有关，适合于在专家系统中运用。

　　1) 征兆分析法

　　与浅知识模型类似，征兆分析法也是利用系统异常时的信息来进行诊断的方法。这里主要利用故障逐层传播时所表现出的一些外部征兆，来确定相互有因果关系的两层故障中哪一种低层故障引起了上层的某个故障。该方法是以系统结构分级和故障分级为基础的。

　　图 6 - 4 所示是对活塞发动机"不易发动"故障使用征兆分析法所得到的结果图。

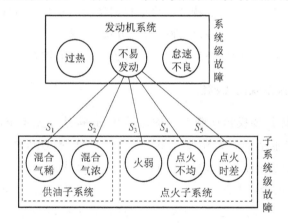

S_1— 化油器渗油、冒黑烟；S_2— 化油器回火；S_3— 点火波形跳火电压太低；

S_4— 点火波形间距不均；S_5— 点火正时灯不亮

图 6 - 4　使用征兆分析法所得的结果图

　　2) 功能分析法

　　功能分析法是建立在系统功能分级基础上的一种故障诊断方法。它在系统的某功能级中，首先对若干个测点进行"测试 — 比较"，然后根据各功能块之间的逻辑关系确定是哪个功能块出现了故障。在每个功能级中，测点的位置和各测点的正常性能数据事先由专家依据经验确定。该法只适用于功能分块容易、逻辑关系清楚的系统。

　　图 6 - 5 所示是功能分析法的一个例子。图中，S_j^i 功能块(第 i 级功能方框图的第 j 个功能块)的某一输出有异常出现，则应在测点 T_1，T_2，T_3 上进行测量，将所得测量值与标准数据比较，以判断下一级哪一功能块出现故障。

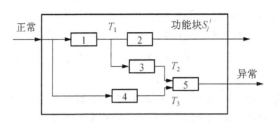

1,2,3,4,5— 第 $i+1$ 级组成 S_j^i 的各功能块

图 6 - 5　功能分析法

3）综合信号分析法

　　如果系统中故障的征兆信号太少,并且功能联系不明确,则只能对某种主要的特征信号（如振动信号、电压信号等）作详细的分析,找出特征信号与各故障模式的关系,通过模式识别诊断故障。这类方法应用的关键是从特征信号中根据经验提取模式,目前抽取模式所用的方法主要是本书前面章节介绍的一些信号处理的常规方法。该诊断方法之所以称为综合信号分析法,是因为特征信号包含信息的综合性和单一信号诊断故障的综合性。

3. 思维模型与专家系统的优越性

　　研究诊断专家系统是要模拟诊断专家的思维活动,构造专家系统,亦即构造一种思维模型。专家系统已经将思维结构分为推理机和知识库两部分。推理机相当于专家解决问题的思路。知识则是专家解决问题的依据,知识库即相当于驻存在人脑中的信息。推理机和知识库是分离的,这样便于知识的修改和扩充,使得系统具有学习能力,这是专家系统区别于一般应用程序的地方,有效地形成了高智能性。一般应用程序在解决特定任务时有其长处,有些具有很好的功能,但比起专家系统来,它们不够注重知识、知识结构及其表示方法,程序调试好后一般不易更改。一个专家系统设计得成功与否,主要取决于该系统所具备的知识的数量及其结构,而不是采用的推理机,这也是专家系统模拟思维活动的成功所得。事实上,一个故障诊断方面的专家之所以成为专家就在于他或她积累了较多的经验,掌握了大量知识。比如有的人根据声音可以判断发动机出了什么故障,他成功的关键在于积累了这样几个方面的经验：① 什么样的声音是异常的；② 辨别异常的声音；③ 不同的异常声对应何种故障。由于专家系统可以综合多个专家的经验,所以其功能可以做到超专家。这是专家系统巨大潜力之所在。

　　解释系统是专家系统区别于传统程序方法的显著特征,是透视专家系统"思维"过程的工具,它能把程序设计者的思想显示给用户,可解释每一步推理的意图及其实现过程,并能解释索取各种信息的必要性等。只有存在解释系统,才真正模拟了专家的思维活动和结果。

6.2　知识的表示与获取

6.2.1　知识的表示

专家系统是一个知识处理系统,包括知识的获取、表示和利用三个基本问题。其中,知识表示处于中心地位,是专家系统的核心。因为一方面获取的知识必须表示成某种形式才能记录下来;另一方面只有将知识表示成合理的形式,才能利用知识对问题进行推理、演绎和运算。知识表示(Knowledge Representation)是知识的形式化过程。知识表示方法就是研究如何设计各种数据结构,以便将获得的知识以计算机内部代码的形式进行合理的描述和存储。

正如人们可以用不同的方式描述同一事物一样,对于同一种知识,也可以用不同的知识表示方法。但是,它们在解决某一问题时,可能会产生完全不同的效果。因此,对于不同领域的问题,选择合适的知识表示方法是非常重要的。目前,常用的知识表示方法有产生式表示、框架表示、谓词逻辑表示和过程表示等。对于比较复杂的故障诊断问题,由于知识的类型和数量较多,采用单一的知识表示方法很难满足实际需要,通常采用混合知识表示方法。例如:将框架表示和产生式表示相结合。混合式知识表示可以充分利用各种表示方法的优点,提高了专家系统的知识表示能力和推理效率。

1. 产生式表示的形式

“〈条件〉 THEN 〈结论〉”产生式表示又称为规则表示,是目前专家系统中最常用的一种知识表示方法。产生式规则的一般形式为

IF 〈条件〉 THEN 〈结论〉

其中,规则的〈条件〉部分是规则的前提,它可以是单个条件或多个条件通过逻辑符号 AND、OR 构成的逻辑组合。规则的〈结论〉部分可以是一组合结论或动作。规则的含义为:当〈条件〉满足时,可以导出〈结论〉或相应的动作。

例如,在旋转机械故障诊断中有如下规则:

如果 ① 径向振动时时域波形严重削波,且 ② 转速不变时,径向振动不稳定,且 ③ 进动方向为反进动,那么存在径向碰磨故障。

采用规则表示的专家系统称为基于规则的专家系统(Rule-Based Expert System),也称为产生式系统。在许多实际应用中获得成功的专家系统都是用该规则表示领域知识。

2. 产生式系统的组成

一个典型的规则式专家系统由规则库、综合数据库和推理机 3 个基本部分组成。

（1）规则库（Set of Rules）

规则库（或知识库）是一组产生式规则的集合，包含某一领域的一般性知识，一个产生式规则就是一条知识。

（2）综合数据库（Global Date-base）

综合数据库又称全局数据库、动态数据库、工作存储器。它是一个动态数据结构，用于存储系统推理所需的已知事实，以及推理过程中产生的各种中间结果和最终结论。例如：在故障诊断专家系统中，综合数据库用于记录当前对象的征兆事实和故障原因。随着产生式系统推理过程的进展，综合数据库中的内容也随之做动态变化。

符号串、数组、数表都可以用于表示综合数据库中的数据。在故障诊断专家系统中，经常采用"对象 — 属性 — 值"，即（O，A，V）这样的三元数组表示征兆事实。其中，O(Object) 表示对象；A(Attribute) 表示对象的属性（性质或特征）；V(Value) 表示对象属性的取值。例如：旋转机械的振动特征可作为判断故障的直接依据。这些振动特征即征兆事实。振动特征"转子轴心轨迹为香蕉形" 作为征兆事实可表示为（转子，轴心轨迹，香蕉形）。

（3）推理机（Inference Engine）

推理机是执行问题求解过程的规则解释程序，它控制系统的运行和推理过程，包括：规则条件的测试或匹配，规则的调度与选取。当数据库中没有所需的事实时，它还能向用户提问以及获取相应的事实信息。使用产生式规则的一个基本思想，就是在"当前状态"下从已知事实出发，将综合数据库中的事实与规则库中的〈条件〉相匹配，若匹配成功，则将该规则的〈结论〉加到综合数据库中。产生式系统的规则解释程序以循环方式进行操作，这种循环称为"识别作用" 循环。每次循环可分 3 步：匹配、冲突消解和执行。

1）匹　　配

将规则的条件部分与全局数据库的内容进行比较，找出能够匹配的所有规则，称这些规则为激活规则。在进行匹配时，若规则的条件部分是用符号串来表示的，则匹配就是简单的符号串比较。若规则的条件部分是一个含有变量的数学表达式，如 $X+Y>5$，这时匹配的运算就是先计算 $X+Y$ 的值，然后判断该表达式是否为真。若为真，则匹配成功。这是一种广义匹配。

2）冲突消解

对于某一问题的求解状态，被激活的规则可能不止一条。这时，规则解释程序就需按一定的控制策略，确定启用哪条被激活的规则。这一过程称为冲突消解。冲突消解的策略通常有以下几个：

① 将所有规则合理排序，选择最先匹配成功的那条规则；

② 选择条件较多的规则；

③ 选择条件部分含有最新生成事实的规则。

其中，第 1 种规则最简单，所需的匹配时间最短。但当规则较多时，规则的合理排序很难做到。冲突消解策略是推理机设计主要问题之一。

3）执　行

执行过程就是执行由冲突消解过程选出的规则。根据启用规则的结论部分改变全局数据库,使其他一些规则有可能被使用,从而使问题的求解又进入下一个"当前状态"。直到求出问题的解,或不再有规则被激活为止。

6.2.2　知识的获取

专家系统是一个获取知识并应用知识解决问题的工具,知识是专家系统的核心。影响专家系统性能的关键因素是知识的数量和质量。数量表现在知识的丰富程度,而质量表现在知识的先进性、科学性、完整性和逻辑性等诸多方面。所以,开发专家系统的主要工作任务就是,将与问题相关的领域知识,从专家头脑中,从教科书或文献资料等其他知识源中提取出来,并以某种知识表示形式(产生式规则)将这些知识存入计算机中。这个过程称为知识获取。

专家系统的开发与传统软件的开发不同,不仅需要系统设计人员,而且还需要与应用领域的各类专家密切合作。一般将专家系统的设计人员称为知识工程师(Knowledge Engineer),将参加专家系统开发的各类专家称为领域专家(Domain Expert)。

知识获取的方式有很多种。根据知识获取的途径可将其分为两类:间接获取方式和直接获取方式。

1. 间接获取方式

知识的间接获取过程分为两步。

第 1 步,知识工程师通过与领域专家进行交谈,查阅各种文献资料,获取相关的领域知识,并将这些知识以书面文字的形式整理出来;然后将这些知识形式化,即对知识进行分析、提取和简化,形成易于被计算机理解的产生式规则等知识表示形式。

第 2 步,借助于知识编辑器将这些知识输入专家系统知识库。知识间接获取的工作过程如图 6-6 所示。

图 6-6　知识间接获取的工作过程

图中,知识编辑器是一种用于知识的输入、修改和维护的软件工具。它能提供丰富的人机交互界面。用户可以按指定格式输入所获取的知识。系统还能自动对用户输入的知识进行语法错误检查,若发现问题立即提示用户修改,确认无误后才将其存入数据库。

这种知识获取方法实际上就是由知识工程师代替机器去获取知识,然后再传授给机器,是故障诊断专家系统开发中主要的知识获取途径。这种方法要求知识工程师不仅要掌握专家系统的结构、工作原理和开发过程,还要了解相关领域的基本概念和背景知识。只有这样才能与领域专家进行交流,充分理解所获取的领域知识。实践表明,这种人工获取领域知识的方法需要消耗大量的时间,延长了专家系统的研制周期,成为专家系统开发中的突出问题。

2. 直接获取方式

间接知识获取主要依靠知识工程师人工操作完成,是一个工作量大而耗时的过程。如果能利用计算机直接从数据或案例中自动获取诊断知识,就能有效地解决这个问题。为此,能够自动获取知识的直接获取方法日益受到重视。直接获取方法的工作过程如图 6 - 7 所示。其中,机器学习系统是一个软件。

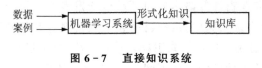

图 6 - 7 直接知识系统

6.3 诊断推理机制

故障诊断专家系统除了必须具有广博的领域知识,还需要具有选择和运用诊断知识解决实际问题的能力。把这种选择知识和运用知识的过程称为基于知识的推理。利用计算机程序实现基于知识的推理过程就构成了推理机。推理机包括控制策略和推理方式两部分。控制策略确定知识的选择,推理方式确定知识的运用。推理机是故障诊断专家系统的核心。

基于知识的推理以知识表示为基础。知识表示的方法不同,决定了选择知识和运用知识的方法也不同。因此,专家系统的推理方式可分为基于规则的诊断推理、基于模型的诊断推理和基于案例的诊断推理等。

6.3.1 基于规则的诊断推理

诊断推理是指依据一定的原则从已有的征兆事实推断出故障原因的过程。基于规则的诊断推理是演绎推理。所谓演绎推理是指由一组前提必然地推导出某个结论的过程。由于结论的正确性蕴含在前提中,所以只要前提为真,结论也必然为真。

对于复杂的故障诊断专家系统,诊断推理效率是非常重要的。诊断效率取决于控制策略。所谓"控制策略",主要指推理方向的控制和推理规则的选择策略。根据控制策略的不同,可以将基于规则的诊断推理分为 3 种类型。

1. 正向推理

正向推理(Forward Chaining)是由已知征兆事实到故障结论的推理,因此又称为数据(事实)驱动的控制策略。正向推理的基本思想是：将诊断对象已知的征兆事实存入事实库中，从这些征兆事实出发，正向使用规则，即将规则的条件与事实库中已知的征兆事实相匹配，若匹配成功，则激活该规则，将规则的结论部分作为新的事实添加到事实库中。重复上述过程，直到没有可匹配的新规则为止。

正向推理的主要优点是：用户可以主动提供与诊断对象有关的已知征兆事实，系统可以很快地对用户所输入的征兆事实做出反应；推理控制简单，容易实现。其缺点是：可能执行许多与结果无关的操作，从而导致推理低效。

2. 反向推理

反向推理(Backward Chaining)是由目标到支持目标的证据推理过程，因此又称为目标驱动的推理。其基本思想是：先假设一个目标成立，然后在知识库中查找结论与假设目标匹配的规则，验证该规则的条件是否存在。若该条件能与事实库中的已知事实相匹配，或是通过与用户对话得到满足，则假设成立；否则，把规则的条件部分作为一个新的子目标，重复上述过程，直到所有子目标被证明成立为止。若子目标不能被验证，则假设目标不成立，推理失败，需要重新提出假设目标。

反向推理是一种递归过程，采用的是自动回溯(Backtracking)策略，即深度优先搜索策略。在反向推理中，目标的选择非常重要，它直接影响到系统的推理效率。如果初期目标选择不对，就会引起一系列无用操作，枉费机时。因而反向推理适用于目标空间较小的问题。

3. 混合推理

正向推理和反向推理都是推理过程中两种极端的方法，各有优缺点。正向推理的主要缺点是推理盲目，反向推理的主要缺点是初始目标的选择盲目。解决问题的有效方法是将正向推理和反向推理结合起来使用，即混合推理。混合推理控制策略有多种模式，其中最重要的是双向推理，其推理过程如下：

① 根据已知事实，采用正向推理初步确定候选目标集；
② 采用反向推理，进一步验证候选目标集中的目标是否成立。

6.3.2　基于模型的诊断推理

领域专家在进行故障诊断时，对于简单而熟悉的情况，可以凭其经验知识直接解决，当遇到复杂或是没有经历过的情况时，就需要运用有关诊断对象的基本原理进行分析，找出故障原因。领域专家的经验知识一般称为浅知识(Shallow Knowledge)；有关诊断对象的结构和基本原理的知识称为深知识(Deep Knowledge)。深知识主要包括诊断对象的结构模型、功能模型及行为模型等。由于深知识多以模型来描述，因而也叫模型知识。

使用浅知识(经验知识)处理问题是人类推理的特征之一,也是人类专家技能的主要来源。因此,传统的诊断专家系统都是基于浅知识的,其中应用最广的是基于规则的诊断方法。但是对于大型复杂设备的故障诊断,基于规则的方法就存在一定的局限性,主要表现在以下两个方面:

① 知识获取困难。目前经验知识的获取主要还是依靠人工方式,由知识工程师和领域专家进行交谈,将领域专家的经验知识归纳整理为诊断规则。这种知识获取方式效率很低,而且有些经验知识只能意会不能言传,领域专家自己也很难描述清楚,根本无法总结成规则。

② 推理的脆弱性。基于规则的诊断系统是以经验知识为主,因而系统的知识库是不完备的。例如,飞行器的故障诊断,经验知识非常少,利用浅知识只能诊断少量故障,这就使得系统的诊断能力有很大局限性。系统性能表现为脉冲形状,对于知识库范围内的问题,系统的性能很强,能给出高水平的解答。但是,当问题超出知识库的覆盖范围时,系统的性能急剧降为零,得不出任何结论,使系统的诊断推理能力变得很脆弱。

为了克服上述缺点,人们开始研究基于深知识(模型知识)的第二代诊断专家系统,提出了基于模型的诊断推理方法。基于模型的诊断方法是使用诊断对象的结构、行为和功能模型等知识进行诊断推理。其基本思想是:根据系统的组成元件和元件之间的连接,建立起系统的结构、行为或功能模型。通过系统的模型以及系统的输入,可推导出系统在正常情况下的预期行为,如果观测到的实际行为与系统的预期行为有差异,就说明系统存在故障。根据这些差异征兆,利用逻辑推理就能够确定引发故障的元件集合。其工作流程如图6-8所示。

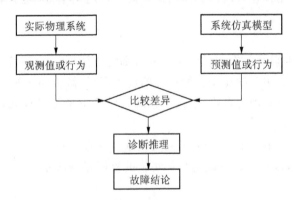

图6-8 基于模型的诊断方法原理图

基于深知识的诊断方法虽然克服了基于规则诊断方法的某些缺点,但它的自身也存在推理效率低、系统模型难以建立等缺点。因此,为了充分发挥两者的优势,提高诊断专家系统的诊断能力,一个诊断专家系统最好是既有浅知识又有深知识,当然,推理控制机构也就更加复杂了。

基于模型的诊断方法解决了基于规则的诊断方法存在的知识不完备问题,只要系统模型建立正确,就能诊断出所有可能的故障。它的主要缺点是必须建立复杂、庞大的系统仿真模型,因而诊断推理的速度较慢。另外,对于电子设备及一些控制系统而言,建立仿真模型是可行的;但是对于大型旋转机械这类复杂系统,要建立反映系统本质的完整仿真模型还存在一定困难。

6.3.3　基于案例的诊断推理

基于案例的推理(Case-Based Reasoning,CBR)又称为基于事例推理,是人工智能领域中新兴的一种问题求解方法,它克服了基于规则的专家系统存在的知识获取瓶颈和推理的脆弱性等缺点。CBR 的思想最早是由美国学者 Schank 于 1982 年在其专著 *Dynamic Memory* 中提出的,它是通过访问知识库中过去相似案例的处理经验,获得当前问题解决方案的一种新的推理模式。在 CBR 系统中,知识是以案例存储的,不存在知识获取困难的问题,而且通过调整案例对于没有完全相似案例的问题也能给出相应的解决方案,因而在故障诊断、设计、规划和法律等方面,虽然经验知识丰富,但知识却难以进行形式化描述,在这种领域内可得到应用。

CBR 系统与基于规则的推理(Rule-Based Reasoning,RBR) 系统相比,虽然都是利用经验知识解决问题,但是解决问题的方式却完全不同。RBR 系统通过基于因果规则链的推理方式进行问题求解,而 CBR 系统求解问题是通过查找案例库中与当前问题相似的案例,并根据当前问题的需要对案例做适当修改来实现的。CBR 系统使用的知识主要是相关领域以前解决问题的具体记录,例如:医院中患者的病例档案;而 RBR 系统使用的知识则是由领域专家通过对实际案例进行分析提取出来的经验规则。因此,CBR 系统的知识获取工作相对容易。将 CBR 技术应用到故障诊断领域,对于提高故障诊断系统的问题求解能力,推动设备故障诊断技术的发展具有重要的意义。

1. 基于案例的诊断系统结构

基于案例的诊断系统把过去处理的故障描述成故障特征集和处理措施组成的故障案例,存储在案例库中。当出现新故障时,通过检索案例库查找与当前故障相似的案例,并对其处理措施作适当调整,使之适应于处理新故障,形成一个新的故障案例,并获得解决当前故障的措施。基于案例的故障诊断专家系统主要由故障特征分析、案例检索、案例调整、案例存储等模块组成,系统结构如图 6-9 所示。

图中,各模块的功能描述如下:

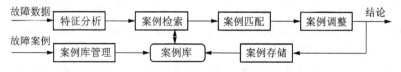

图 6-9　基于案例的诊断系统结构

① 特征分析　通过建立分析模型,对故障数据进行分析,提取相应的故障特征。

② 案例检索　根据提取的故障特征和案例索引信息,在案例库中检索与当前故障相似的故障案例。

③ 案例匹配　根据系统设定的匹配算法,从相似案例中选出最接近的故障案例。

④ 案例调整　当没有检索到相同的故障案例时,系统即调用该模块对找到的相似案例进行调整,以满足当前问题的需要。

⑤ 案例存储　对故障案例进行调整后即得到一个新的故障案例。该模块按照一定的存储策略将新案例添加到案例库中。

⑥ 案例库管理　提供友好的人机交互界面,帮助开发人员输入初始故障案例,并建立案例索引信息。

2. 案例的表示和组织

在基于案例的推理系统中要表示一个案例,首先应明确什么是案例,它包含哪些内容?案例的描述是一个与领域密切相关的问题。对于不同应用领域的问题,案例所包含的内容是不同的。例如,工程设计领域的案例和设备故障诊断领域的案例所包含的内容就有很大差别。

大型设备的结构非常复杂,发生的故障形式多种多样,根据设备运行维护管理和故障诊断的需要,对于每次发生的故障,专业技术人员都要建立相应的故障档案,详细记录故障发生的经过、原因、特征、处理措施和处理后设备运行效果等信息。这些档案资料为故障案例库的建立提供了丰富的资源。各类专家也经常根据记录故障发生过程的原始文献资料对实际发生的故障案例进行整理、归纳和分析,提取出故障诊断的特征和规律,积累诊断知识和经验,用于指导日后的故障诊断工作。通常一个合理的故障案例应包括如下信息:

① 基本信息　包括故障案例名称、故障模式、设备型号、制造厂、生产日期、性能参数以及故障造成的损失等。

② 故障背景　故障发生的时间、地点和经过。

③ 故障征兆　故障发生前和发生时,观测或测量的主要故障现象,包括定性征兆和定量征兆。

④ 故障原因　引发故障的根本原因,包括设计、安装、维护和运行等各方面产生的原因。

⑤ 故障对策　处理故障采取的具体措施。

⑥ 效果评价　采取相应的故障处理措施后,设备的运行效果。

案例知识的表示方法有很多种,如语义网络、框架和面向对象等表示方法。在基于案例的故障诊断系统中,系统求解问题所使用的知识单元就是具体的故障案例(Case),相关故障案例的集合就构成了系统的案例知识库(Case Base)。

案例知识库的组织是设计基于案例故障诊断系统的一个重要环节,其策略的优劣直接影响案例推理的效率。故障案例库的组织包括两部分内容,即故障案例和案例索引。不同的案例组织形式对应不同的索引机制。索引是一个可计算的数据结构，它存储在内存中帮助快速搜索。建立案例索引的主要目的是提供一个案例库的搜索机制。当给定一个新的案例时，能够根据索引快速找出相关的案例或案例集。当案例库的规模较大时，建立案例索引就更为重要。

3. 案例的检索

案例检索是利用案例库的检索机制。根据案例相似性度量方法，从案例库中找到与当前求解问题最相似的一个案例（或案例集）。问题求解的效果取决于检索出的相似案例的质量。当案例库规模较大时，检索效率将影响整个系统的推理效率。所以，建立高效合理的检索模型是CBR 系统的一个关键环节。

案例的检索方法与案例的组织和索引方法密切相关。对于不同的索引机制，应采用相对应的检索方法。检索方法有：最近邻法（Nearest Neighbor，NN）、归纳检索法、知识引导策略和模板检索法等。其中，最常用的是最近邻法。这是一种基于相似性的关联检索方法，它通过技术案例中的旧案例与新案例相匹配的特征权重之和来评估案例之间的相似性，从中选出最相似的案例。

基于案例的诊断方法的优点是：

① 知识获取容易；

② 具有学习功能，能够不断丰富自己的知识库；

③ 自适应能力强，对于不熟悉的故障问题，也能给出相似的解决方案；

④ 通过实际案例向用户解释，容易让用户接受。

它的缺点是：

① 当案例库的容量庞大时，案例检索非常困难；

② 案例库很难覆盖全部问题，且不能保证一定得到最佳的解决方案。

6.3.4　不精确诊断推理

在演绎推理中，前提与结论之间存在确定的因果关系，并且事实总是明确或精确的，这种条件下的推理是精确推理。但是在专家进行故障诊断的实践中，由于待诊系统的复杂性和故障特征的不精确性，使得前提与结论之间的关系也存在或然性和不确定性，甚至前提和结论本身的概念就具有模糊性。在这种情况下，用精确推理方法反而不能得到符合实际的正确结论。

当前提、结论及其关系等组成的知识具有不精确性时，由这些知识归纳出来的推理规则也往往是不确定的。基于这种不确定的推理规则进行推理，形成结论，称为不精确推理。常见的不精确推理方法有概率论方法、可信度方法、模糊子集法和证据论方法等。

不精确性推理是在不完全肯定的因果关系中，加入一些模糊集论、概率统计、确定性因子或可信度函数之类的度量，给出结论在某种程度上的可信性。例如，有下述不精确情况下的推理和知识描述的可信度方法。

利用系统的过程性知识从用户提供的数据中抽取某种依据。过程性知识是一段过程性描述的子程序，它可以从用户输入的信息中抽取证据，得到证据的可信度，这里用 $C(E)$ 表示，$0 \leqslant C(E) \leqslant 1$，$C(E) = 0$ 表示证据 E 不可信，E 不存在；$C(E) = 1$ 时，证据 E 可信，E 存在。这些证据是进行不精确推理的起点。

在语义网络中，每一节点代表一个断言，是对某叙述的肯定或否定。每一节点都有一先验概率值 $P(N)$ 及存在可能性值 $E(N)$。值 $E(N)$ 是指由现在的证据及知识知道节点 N 存在的可能性 $0 \leqslant E(N) \leqslant 1$，$E(N) = 0$ 时节点 N 不存在，$E(N) = 1$ 时节点 N 存在。推理规则具有 IF—THEN 形式（见表 6-1），它连接两个节点，表达了前节点对后节点的影响，LS 估值和 LN 估值分别是前节点对后节点的支持与反对程度。

表 6-1　　推理规则

规则名	前节点	后节点	LS 值	LN 值
正整数	正整数	正整数	[−6,6] 间值	[−6,6] 间值

推理过程实际上是 $E(N)$ 的传播过程。设 $P(FK)$ 和 $P(BK)$ 分别是前节和后节点的先验概率。利用推理规则的 LS 和 LN 估值，可以由前节点的值求得后节点的值，即

$$E(BK) = \begin{cases} NK + \dfrac{P(BK) - NK}{P(FK)} E(FK) & \text{当 } 0 \leqslant E(FK) \leqslant P(FK) \text{ 时} \\ P(BK) + \dfrac{SK - P(BK)}{1 - P(EK)} [E(FK) - P(FK)] & \text{当 } P(FK) \leqslant E(FK) \text{ 时} \end{cases}$$

其中：

$$SK = \frac{LS \cdot P(BK)}{(LS - 1) \cdot P(BK) + 1}$$

$$NK = \frac{LN \cdot P(BK)}{(LN - 1) \cdot P(BK) + 1}$$

这样，就完成了不精确推理。

模糊推理方法可参见本书 5.3 节的有关论述。

6.4　诊断专家系统的开发

6.4.1　专家系统开发简述

专家系统是一类复杂的智能化程序系统，要独立开发一个实用专家系统，需要花费大量人力、物力和时间。要建造一个专家系统，首先需要构建它的框架（shell），然后才能填写知识。专

家系统框架一般包括知识库、推理机、黑板、接口等部分。开发这类框架,常常需要花费相当多的时间和精力,功能却不尽齐全,可靠性也难保证。为了加快专家系统的开发,针对不同领域,人们开发了各种框架即专家系统开发工具,并形成商品出售,加快了专家系统的开发和应用,并极大地降低了开发费用,缩短了开发周期,提高了可靠性。

6.4.2　专家系统的结构和功能设计

专家系统的结构和功能设计就是要建立专家系统组成的逻辑框图,界定各功能模块的功能和任务,建立各功能模块之间的相互关系。如果说知识库是专家系统设计的基础,推理机是专家系统设计的核心,那么可以说总体结构和功能设计是专家系统设计的灵魂。

专家系统结构和功能设计的顶层设计,其质量对专家系统的后期详细设计影响极大。良好完备的结构和功能设计可以提高专家系统的运行速度,减少漏判、误判和失效率,改善系统的可使用性,避免死机和人-机交流不畅,降低操作的繁琐和复杂程度,使系统的功能具有可拓展性。

由于专家系统的复杂性,许多设计者在设计的初始阶段不愿对专家系统的总体结构、各子模块的功能及各组件之间的逻辑关系作深入的思考,没有就其中的某些关键问题向领域专家和知识工程师进行虚心的咨询和深入的探讨,而寄希望于在开发过程发现问题时再求解决问题,因而造成总体结构层次不清晰,子模块功能不完备,诊断思路不流畅甚至逻辑混乱,等等。这些问题在后期开发和使用中发现,往往是很难纠正的。另外,一个完备的专家系统是要经过几代人的接力工作才能完成的,而不完备的顶层设计将给后期的改进、完善和功能的拓展带来极大的困难,以致不得不重新设计。

在设计专家系统时,我们还应该更详细地研究、分析思维模型。以大的方面来说,思维模型表现为思维路径、推理方向、思维概念、知识以及思维应用的规则和方法。从思维模型来考虑,可以构造专家系统模型四要素:

第一,表示思维路径的知识树。

它的功用相当于系统工程中惯用的系统方框图。在一棵知识树中,可依据其层次确定上下文关系,因此知识树常成宝塔形,从解决某问题的总目标出发,逐次将大问题化为小问题,由高层次推到低层次,这类似于故障树。

第二,表现推理方向与推理方式的控制策略。

控制策略要解决的问题是:该专家系统以何种方式,从何处开始运行,或者说思想运动的出发点何在以及思想运动的轨迹是什么。推理方向有前向、后方和混向三种。推理方式有目标驱动、数据驱动和条件驱动三种。

第三,表现推理知识范畴的节点知识聚合。

节点知识是指推理的各环节或各子问题的目标等因素,它可以是概念、经验或其他类型的知识片断。某节点知识的全体用集合表示,即节点知识集合。

第四,表现节点规则集合的映射规则集合,这是推理的具体体现,包括以各种精确的和不精确的推理方法得到的映射规则。

根据上述四要素,专家系统还可由五元素组定义:推理方向、驱动策略、节点知识集合、映射规则集合、推理路径。由思维模型四要素构造专家系统的知识获取软件好处很明显,它使问题提得比较明确,由软件引导专家构造知识树组成节点知识集和映射规则集,专家系统的运行和解释就可通过映射规则集和联络路径控制进行。

笔者认为,专家系统设计还应该满足以下基本要求:

① 容错能力。在可能的误操作或数据输入错误时,不会出现死机的现象。

② 丰富的专家知识。专家知识是否完备、科学是故障诊断成功与否的关键。专家知识与经验数据或案例的收集与整理是非常重要的。专家系统应该尽量做到能够对系统状态及故障事件的穷举。

③ 便捷流畅的人机交互能力。人机交互就是人–机之间的交流与互动,这是对任何计算机开发软件共同的要求。除了要求具有友好的人机交互界面,页面中还应具有丰富的检索路径、链接方式、菜单结构供用户选择。

专家系统的主要功能如下:

(1) 故障诊断功能

故障诊断功能是专家系统的基本功能,包括推理、辨识、决断功能等。

(2) 知识管理

作为智能工具的诊断专家系统,除了要储备已知的专家知识外,还应该能对知识进行更新、补充,并根据新的经验进行自学习,以适应科学技术不断发展的要求。

6.4.3 专家系统的开发环境与工具

专家系统与传统程序在结构上和研制过程方面有不少区别,传统程序强调指令,而专家系统则强调如何查询和组织知识,研制专家系统的一个主要问题就是描述和使用专家知识。专家系统的开发工具是一类程序设计系统,是在 20 世纪 70 年代中期开始发展起来的,迄今已有数以百计的各式各样的专家系统开发工具。它主要包括人工智能语言、专家系统外壳和专家系统开发环境 3 种。

1. 专家系统人工智能语言

通常,主要完成数值计算的诊断软件是利用数值计算的程序设计语言,如 FORTRAN、C、PASCAL 等来编制的;而专家系统,由于主要完成符号处理,则常利用 Lisp 语言或者 Prolog 语言来编程。

（1）Lisp 语言

Lisp 语言又称为表处理语言（List Processing），是在 1958 年由美国麻省理工学院（MIT）的麦卡锡（J. McCarthy）教授首先提出的。其特点为数据和程序的结构完全一样，都是以表的形式表示。这种语言没有语句的概念，语句的功能是用函数的形式来表达实现的，因此是一种函数型语言，它对符号的处理有较强的功能。目前 Lisp 语言已发展成多种版本。早期发展的许多著名专家系统如 20 世纪 70 年代的 MYCIN 系统、PROSPECTOR 系统、AM 系统等都是采用这种语言。

（2）Prolog 语言

Prolog 语言又称为逻辑程序语言（Programming in Logic）。它出现于 20 世纪 70 年代初，但直到 1980 年以后才受到重视。它是一种逻辑型的程序语言，接近于自然语言，易于理解和便于编程，因此发展很快，目前也有多种版本，Turbo-Prolog 是其中一种，后来开发的专家系统多采用这种言语。

用 Lisp 语言或者 Prolog 语言编写的程序通常比较慢。数值计算型语言与人工智能语言之间的数据交换一般只能通过数据文件来实现。如果 Lisp 或 Prolog 语言是解释型的，则当以专家系统转向数值计算型诊断软件时，要首先退回到操作系统，再运行数值计算软件包，这些都会降低处理速度。如果设计的系统在结构上与数值型软件包之间交互较少，则上述影响较小。当所设计的系统要求专家推理与数值计算之间频繁交互时，就应该选择紧密结合的系统结构。为加快处理速度，专家系统也常用 FORTRON 或 C 语言来编写。此外，为了完成数据采集的任务，诊断系统中还可能出现汇编语言的程序。一个系统中多种语言的混合使用是值得重视的问题，它影响到系统的运行速度和效率。

2. 专家系统外壳

专家系统外壳又称为骨架系统，是由已成熟的专家系统演化而来。它抽出了原系统中具体的领域知识，而保留了原系统的基本骨架（知识库及推理机结构），所以称为外壳。

利用专家系统外壳作为开发工具，只要将新的领域知识填充到专家系统中去，就可以生成新的专家系统。专家系统外壳的知识库结构及管理机制、推理机结构及控制机制、人机接口及辅助工具，都可以为新系统提供服务和支持。因此，使用这种工具可以大大提高专家系统的开发效率，但限制条件多，灵活性差。下面是几种典型的专家系统外壳。

（1）EMYCIN 专家系统外壳

EMYCIN 是由斯坦福（Stanford）大学的 Van Melle 于 1980 年开发的一个专家系统外壳，它抽出了 MYCIN 中原有的医学领域知识，只保留外壳而形成。它采用产生式规则表示知识和目标驱动的反向推理控制策略，特别适用于诊断型专家系统的开发。EMYCIN 可提供 MYCIN 所有的辅助工具，如推理解释程序及可信度估算，知识编辑程序及类似英语的简化会话语言，知识库管理和维护手段（如一致性检查、跟踪、查错），系统测试实例等。

（2）KAS 专家系统外壳

KAS 是由 PROSPECTOR 系统抽去原有的地质勘探知识而形成。它采用语义网络和产生式规则相结合的知识表达方式，以及启发式双向推理控制策略。KAS 适用于开发解释型专家咨询系统。KAS 可提供的辅助工具有：知识编辑系统、推理解释系统、用户问答系统和语义分析器。

（3）EXPERT 专家系统外壳

EXPERT 是由 CASNET 系统抽去原有领域知识而形成。它采用产生式规则表示知识和启发式近似推理机制，简化了控制策略。EXPERT 适用于诊断、分类的专家咨询系统的开发。

3. 专家系统开发环境

随着专家系统技术的发展和人们对专家系统需求的增加，对专家系统开发工具的要求也越来越高。专家系统开发环境就是在这种背景下产生的。

专家系统开发环境是一种程序模块组合下的系统开发工具。它能为专家系统的开发提供多种支持。这种开发工具的基本思想是：兼顾有效性（针对性）和通用性（普适性），为用户提供各种用于知识表达、推理、知识库管理、推理控制和有关辅助工具的模块，以及用于组装所需模块的一套组合规则。这样，如果用户掌握了组合规则，适当选择模块，就可以方便地组装成所需的专家系统。专家系统开发环境有设计工具和知识获取工具两类。设计工具可帮助设计者开发系统的结构，知识获取工具可帮助获得和表达领域专家的知识。

（1）AGE

AGE 是由美国 Stanford 大学用 INTERLISP 语言实现的专家系统工具，它能帮助知识工程师设计和构造专家系统。AGE 给用户提供了一整套像积木块那样的组件，利用它能够方便地将这些组件组装成专家系统。AGE 包括以下 4 个子系统：

① 设计子系统：在系统设计方面指导用户使用组合规则。

② 编辑子系统：帮助用户选用构件模块，装入领域知识和控制信息，建造知识库。

③ 解释子系统：执行用户的程序，进行知识推理以求解问题，并提供查错手段，建造推理机。

④ 跟踪子系统：为用户开发的专家系统的运行进行全面跟踪和测试。

（2）TEIRESIAS

知识获取是专家系统设计和开发中的难题。研制和采用自动化或半自动化的知识获取工具，以提高建造知识库的速度，对于专家系统的开发具有重要意义。TEIRESIAS 是一个典型的知识获取工具，它能帮助知识工程师把一个领域专家的知识非常容易地植入知识库。TEIRESIAS 系统具有以下功能：

① 知识获取：能理解专家以特定非口语化自然语言表达的领域知识。

② 知识库调试：能帮助用户发现知识库的缺陷，提出修改意见，用户不必了解知识库的细节就可方便地调试知识库。

③ 推理指导：能利用元知识对系统的推理进行指导。

④ 系统维护：可帮助专家查找系统诊断错误的原因，并在专家指导下进行修正或学习。

⑤ 运行监控：能对系统的运行状态和诊断推理过程进行监控。

（3）Stim

Stim(Shell With Thinking in Images) 是在已研制成功的"飞机故障诊断专家系统"基础上抽象出来的通用专家系统开发工具，特别适用于解决诊断与识别这类问题。Stim 有以下特点：

① 用因素空间理论表示知识和经验，适合处理模糊性知识；

② 知识获取子系统，使用户不需编写程序，就可以快速生成知识库；

③ 有很强的自学习功能，可积累和删改知识；

④ 能模拟人脑形象思维的识别推理机，可对知识进行并行变结构处理，推理速度快；

⑤ 具有启发式和人机交互式搜索策略，使用灵活方便。

（4）Raragon

Raragon 是由福特航天与通信公司研制的基于模型的通用专家系统开发工具，它可给领域专家提供结构化窗口和菜单驱动界面，并可自动地将用于推理的信息转化为机器识别的 Lisp 代码。

（5）Gensaa

Gensaa 是由哥达尼航天飞行中心研制的专家系统开发工具，专门用于开发空间飞行器实时故障诊断系统。它是一个基于规则、易于使用、具有丰富图像的开发工具。

（6）天　马

天马专家系统开发环境由中国科学院数学所牵头，于 1990 年研制完成。它包括 4 部推理机（常规推理机、规划推理机、演绎推理机和近似推理机）、3 个知识获取工具（知识库管理系统、机器学习和知识求精）、4 套人机接口生成工具（窗口、图形、菜单和自然语言）等 3 大部分共 11 个子系统。天马可以管理 6 大类知识库，包括规则库、框架库、数据库、过程库、实例库和接口库，并有与 DOS、DBASE、AUTOCAD 的接口。

4. 基于网络的程序设计平台

随着计算机及网络技术的迅速发展，基于网络的远程故障诊断技术及专家系统作为一种全新的故障诊断手段已经出现在我们面前。远程故障诊断使诊断工作不再受限于时间和地点，可以随时随地通过网络对复杂系统进行在线状态监控和故障诊断，不仅提高了故障诊断的及时性，还可以利用远方基站的技术资源，对于像飞行器和发动机这样的对可靠性要求极高的系统来说尤为重要。

基于网络的故障诊断专家系统可以分为两个层面的应用范畴：一个是基于局域网络的专家系统，可以实现一个专家系统对多台设备或多套系统实施在线的状态检测和故障诊断；另一个是 Internet 网的专家系统，对设备实现远程状态监测和故障诊断。

网络故障诊断主要有以下几个优点：

① 可以高效地利用基站的技术资源，包括设备、数据库和现场工程师；

② 可以真正实现实时的健康监控和在线诊断；

③ 一个专家系统可以监控多台（套）设备，提高专家系统的工作效率；

④ 多个不同的专家系统支持一台设备的故障诊断，利用网络的链接技术，可以把诊断系统拓展成故障诊断专家网，充分发挥各节点上知识库的作用，对于复杂系统的故障诊断非常有用；

⑤ 可以利用网络技术的优点使故障诊断过程的交互性、自主性更强；

⑥ 如果进而利用网络的无线通信技术，可以实现故障诊断空地一体化。

远程故障诊断技术是建立在网络技术支持基础上的，因此需要采用网络制作软件作为开发平台。在众多的网页编辑器中，Macromedia 公司推出的网页制作三个软件——Dream weaver、Fireworks 和 Flash 因其强大的功能而被广泛使用。其中，Dream weaver 软件是一种可视化（所见即所得）的网页编辑器，支持最新的 DHTMLHE 和 CSS 标准。它采用了多种先进的技术，能够高效快速地创建极具表现力的动感效果网页，使网页创作过程变得简单。在 Dream weaver 中可以像在 Word 软件中一样编辑网页，而无需使用复杂的 html 代码进行编辑。通过几个软件的巧妙配合，开发者可以随心所欲地制作人机交互友好的网络页面。Dream weaver MX 是 Macromedia 公司的新版本，已不再局限于一个网页编辑软件的范畴，可以对 Web 站点、Web 页和 Web 应用程序进行设计、编码和开发。它整合了其以前版本的可视化排版功能、网页的快速开发功能和 Home site 的强大代码编辑支持，成为一个高效使用的开发环境。

利用 Dream weaver MX 可以方便地建立和插入表格，可以在专业编辑环境或可视化环境中建立动态的 Coldfusing 网站。它包括可以使用最新的 Coldfusion 组件。调试它的代码可以在专业编辑环境或可视化环境中建立动态 Asp. net 网站，包括享受对数据集、数据网络和数据列表的完全支持并实现超链接。

超级链接简称超链接，是由一个 Web 资源到另一个 Web 资源的链接。鼠标点击一段带有超链接属性的文本时，浏览器转到另一个网页或别的网站。超链接是网页与网页联系的纽带，也是网页的主要特色。超链接按其跨越范围分为两类：一是绝对超链接，访问一个网站或别的网站中的网页就要用到。它使用绝对 URL，即包含 URL 的各个组成部分，包括协议、域名、路径和文件名。二是相对超链接，相应的它使用相对 URL，用于访问站内的文件。

6.4.4　专家系统实例简介

1. PDS 系统

PDS 这一专家系统是美国 Westing House 公司与卡耐基-梅隆(Carnegie-Mellon) 大学合作研制的,现用于监控 Texas 三家电厂七台汽轮发电机组的全天工况。它能快速而准确地分析仪表读数,告知操作人员应采取什么操作。监控仪表从装在汽轮机上的传感器获得信号,加以处理,传给远地的计算机,计算机依据有关专家的经验编制的程序,分析温度、压力、转速、振动、射频辐射等数据,诊断机组工作是否正常,如不正常或将不正常,则做出采取措施的决策。

2. SCSD 系统

SCSD 系统是 SCR 直流调速装置故障诊断专家系统的简称。该系统用于逻辑控制双环可逆可控硅直流调速系统的故障诊断。它用 Lisp 语言、FORTRAN 语言及 8088 汇编语言联合编制而成,在 IBM-PC/AT 微机上运行,仅需的机外硬件支持是一个 8 通道的 A/D 转换器。

系统只要在输入人为观察到的对象故障现象,并根据需要输入的有限几个工作开关,工作指示灯正常与否的事实,控制柜面板上电表的读数,以及采集系统得到的有关系统各工作点电量数据的基础上,就能诊断出近 60 个故障源及其各自的可信度大小。这些故障源遍及控制系统及对象的各个环节和单元模块,也包括人为的操作失误。SCSD 的主程序流程图如图 6-10 所示。

该系统除了对全局性故障、局部性故障和各子系统故障具有单独诊断功能外,对部分潜在性故障具有在线预报能力,还具有自动生成新规则的学习功能和解释功能。SCSD 能详细解释自己和各种推理结论,并在向用户索取信息时,可以根据需要向用户解释自己索取信息的意图。解释功能的实现,加强了用户对诊断系统的信任感,有助于诊断专家系统在实际生产中的推广应用。SCSD 的主要特点如下:

① 采用最佳深度优先搜索策略。这种搜索策略总是最先找到可能性最大的故障源,这是一种诊断系统单独工作方式下非常合理的搜索策略。

② 实现了人-机联合诊断功能,形成了可以由用户控制的用户与诊断系统进行共同协商诊断的现场决策与诊断的"专家智囊团"。这有助于发挥现场用户的主动积极作用,易于用户接受,且提高诊断速度,避免诊断失误。而以往的绝大多数专家系统,用户只是处于被动等待回答系统提示的状态。所以,SCSD 中最佳深度优先搜索策略的采用与人-机联合诊断功能的实现,是一种最合理的人-机组合式搜索策略,这对于大而复杂系统的诊断必然愈加显出它的优越性。

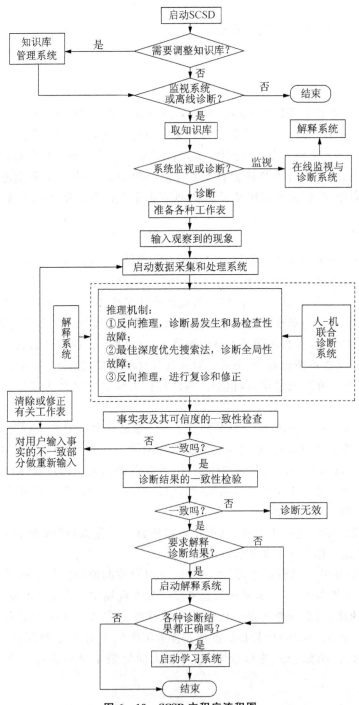

图 6 - 10　SCSD 主程序流程图

③ 能够很方便地调用各种应用程序。SCSD 实现了多种语言的联合使用,从而可以使系统既具有很强的符号知识处理功能,又具有很强的数据信号处理和分析功能,可以集传统诊断方法的优点和专家经验于一体,实现在专家指导下的多种诊断方法的联合应用,大大提高诊断速度。

④ 规则库采用分层化、分区化及有序化表示,实现了规则库的最佳布局及规则库最合理有效的利用。规则的分层化是为了实现规则库的一遍性推理,即在一次诊断中,规则库中的所有规则至多只被测试一次就能得到结论;规则库的分区化是为了省去对故障可能性较小的子系统所包含的规则进行测试,或者把故障可能性很小的子系统所包含的规则放在最后测试。规则的区域有序化,是指根据专家的经验,总是将经常符合测试条件的规则以及那些可能实现深度跳程步数较多的且能不时地满足测试条件的规则放在优先考虑的位置。

⑤ 各功能模块独立性强,便于修改、调整及功能扩展。

⑥ 知识库以代码表示,既省内存又提高了诊断速度。

第7章　航空维修工程中的可靠性

7.1　概　述

一个国家工业水平高低的重要标志之一就是产品的质量。产品质量通常包括3个指标：性能、可靠性、维修性。产品的性能指标为主要指标，代表产品的使用价值。然而，产品设计、制造和使用过程的复杂性，产品的性能指标不一定能预期完成，如果不能达到预期要求，则产品将被认为不可靠或不太可靠。除了那些被设计成一次性使用和不可维修的产品外，不可靠的产品出现故障后，要进行修复，以恢复其原来的功能。性能指标再高的产品，如果经常出故障，也不会被认为是好产品。如果产品出了故障又不便于维修，还会增加使用成本并降低产品的工作效率，严重影响产品效能的发挥。所以，产品的性能、可靠性和维修性是一个统一体，只有三者都得到保证，产品才会有较高的质量。而航空飞行器的可靠性又占有更重要的地位，因为它更直接关系到飞行的安全。

产品可靠性工作的实际开展，始于第二次世界大战期间。当时，美国生产的飞机有半数不能正常使用，轰炸机的电子设备寿命只有几十小时，海军用的电子设备有70%经常发生故障。而这些电子设备出故障的原因则是电子管的可靠性太差。因此，有人说：不可靠的电子管成为可靠性之母。

1950年，美国国防部成立了"电子设备研究组"（ANG），1952年又成立了"可靠性咨询组"（AGREE），该组于1957年提出了一系列成果报告——"AGREE报告"。其中包括产品在设计及生产时，可靠性的测试方法和标准规范等科学建议。这些报告成为以后可靠性研究的基础，其基本理论迄今仍然适用。从这时起，可靠性作为一门学科已经确定了基本方向。1958年后，美国军方逐步制定了可靠性军工标准，同时将可靠性技术引入民用产品。

进入20世纪60年代，英、法、原联邦德国和苏联也开始进行可靠性技术的普及工作。从1961年开始，美国将可靠性技术应用于"阿波罗"计划，到1969年"阿波罗"号飞船登月成功，显示了可靠性技术的巨大成果。之后，可靠性技术的应用领域迅速扩展，从人造卫星、电子通信设备到计算机，从飞机、汽车、机床到家用电器，从开发研究到设计制造，都将可靠性技术作为重要工具来加以应用。进入20世纪70年代，许多工业国家已将可靠性技术用于更广泛的民用机械产品。

我国从20世纪六七十年代开始了可靠性技术的研究和普及工作，首先在电子工业和国防部门，继而推广到机械工业等其他部门，已经收到了良好的效果。由于航空产品的特殊性质，可靠性的课题较早地得到了关注。首先从设计制造部门开始，然后到使用维修技术，人们发现提高航空产品的可靠性，是一个贯穿其全寿命的庞大的系统工程。对于民用航空器来说，两个突出的特征就是适航管理和以可靠性为中心的维修思想。近年来,随着我国民航事业的迅速发展,使可靠性技术的应用在民用航空器的维修和维护领域迅速扩展,其重要意义已经被越来越多的人所认识。现在,各航空公司都已经成立了可靠性的专门机构,可靠性技术已经渗透到维修管理和维修方案制定等各个环节。可靠性技术对保障飞行安全,提高维修质量,增加经济效益,都起到了重要作用。

7.2　可靠性的基本概念

7.2.1　系统可靠性及其计算

1. 系统的组成和类型

系统内的成员依一定的关系联系在一起组成系统。这种关系可以按物理关系来描述,也可以按照功能关系来刻画。物理关系和功能关系是两个不同的概念。物理关系即系统内的单元之间实际的连接关系,工程上常用系统图或系统框图表示。而功能关系则表示系统为了完成预期的工作,哪些单元必须无故障地工作,常用可靠性框图表示。系统可分为串联系统、并联系统和既有串联又有并联的混合系统。在功能关系中,如果系统中一个单元的故障就会导致整个系统故障的系统,就是串联系统。如果系统中只要有一个单元正常工作,系统就能正常工作,就是并联系统。

物理关系的并联系统可能是可靠性关系中的串联系统。例如:由一个电容器 C 和一个电感线圈 L 组成的谐振电路,其系统是由 L 和 C 并联构成,但从功能关系看,它们之间只要有一个故障,系统就失去功能,所以系统的可靠性框图是串联的。而有些单元在系统中的物理关系是串联的,在可靠性关系中却是并联系统。例如:由一个泵和两个控制阀串联组成的系统,两个控制阀的功用是当泵不工作或者倒流压力超过顺流压力时阻止倒流。因此系统中两个阀的物理关系是串联的,但是在可靠性框图中阀的功能关系是并联的,即只要有一个阀没有失效,系统功能就没有丧失。在物理关系相同的系统中,也会由于功能不同而使可靠性关系不同。例如:有三个开关串联而成的电路,如果功能是"电路接通",可靠性关系是串联的;如果功能是"电路切断",则可靠性关系是并联的。

2. 结构图示法

将系统内各单元按可靠性意义下的功能勾画为串联或并联的结构图示,分析计算系统的可靠性。可靠度是系统可靠性的度量,所以,系统可靠性的计算即计算可靠度。

(1) 串联系统可靠性的计算

串联系统如图 7-1(a) 所示。

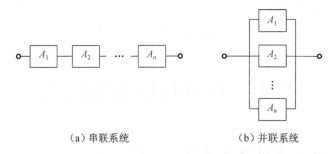

（a）串联系统　　　　　　　　　　（b）并联系统

图 7-1　系统的功能结构示意图

设在 t 时刻,系统中第 i 个单元正常工作事件为 A_i,则串联系统的可靠度 $R_s(t)$ 是所有这 n 个单元同时正常工作的概率,即

$$R_s(t) = P(A_1 A_2 A_3 \cdots A_n) =$$
$$P(A_1)P(A_2 \mid A_1)P(A_3 \mid A_1 A_2) \cdots P(A_n \mid A_1 A_2 \cdots A_{n-1})$$

式中:$P(A_1)$ 是在 t 时刻第一个单元无故障工作的概率,也即第一个单元的可靠度;$P(A_2 \mid A_1)$ 是第二个单元在第一个单元正常工作的条件下无故障工作的概率;……$P(A_n \mid A_1 A_2 \cdots A_{n-1})$ 是第 n 个单元在前 $n-1$ 个单元正常工作的条件下无故障工作的概率。当 $A_1, A_2, \cdots, A_n$ 互不相关时,则

$$R_s(t) = P(A_1)P(A_2) \cdots P(A_n) = \prod_{i=1}^{n} P(A_i)$$

(2) 并联系统可靠性的计算

并联系统如图 7-1(b) 所示。

根据定义及假设条件,系统要发生故障必须是组成它的所有单元都发生故障,且各单元之间相互独立。根据概率论,系统不可靠度的计算公式为

$$F_s(t) = F(A_1)F(A_2) \cdots F(A_n) = \prod_{i=1}^{n} F(A_i)$$

式中:$F_s(t)$ 为系统的不可靠度;$F(A_i)$ 为 A_i 单元的不可靠度。所以,并联系统的可靠度为

$$R_s(t) = 1 - F_s(t) = 1 - \prod_{i=1}^{n} F(A_i)$$

3. 逻辑图示法

逻辑图示法是基于系统元件间功能关系的工程图示方法,但是其可靠性的计算应用逻辑代数。

如图 7-2 所示系统,有 2 个过滤器(ϕ_1 和 ϕ_2)并联与 3 个部件(1、2 和 3)串联,这 3 个部件也串有过滤器。无故障工作条件可以准确地表示如下：若系统的所有构件都无故障，则该系统无故障工作；若第一个过滤器 ϕ_1 阻塞，产生故障，而其他构件无故障工作，则该系统无故障工作；若第二个过滤器 ϕ_2 阻塞，产生故障，而其他构件无故障工作，则该系统无故障工作。

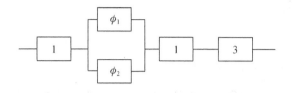

图 7-2　连接 2 个过滤器和 3 个部件的基本系统

系统的无故障性代数表达式为

$$B = A_1 A_{\phi_1} A_{\phi_2} A_2 A_3 + A_1 \overline{A}_{\phi_1} A_{\phi_2} A_2 A_3 + A_1 A_{\phi_1} \overline{A}_{\phi_2} A_2 A_3$$

式中：B 为系统无故障工作事件；A_1、A_2、A_3 为部件 1、2、3 的无故障性；A_{ϕ_1}、A_{ϕ_2} 为过滤器的无故障性；$\overline{A}_{\phi_1}$、$\overline{A}_{\phi_2}$ 为第一个或第二个过滤器阻塞故障。

其系统无故障工作的逻辑图如图 7-3 所示。

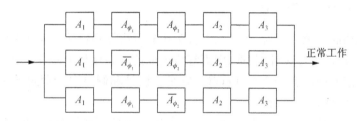

图 7-3　图 7-2 所示基本系统部件无故障工作逻辑图

7.2.2　可靠性与维修性

1. 可靠性定义

可靠性是产品在规定条件下和规定时间内，完成规定功能的能力。

所谓产品，可以是一个小零件，也可以是一个大系统。规定条件主要指使用条件和环境条件。规定时间是指广义时间，包括产品运行时间、旋转次数或循环次数等。有了可靠性的概念，人们才可以掌握产品在什么条件下多少时间内可以无故障工作，并能多大程度地发挥其功能。因此，可靠性为产品的非确定性的、具有随机性的性质。

2. 维修性定义

维修性是产品在规定条件下和规定时间内，按规定的程序和方法进行维修时，保持或恢复到规定状态的能力。

工业产品一般可分为可维修和不可维修产品两种。不可维修产品是指失效后不能或不值得维修的产品,如灯泡、火箭等。维修性是指对可修复产品进行维修的难易程度。航空燃气涡轮发动机属于可维修产品。

3. 广义可靠性

广义可靠性 = 狭义可靠性 + 可维修性

一般可维修产品的可靠性称为广义可靠性;不可维修产品的可靠性称为狭义可靠性或者称为可靠性。对于可维修产品,维修性与可靠性不能分开考虑,于是提出了综合考虑可靠性和维修性的广义可靠性。在广义可靠性概念下,除考虑产品的无故障性质,即狭义可靠性,还应考虑发生故障后修理的难易程度。

广义可靠性是指可维修产品在使用中不发生故障,如发生故障也易于维修,因而经常处于可用状态的性质。

4. 固有可靠性与使用可靠性

从传统可靠性的形成过程看,可靠性可分为固有可靠性和使用可靠性两种。

固有可靠性:产品通过设计、制造、管理等所形成的可靠性称为固有可靠性。产品的固有可靠性通常体现在产品的固有寿命上。应该说,它是在设计和制造时所固定下来的。固有可靠性所考虑的中心问题是狭义可靠性。

使用可靠性:产品在运输、保管、维修、操作和环境条件等使用条件的综合影响下,固有可靠性的发挥与实现称为使用可靠性。产品的使用可靠性通常体现在产品的实际使用寿命上。使用可靠性所考虑的中心问题是包括维修性在内的广义可靠性。

为保证产品有高的可靠性指标,首先要做到设计质量高,制造质量高,然后尽量保证正确的使用。所以,使用可靠性指标不会大于固有可靠性指标。提高固有可靠性只有从设计制造着手,正确地规范使用,可提高使用可靠性,以最终保持固有可靠性。

5. 可靠性增长

产品在使用过程中,通过改进和改型设计,排除故障,加强保障手段等方式,来提高产品的固有可靠性,称为可靠性增长。可靠性增长按一定模式(型)进行预计和实施。在大多数情况下,可靠性增长是提高了产品的固有可靠性指标。然而,不良的措施和复杂因素的相关结果,可能使可靠性增长为负值。

目前,在民航维修中一些制造厂家正在推行的可靠性计划应归属于可靠性增长的范畴。

7.2.3　可靠性特征

1. 产品的可靠性特征

产品的可靠性具有如下特征：

① 可靠性与专业技术密切相关。要提高可靠性，需要综合运用专业技术与管理技术。

② 可靠性与故障相关。可靠性与故障是产品对立统一的两个方面，故障多，则可靠性低。要保证产品的可靠性，势必减少故障或排除故障。产品排除故障技术是一项综合技术。

③ 可靠性水平与使用条件相关。提高产品的可靠性应注意外部条件。

④ 可靠性与预防手段相关。产品在使用过程中，可以采用多种方法和手段进行状态监视与故障诊断，以进行故障的早期诊断、故障报警和故障预防。

⑤ 可靠性与人机工程因素相关。

2. 航空发动机可靠性特征

从可靠性的角度分析，航空发动机具有如下特征：

① 高速旋转机械。航空发动机属于高速旋转机械类型，因此区别于一般的非旋转机械与电子器械的可靠性。

② 多个零件组成。发动机由多个零组件组成，因此整机的可靠性建筑在单元体（零组件）可靠性的基础之上。各零组件都有自身的工作特点和可靠性指标，只有当零组件的可靠性实现时，发动机整体的可靠性才得以保证和实现。

③ 载荷与受力复杂。发动机是在高转速、高温和高载荷下工作，受到静力载荷、动力载荷，以及高、低周疲劳和热疲劳的作用，所以发动机安全性与可靠性的保证及研究等工作难度更大。

④ 可修复与不可修复。发动机中的零组件有的为可修复件，有的为不可修复件，往往视情而定。发动机在使用过程（寿命期间）中为可修复件和可更换零组件；而在单元体结构中，为可更换件和视情维修件，但有些零件为不可维修失效件。

⑤ 寿命长短不一。发动机本身有长寿命机和短寿命机两类。短寿命机即巡航导弹上使用的发动机。飞机上的航空发动机一般为长寿命机。长寿命发动机的有些零件是按无限寿命设计的，如压气机叶片等，有些是按有限寿命和损伤容限寿命设计的，如涡轮部件。发动机中又有冷端和热端部件，有高周疲劳和低周疲劳寿命件等，形成长短不一、状态不一的零件寿命。

⑥ 故障模式繁多、故障率较高。组成发动机的零件较多，而每一个零件组往往具有多种故

障模式。航空发动机的故障率是比较高的,尤其是存在一些偶发性故障。因此,故障问题比较严重,往往产生致命的影响。

⑦ 可进行发动机状态监视与故障诊断,进行视情维修。

⑧ 发动机本身工况与使用环境都比较复杂。

以上特征都使发动机实现高可靠性指标增加了很大的难度。

7.3　航空发动机的可靠性

7.3.1　早期发动机采用的可靠性指标

1. 翻修寿命

新发动机从开始工作到返厂翻修或两次翻修之间的工作时间,一般用 TBO(Time Between Overhauls) 表示,以小时计。发动机工作到规定的翻修寿命后,送回修理厂翻修,使发动机达到规定的标准,再返回使用部门继续使用。

为了保证航空发动机在规定的翻修寿命期限内的可靠工作和性能要求,生产厂须对发动机抽样进行长期试车(在地面试车台或模拟飞行条件的高空试车台上进行),试车时间一般为翻修寿命的 1.5 倍。

2. 状态监控与视情维修

在 20 世纪 60 年代后期,新发展的发动机上开始采用单元体结构设计,并采用多种监控手段,维修方式由定时维修转为视情维修。因此,一般不给定发动机的翻修寿命。在发动机使用中,根据其工作情况来确定发动机或某一单元体是否需要更换。对发动机的一些关键构件,例如轮盘和轴等,则分别规定使用寿命的限制。该限制包括使用小时及循环数,两者中任一参数达到限制值后,该构件即应拆换。

7.3.2　民用发动机可靠性指标

美国航空运输协会(ATA)对民用飞机及其各系统的可靠性指标有过明确规定。其中,对发动机采用了以下 4 个可靠性指标:

1. 延误／取消率

延误／取消率(Delay/Cancellation Rate)指每百次定期航班中,由于发动机原因不能正点开航而造成的延误(延误时间超过 15 min 才算延误)或航班被取消的次数。对于非定期航班或飞行中出现的延误／取消事件不计在内。目前,通常采用延误率的反义词"航班正点率"(Dispatch Reliability)来表示。用 1 减去延误／取消率即为正点率,表示每百次航班中,正点开出的航班次数。

2. 驾驶员汇报事故率

驾驶员汇报事故率(Pilot Report Rate)指每百次班机降落后,驾驶员所反映的事故次数。由于掺杂的人为因素比较大,目前很少被采用。

3. 空中停车率

空中停车率(In-Flight Shut Down,IFSD)指发动机在平均每千飞行小时中空中停车的次数,它是表示发动机可靠性的主要指标。由于在飞行中,发动机停车可能是由于发动机本身造成的(例如零件损坏、滑油中断、振动过大及超温等),也可能是由于飞机系统的某些故障引起了发动机停车(例如燃油总管堵塞或泄漏、操纵系统故障等)。作为表征发动机可靠性的 IFSD,只计前者。因此,在统计空中停车率时,应注明总的空中停车率和发动机本身造成的即基本的空中停车率。如在文献或资料中未注明,应理解为基本的空中停车率。

4. 提前换发或非计划换发率

提前换发或非计划换发率(Unscheduled Removal Rate,UER)指发动机在平均每千飞行小时中,不是计划之内的更换发动机的次数,亦指基本的换发率。

5. 返修率

返修率(Shop Visit Rate,SVR)指发动机在平均每千飞行小时内,返厂修理的次数。

在上述常用的发动机可靠性指标中,各航空公司或生产厂家可以有不同的选择。例如,美国通用电气公司(GE)采用航班正点率、空停率和返修率;英国罗·罗公司(R. R)采用空停率和提前换发或非计划换发率;美国普·惠公司(P. W)在 JT8D 发动机中采用的是空停率、提前换发或非计划换发率和返修率,在 JT9D 发动机中增加了航班正点率。

6. 双发客机延长航线使用能力(Extended-Range Twins Operations)

在民用涡扇发动机中,由于双发客机的广泛采用,提出了如何扩大双发客机使用范围的问题。双发客机在飞行中,如果一台发动机突然失效,则只有单靠另一台发动机飞往就近的备降机场或目标机场或返回起飞机场。为保证客机的飞行安全,对双发客机飞行的航线必须有严格的限制,即航线上任一点到备降机场或目标机场或起飞机场的距离都不能超过一定的飞行时间。这一限制指标即 ETOPS 时间,它限制了双发客机的使用范围。例如:波音 777 飞机的双发设计方案曾经因此引起过争议。ETOPS 指标与发动机的可靠性有关,可靠性较高的发动机,允许有较长的 ETOPS 时间。ETOPS 时间须经适航管理机构的批准。

美国联邦航空局(FAA)于 1985 年 6 月批准颁发了 AC120—42 号咨询通报。该通报的主要内容是:经过 FAA 批准,在一定条件下,可将 ETOPS60′ 提高到 ETOPS120′。要求的条件是:发动机累计使用 25 万小时以上;双发同时失效的概率不得大于 10^{-9} 次 /h,或空中停车率不大于 0.04。双发客机如果获得 ETOPS180′ 的批准,则可以航行于亚洲至美洲的跨太平洋航线。因此,双发飞机是否具有 ETOPS 能力,具有多长的 ETOPS 能力,便成为发动机可靠性的一个重要指标。

表 7 - 1 所列是几种民用涡扇发动机的可靠性参数及指标统计。近年来,随着可靠性管理水平和维修技术水平的提高,以及生产厂家推行的可靠性增长计划的实施,这些指标有不断提高的趋势。

表 7 - 1　民用涡扇发动机可靠性指标

发动机型号	IFSD	SVR	UER	D/CR	统计时间
PW4090	0.000	0.104	0.059	99.91	2001 - 09 - 30
PW2000	0.012	0.153	0.051	99.87	1998 - 08 - 31
JT9D—7R4	0.013	0.186	0.099		1998 - 07 - 31
CFM56—2C	0.026	0.114		99.93	1990 - 06 - 30
CFM56—3	0.01	0.097		99.96	1991 - 02 - 28
RB211—524D4	0.042		0.07		1990 - 11 - 01
RB211—535E4	0.018		0.029		1989 - 06 - 30
RB211—524G/H	0.022		0.018		1990 - 12 - 30
CF6—50	0.01	0.21		99.80	1990 - 06 - 30
CF6—80C2	0.006	0.114		99.873	1991 - 02 - 28

7.4　可靠性理论在民航维修工作中的应用

7.4.1　以可靠性为中心的维修思想

所谓"以可靠性为中心的维修思想"是指维修工作是在充分利用机件的固有可靠性的基础上进行的,它是应用逻辑分析决断技术根据航空装备各个项目的功能、可能出现的故障与故障后果来确定需要什么维修工作,以充分利用机件的固有可靠性。1968 年 7 月,FAA、各航空公司和主要飞机制造厂的代表组成了一个维修指导小组(Maintenance Steering Group,MSG),首次利用"以可靠性为中心的维修思想",编制了名为《维修鉴定和大纲的制定》的MSG—1 手册,用来制定波音 747 飞机的维修大纲。在此基础上,为了制定一种适用于各种飞机的逻辑分析决断技术,上述单位又组成了第二个维修指导小组,对 MSG—1 进行了改进,于1970 年发表了 MSG—2《航空公司 / 制造公司维修大纲制定书》,并经 FAA 批准颁发,用于当时的 DC—10 和 LM1011 两种新型客机及所有现役飞机。在整个 20 世纪 70 年代,MSG—2 为美国民航、三军及各国航空公司普遍采用。

1. MSG—2 大纲

MSG—2(以可靠性为中心的维修大纲)包括下述 3 种维修方法:

(1) 定时维修

定时维修(Hard Time,HT)指按规定的时间间隔进行分解、修理和翻修。

(2) 视情维修

视情维修(On Condition,OC)是指用目视或一定的探测手段对航空装备进行定期的不分解检查、测量和试验,或连续观察记录装置的参数变化,以判明部件、系统和结构状况。在邻近故障发生前,把有关机件拆换。

(3) 状态监控

状态监控(Condition Monitoring,CM)是指通过经常地收集和分析航空装备某些项目的故障报告和历史资料,确定这些项目的可靠性。发现问题后,修改维修方案和维修方法。这种维修方式是让机件工作到出故障后再作统计分析,故是一种非预防性的维修方式,适用于出现故障后并不危及飞行安全的项目。

(注:此处的状态监控,与现在采用孔探仪、测振仪、滑油光谱仪、磁塞等技术对发动机工作参数、零件状况的监控概念有所不同,虽然二者均用了"状态监控"一词。)

上述 3 种维修方式中,后两者是主要的,定时维修已越来越居次要位置了。以波音 747 为例,它共有 384 个重要维修项目,经用 MSG—2 分析后,只有一项采用定时维修方式。

2. RCM 法与 MSG—3 逻辑决断法

1978 年,美国联合航空公司的诺兰和希普二人对 MSG—2 作了修改,提出了一个新的以可靠性为中心的维修逻辑决断图,简称 RCM 图(Reliability Centered Maintenance)。他们提出的逻辑决断法称为 RCM 法。这种方法从分析重要项目故障的后果开始,即将故障分为易被空勤组觉察的明显故障和发现不了的隐蔽故障,是否威胁安全或仅影响经济性,对使用性有无影响等,然后利用 RCM 决断图确定既合适又有效的维修计划。

不久,美国联邦航空局、英国民航适航管理、美国和欧洲的主要飞机发动机制造厂家、航空公司以及美国海军的代表组成了一个工作组,针对 MSG—2 法存在的缺点并参考了 RCM 法,制定了第三个以可靠性为中心的维修大纲制定法,即《MSG—3 维修大纲制定书》,并于 1980 年 10 月正式颁布实施。

(1)MSG—3 的目的

① 保证实现设备固有的安全性和可靠性的水平;

② 如果设备的安全性和可靠性变坏,则恢复到固有值;

③ 如果证明某些项目的固有可靠性不合适时,要获取进行修改设计所必需的资料;

④ 以最小的总费用,包括维修费用和报废故障件的费用来完成上述目的。

(2)MSG—3 的组成

MSG—3 包括两个独立、互不相关的部分,即飞机系统 / 动力装置分析法及飞机结构分析法。发动机的维修采用前一分析法。

(3)MSG—3 飞机系统 / 动力装置维修大纲的制定程序

① 首先确定动力装置所有的重要维修项目(MSI)。MSI 由制造厂来确定,凡项目(零件、组件、系统等)的故障属于下述情况之一者,均属 MSI:

· 会影响安全(空中或地面);

· 在工作中无法发现的;

· 会对使用经济性带来显著影响的;

· 会对非使用经济性带来显著影响的。

② 确定每个功能故障、故障的影响和故障的原因。

③ 定出维修计划中要求的维修工作内容和时间间隔,与经济性及安全性有关的维修工作均应包括在维修计划中。

MSG—3 中用 6 种维修工作代替了 MSG—2 中的 3 种维修工作,即润滑 / 保养、使用检查、检查 / 功能检查、恢复、报废、综合 —— 以上两种或两种以上的维修工作的综合。

根据维修大纲程序,可以作出逻辑决断图(Decision Logic Diagram)。

（4）MSG—3 逻辑决断图

逻辑决断图分上下两层：上层要求确定每个功能故障的影响范围；下层则是对每种功能故障，根据故障的原因选用所需的维修工作。MSG—3R2 逻辑决断图如图 7-4 所示。

逻辑决断图将功能故障的影响范围分为以下 5 种：

① 危及安全的；

② 使用性的经济影响；

③ 非使用性的经济影响；

④ 对安全有影响的隐蔽性功能故障；

⑤ 对安全无影响的隐蔽性功能故障。

MSG—3 逻辑决断图的上层：

① 功能故障的发生对在履行正常职责的空勤组来说是否明显？

② 功能故障或由其引起的二次损伤对使用安全有直接有害的影响吗？

③ 一个隐蔽功能故障和另一个与系统相关的或备用功能的故障之综合对使用安全性有有害影响吗？

④ 功能故障对使用能力有直接有害的影响吗？

MSG—3 逻辑决断图的下层：

⑤ 安全性影响，必须做工作以保证使用安全。

⑥ 使用性影响，如果能降低故障风险到可接受的水平，则该工作是宜做的。

⑦ 经济性影响，如果工作费用低于修理费用，则该工作是宜做的。

⑧ 安全性影响，必须做工作以保证达到避免有安全性影响的多重故障所需的可用性。

⑨ 非安全性影响，为了保证达到避免有经济性影响的多重故障所需的可用性，该工作是宜做的。

MSG—3 逻辑决断图的上层逻辑分析过程是：首先确定 ①，如果是明显的，则转到 ②；如果是隐蔽的，则转到 ③。对于 ②、③ 每个问题下面，均有"是"与"否"的两种可能。如果 ② 为"是"，则经过 ⑤ 进入逻辑决断图下层；如果 ② 为"否"，则转到 ④。对于 ④ 也有"是"与"否"的两种可能。如果 ④ 为"是"，则经过 ⑥ 进入逻辑决断图下层；如果 ④ 为"否"，则经过 ⑦ 进入逻辑决断图下层。如果 ③ 为"是"，则经过 ⑧ 进入逻辑决断图下层；如果 ③ 为"否"，则经过 ⑨ 进入逻辑决断图下层。

MSG—3 逻辑决断图的下层根据上层划分了 5 种不同影响的功能故障，即 ⑤、⑥、⑦、⑧、⑨，经过逻辑分析，指出所须进行的维护工作。以 ⑤ 项为例，选择维修工作的分析过程如图 7-4 所示。其他项目（⑥、⑦、⑧、⑨ 项）选择维修工作的分析过程也与之类似，稍有不同。

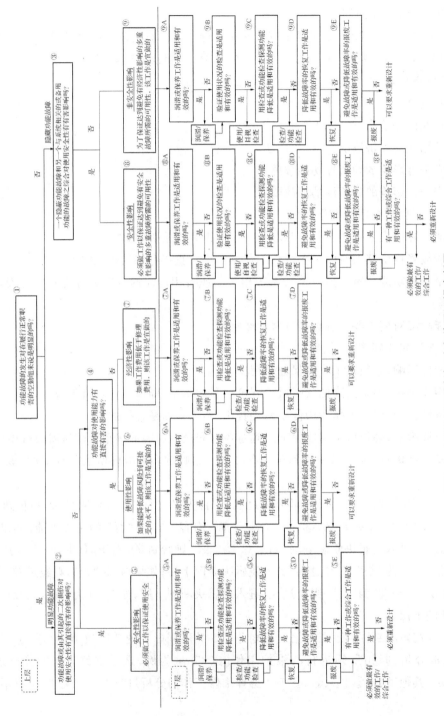

图7-4 MSG-3R2系统/动力装置逻辑决断图

(5)MSG—3 应用情况

MSG—3 首先用于波音 767 及 757 的维修计划的制订,随后,欧洲及其他国家的飞机也采用了,例如:A310、A320、BAE146、波音 737—300 和 747—400。美国的航天飞机也采用了 MSG—3。在发动机方面,最先采用 MSG—3 的是 CFM56 发动机。

7.4.2　可靠性管理

1. 概　述

以提高产品可靠性为目标的组织管理工作,叫做可靠性管理。可靠性管理是一项系统工程,它必须涉及与之有关的各个层面和各个环节。

为了保证飞机及发动机工作的可靠性,必须科学地使与可靠性实现过程有关的各项工作、各个环节协调地活动起来。飞机及发动机的可靠性不仅与生产厂家有关,而且与用户及维修部门有关;不仅与定检部门有关,而且与航线维修部门有关;不仅与备件质量有关,而且与工作质量有关;…… 最新的发展更强调不仅与"物"有关,而且与"人"有关。要在飞机及发动机的设计、制造、试验、销售、服务、使用、维修等全过程中,明确规定有关可靠性的要求事项与部门责任,规划保证可靠性的活动,检查规划的执行情况,鉴定执行的效果并加以有效的改进,这就是可靠性管理。

2. 可靠性管理循环

(1)可靠性管理的特点

① 可靠性管理是一项贯穿于设计、试验、生产、使用和维修等各个阶段的连贯性活动,因此特别强调全面的、系统的计划。

② 可靠性管理包括技术活动和管理活动。前者是指为保证产品具有所要求的可靠性及维修性所进行的技术活动;后者是指综合和管理各技术活动所采取的管理措施,使之有效地达到预定的目的。

③ 它与系统设计、生产管理、质量控制及工程经济学等密切相关。

④ 它运用概率及统计方法对失效数据和维修数据进行分析以辅助作出管理决策。

⑤ 它通过数据收集与反馈对系统各个环节进行管理和监控。

(2)可靠性管理的基本内容

① 建立企业的可靠性管理体系,确定可靠性管理的目标和方针;

② 制订产品的可靠性管理计划,进行可靠性预计与分配;

③ 落实经济责任制,指标分解到工位;

④ 制订备用件的采购计划和储存计划,选择可靠的供货商;

⑤ 按照可靠性维修大纲的要求制订维修计划；

⑥ 建立有效的质量检验和质量监督制度及信息反馈制度；

⑦ 进行可靠性教育，提高从业人员的业务素质；

⑧ 建设文明的生产环境，使设备完好、环境整洁、工作有序。

（3）在飞机及发动机的使用及维修阶段，主要的可靠性活动有：

① 收集数据，以跟踪产品在外场使用的可靠性；

② 按照可靠性维修大纲的要求制订维修计划；

③ 接受生产厂家的技术指导，执行与可靠性有关的 SB 通告。

7.4.3　可靠性维修方案

1. 概　述

可靠性方案是总体维修方案的重要组成部分，总体维修方案的内容包括：

① 确定维修所必需的方法和程序，使飞行装备的总体性能维持在所要求的水平上；

② 维修方案的组织实施；

③ 对维修方案的实施效果进行评估；

④ 为了维持或改进性能水平，有针对性地进行设计更改和／或维修方式的修正。

上述这些内容组成了总体维修方案的一个"闭环"。可靠性方案监控和分析故障信息并颁发修改措施，直接影响维修规则的修改和执行，使维修过程（内容 ① 和 ②）贯穿于可靠性方案（内容③和④）之中。可靠性的反馈功能对飞行装备的工作性能、维修方案的效果，尤其对持续适航性的基本作用有着重要影响。

2. 可靠性方案的说明

可靠性方案的基本内容有：数据收集、数据分析、数据显示和报告、性能标准、修改措施、调整维修间隔和更换维修程序、修改维修方案等。

（1）数据收集

从各种渠道收集与可靠性有关的数据和信息，包括飞机、发动机、附件和结构部件。有关的资料数据和说明如下：

- 飞机延误、事故；
- 发现的重大问题；
- 发动机、附件的非计划拆换；
- 重大结构故障；
- 飞行装备的总体状态。

（2）数据分析

数据分析就是将同机型、系统或附件的性质相同的各种数据，进行归档整理，利用图表（曲线和列表），将数据和计算的各可靠性性能（如延误率、事故率、非计划拆换率、机组报告率等）的实际数据与代表容许的性能指标及上一年的或前 3 个月的平均值进行比较，综合评估性能偏差或性能参数的发展变化趋势，从中找出飞机、发动机系统或附件的问题，分析故障原因。

对发生的重大故障及由于本体原因的发动机非计划拆换要逐个进行系统分析。

在维修或翻修中，对结构项目检查发现的重大问题，要进行故障信息和误差的判断分析。

利用"警界"型统计分析方法来确定某一变化发展的严重程度。接近"警界"即说明某一性能指标已不符合一定的性能标准。

附件拆换监控就是以大于 0.5(1/1 000 FH) 拆换率作为警界值。

（3）修改措施

如分析的结果超过了限制，必须采取一个修正措施，以便在适当的时间内有效地将可靠性性能恢复到可接受的水平上。

（4）数据显示和报告制度

有选择地对数据和资料发布详细程度不同的例行报告。这些例行报告是：

- 月报；
- 季报；
- 年报（机群性能报告）。

月报和季报包含全部机群，而年报则以每一机群分别发布。

根据分析的结果，可靠性部门要以"报警通知"向上级主管部门报告。

在达到性能目标之前，还要编发有关的状态报告。

（5）性能标准

飞机的性能参数符合一定的概率分布。这是进行飞机性能可靠性统计分析的依据。性能标准是判定飞机的各项参数是否处于正常状态的界限值。性能标准系统应该依据一定的可靠性数据统计分析理论并结合机群的数据特点来加以制定。

（6）调整和更改

维修方案由主管部门根据 TPM（工作程序手册）的规定程序和责任进行更改。必要时可以更改的有：时限、预定的检验极限、工作范围、改装内容及工艺程序等。

（7）方案的修订

方案的修订工作由主管部门编写，经上一级主管部门负责人批准。重大事项必须取得适航当局的批准。

3. 可靠性方案工作流程

可靠性方案工作流程如图 7-5 所示。

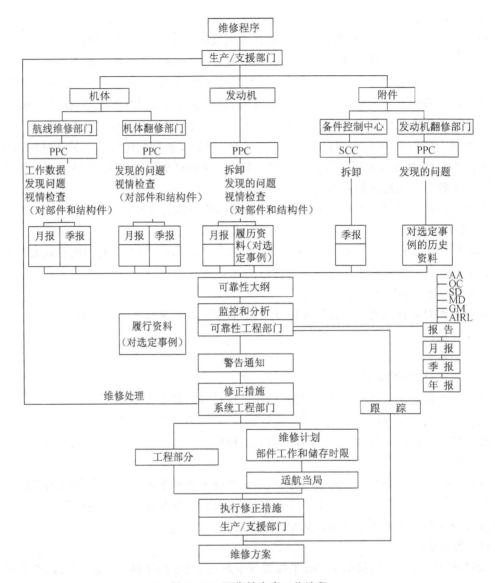

图 7 - 5　可靠性方案工作流程

首先,以下部门负责提供有关飞机及发动机的数据资料:

生产 / 支援部门,执行维修方案,并在相应的维修过程中提供各种有关飞机发动机和附件的故障、性能误差以及信息说明。

航线维修部门,对附件和结构件实施视情(OC)维修检查,报告其发现的问题并按月或季度提供工作性能数据。

机体翻修部门,同样对附件和结构件实施视情(OC)维修检查,报告其发现的问题并按月或季度报告其发现的问题。

发动机翻修部门,以视情(OC)检查为基础,结合少数发动机附件的定时(HT)翻修,其月度报告中,要包括拆换数据和发现的问题。如出现特殊情况,还要提供发动机的履历资料。

附件翻修车间提供修理中发现的问题并在必要时提供附件的履历资料。

备件控制中心(SCC)和时控中心(LTC)提供附件的拆换资料。

然后,上述这些数据资料传送至以下部门:

可靠性工程部门,进行统计、监控和分析。可靠性工程部门将可靠性数据分为例行报告和内部统计分析两部分,并将"月报"、"季报"和"年报"分发至有关单位。分析工作需要长期积累起可靠的统计数据,并以此建立航空公司受控飞机的可靠性性能指标和警界值。

对发生的个别重大事故,可靠性工程部门应收集所有得到的信息和数据并传送给系统工程部门。如出现超过标准警界值的情况时,可靠性工程部门要向系统工程部门发出"报警通知",概述问题的情况,列出故障或性能误差和需要修改的措施建议。

系统工程部门,采取修改措施。系统工程部门根据机务工作程序手册(TPM)的程序完成其立法功能,发布工程指令(EO)和/或更改维修计划(MS)和零备件库存使用时限(COSL)。

最后,生产/支援部门完成修改工作,维修方案将形成"闭环",持续适航性和飞行装备的可靠性也就得到了保证。

4. 修改工作的内容

全部修改工作由系统工程部门负责编发,由维修/翻修部门负责实施。

有关飞机、发动机和附件的修改措施内容如下:

- 飞机、发动机、附(部)件的改装;
- 修改飞机系统维修程序;
- 修改操作程序;
- 修改附(部)件翻修时间;
- 修改特殊项目的时限;
- 补充或修改预定检查项目或检查范围。

发动机和附件的修理应参照有关的修理手册或工程指令进行。

有关结构故障和误差的修改工作内容如下:

- 更换故障件;
- 检查频率,直到进行更换或修理;
- 暂时修理;
- 永久修理;
- 建立机群检查制度;
- 抽样方法。

按照有关的修理手册或工程指令修理结构部件。涉及与附件、维修项目、结构检查的时限有关的修改措施,要按照 TPM 的程序进行。COSL/MS 中已确定的附件时限,系统工程部门在确定了以下基本因素后,才能作出更改的决定:

- 非计划拆换数、故障率;
- 例行和抽样检查结果;
- 功能检查结果;
- 翻修发现的问题;
- 统计分析结果。

维修项目极限和结构检查时限在 MS 中规定。对 MS/COSL 的任何修改都要经适航当局批准。

5. 数据来源

已确定的数据来源如下:
① 航线维修部 PPC:
- 每月的飞机利用和维护报告;
- 延误和不正常飞行月报;
- 飞机动态月报;
- 机组报告(PIREPS);
- 维修报告(MAREPS);
- 技术记录本(TBL);
- 客舱记录本(CBL);
- 地面故障报告单(GFS);
- 保留故障单(DD)。
② 发动机部 PPC:
- 发动机拆换报告;
- 发动机移交报告;
- 发动机附件报告;
- 发动机履历资料。
③ 附件部 PPC:
- 车间工作卡。
④ 机体翻修部 PPC:
- 技术记录本;
- 地面故障报告单。
⑤ 航材备件控制中心(SCC):

- 拆换报告；
- 附件挂签（对 OC、CM 附件）。

6. 数据报告

例行报告要提供的数据信息：

① 飞机数据；

② 发动机数据；

③ 事故说明；

④ 按 ATA 章节列出的"延误与取消航班"；

⑤ 按 ATA 章节列出的"机组报告"；

⑥ 按 ATA 章节列出的"维护报告"；

⑦ 附件拆换数据；

⑧ 结构检查数据。

飞机资料中的有关数据：

- 总起落次数（T. O.）；
- 平均营运航段长度（小时）；
- 发动机空中停车；
- 其他重大故障；
- 重大故障次数。

发动机资料：

- 发动机总飞行小时（空中）；
- 发动机总循环次数 / 率（每千飞行小时拆卸次数）；
- 发动机计划拆卸次数 / 率（每千飞行小时拆卸次数）；
- 发动机非计划拆卸次数 / 率（每千飞行小时拆卸次数）；
- 发动机总拆卸次数 / 率（每千飞行小时拆卸次数）；
- 非计划拆卸平均间隔时间。

7. 故障说明

对重大的单个故障要说明：

- 飞机型别；
- 飞机注册号；
- 航站；
- 日期；
- 故障时间；

- ATA 章节；
- 简要说明所发生的问题及采取措施并按 ATA 章节分类。

按每一机群的 ATA 章节编制"延误取消"、"机组报告"、"维修报告"的次数以对前 3 个月或 12 个月的平均值计算相应的比例(每千次起落的次数)。

8. 当前可靠性工作的实行情况

可靠性工作部门现在已履行的职能有：
① 收集和积累可靠性数据资料；
② 建立数据统计所需的计算机软件系统；
③ 建立可靠性分析的程序和方法；
④ 例行出版可靠性季报、月报；
⑤ 附件拆换报告按照年度和季度出版；
⑥ 根据国航的 4 种机群，例行颁发"机场性能分析"年报。

7.4.4　性能标准(警告值 UCL)的制定

前文已述，飞机的性能标准是判定飞机的各项参数是否处于正常状态的界限值。性能标准系统的制定是依据一定的可靠性数据分析理论并结合机群的数据特点来进行的。性能参数符合一定的概率分布，这是进行飞机可靠性统计分析的依据。

性能参数包括：不同机型的机群监控参数；系统、附件、动力装置、飞机和结构的性能参数等。

机群监控参数包括：飞机日利用率(月平均)、飞机可用率(月平均)、每百次营运飞行起落的航班不正常率(月平均)、每千飞行小时机组报告率(月平均)、每千次起落不正常事件发生率(月平均)、每千次起落重要事件发生率(前 12 个月的平均)。

系统性能参数包括：每百飞行小时机组报告率(月平均)、每百次飞行起落的不正常事件发生率(月平均)。

附件的性能参数包括：每千附件小时的非计划拆换率(前 3 个月平均)、每千附件小时的故障率(前 3 个月平均)。

动力装置的性能参数包括：每千发动机小时的发动机空中停车率(前 12 个月的平均)、每千发动机小时的非计划换发率(前 3 个月的平均)。

各飞机单机的性能参数包括：飞行员报告的重复故障、非结构的使用困难报告、定检和非例行维护中发现的重大故障。

结构性能参数包括：使用困难报告、结构评估、定检和非例行维护中发现的重大故障等。

1. 警告值的计算

根据数据的概率分布不同，警告值的计算公式亦有所不同，通常分为正态分布和泊松分布两种形式。

（1）正态分布情况

用于除附件之外的其他参数计算。

$$UCL = \overline{X} + k \sqrt{\frac{\sum_{i=1}^{N} (X_t - \overline{X})^2}{N}}$$

式中：X_i 为月率；N 为控制期间的月数，取 $N = 12$；$\overline{X} = \sum X / N$；$k$ 为给定的系数，通常 k 取 $2 \sim 3$；$k = 2$ 时，置信水平为 95.5%，$k = 3$ 时，置信水平为 99.7%。

[**例 7.1**]　某航空公司某型飞机 1995 年的机组报告率如表 7-2 所列。1996 年 1 月份的报告值为 13.5。

表 7-2　1995 年的机组报告率

一月	二月	三月	四月	五月	六月	七月	八月	九月	十月	十一月	十二月
16.1	12.7	13.9	16.6	14.6	12.7	15.4	16.3	13.8	13.9	16.7	16.0

计算警告值，并检查 1996 年 1 月份的报告率是否超过警告值。

解　如表 7-3 所列计算如下：

表 7-3　计算表

1995 年 × 月	X_i	$X_i - \overline{X}$	$(X_i - \overline{X})^2$
1	16.1	1.21	1.46
2	12.7	−2.19	4.80
3	13.9	−0.99	0.98
4	16.6	1.71	2.92
5	14.6	−0.29	0.08
6	12.7	−2.19	4.80
7	15.4	0.51	0.26
8	16.3	1.41	1.99
9	13.8	−1.09	1.19
10	13.9	−0.99	0.98
11	16.7	1.81	3.28
12	16.0	1.11	1.23
$N = 12$	$\sum X_i = 178.7$ $\overline{X} = 14.89$		$\sum (X_i - \overline{X})^2 = 23.97$

$$UCL = \bar{X} + k\sqrt{\frac{\sum_{i=1}^{N}(X_t - \bar{X})^2}{N}} = 14.89 + 2.8 = 17.72$$

1996 年 1 月份的机组报告率为 13.5 < UCL,所以未超过警告值。

(2) 泊松分布情况(用于附件警告值的计算)

$$P(X) = \frac{\lambda^X}{X!}e^{-\lambda}$$

式中:λ 为泊松分布的平均值。

置信水平为 97.5%。

[例 7.2]

部件名称:燃油控制器(747SP)

已知:

每机装机数量 $\qquad n = 4$,

过去 12 个月非计划拆换次数 $\qquad N = 23$,

过去 12 个月机队飞行小时 $\qquad H = 12\,530$,

过去 12 个月附件总工作小时 $\qquad T = n \times H = 50\,120$,

当前 3 个月机队飞行小时 $\qquad h = 3\,256$,

当前 3 个月附件工作小时 $\qquad t = n \times h = 13\,024$,

当前 3 个月附件非计划拆换次数 $\quad x = 14$。

计 算 过去 12 个月每千附件小时非计划拆换率为

$$YDT = \frac{N}{T} = 0.6$$

当前 3 个月期望的非计划拆换次数为

$$\lambda = YDT \times t/1\,000 = 6$$

$P(X=0) = 0.002\,47, P(X=1) = 0.014\,8, P(X=2) = 0.044\,4,$

$P(X=3) = 0.088\,9, P(X=4) = 0.133\,4, P(X=5) = 0.160\,1,$

$P(X=7) = 0.137\,2, P(X=8) = 0.102\,9, P(X=9) = 0.068\,6,$

$P(X=10) = 0.041\,1, P(X=11) = 0.022\,4, P(X=12) = 0.011\,2,$

$P(X \leqslant 10) = 0.954\,0, P(X \leqslant 11) = 0.9763\,7$。

因此取 $X = 10$,则 $UCL = 10 \times 1\,000/t = 0.77$,置信水平为 95.4%。

而实际的非计划拆换率为

$$MDT = \frac{x}{t} \times 1\,000 = 1.07 > UCL$$

所以超过警告值。

2. 警告值的置信水平

警告值的置信水平是指计算出的警告值的可信度,即在多大概率范围内是可信的。例如,对于正态分布情况,$k = 2$ 时,置信水平为 95.5%,则出现假警告的概率为 4.5%;$k = 3$ 时,置信水平为 99.7%,则表示有 0.3% 的警告为假警告。

思 考 题

1. 简述什么是可靠性、广义可靠性、固有可靠性、使用可靠性、维修性。
2. 航空发动机的可靠性特征有哪些?
3. 民用航空发动机主要有哪些可靠性指标?
4. 以可靠性为中心的维修大纲 MSG—3 划分的 6 种维修方法是什么?
5. MSG—3 将功能故障按其影响范围划分为哪几种层次?
6. 简述 MSG—3 的逻辑分析过程。
7. 可靠性管理有哪些基本内容?
8. 在总体维修方案中,可靠性方案的基本内容是什么?

附　录

事件清单

（1）返航   RFF

（2）转航   DIV

（3）中止起飞   RTO

（4）发动机空中停车   IFSD

（5）紧急着陆   E-LDG

（6）从飞机上紧急疏散   EVAC

（7）多个液力／电源系统功能失效   PWR-Loss

（8）客舱失压   Press-Loss

（9）客舱着火或烟雾   Fire/Smoke

重大系统和结构故障清单

（1）火警（真或假火警）；

（2）发动机或系统故障造成滑行中发动机停车；

（3）发动机超温；

（4）结构或系统故障造成的不正常振动；

（5）起落架及其舱门无法收放；

（6）飞行中使用紧急检查清单；

（7）驾驶舱、客舱或货舱因系统故障产生烟雾或毒气；

（8）影响飞机操纵的结构或系统故障；

（9）一个以上液力或电源系统功能失效；

（10）一个以上通讯或导航系统功能失效；

（11）飞行中出现严重的燃油系统泄漏；

（12）滑行、起飞或着陆过程中制动系统失灵；

（13）在结冰的情况下，防冰系统失灵；

（14）重要结构件出现裂纹、严重腐蚀或永久变形；

（15）结构件丢失；

（16）需进行重大修理的任何损伤／故障。

参 考 文 献

[1] 范作民,孙春林.航空发动机状态诊断.天津:天津科技翻译出版公司,1996.

[2] 黄文虎,夏松波,等.设备故障诊断原理、技术及应用.北京:科学出版社,1997.

[3] 孙瑞莲,等.航空发动机可靠性工程.北京:航空工业出版社,1996.

[4] 庄表中,陈乃立.随机振动的理论及实例分析.北京:地震出版社,1985.

[5] 宋兆泓、洪其麟.发动机可靠性工程研究燃气涡轮发动机可靠性与寿命讲座:第二册. 北京:北京航空航天大学出版社,1989.

[6] 顾家柳,刘启洲,等.转子动力学.北京:国防工业出版社,1985.

[7] 顾松年,等.结构故障振动诊断论文集.西安:西北工业大学出版社,1990.

[8] 周东华,叶银忠.现代故障诊断与容错控制.北京:清华大学出版社,2000.

[9] 洪其麟,徐林跃,等.机械结构可靠性.北京:航空工业出版社,1993.

[10] 张鄂.铁谱技术及其工业应用.西安:西安交通大学出版社,2001.

[11] 李国华,等.机械故障诊断.北京:化学工业出版社,1999.

[12] 吕伯平,等.航空油液监测技术.北京:航空工业出版社,2007.

[13] 刘长福,等.航空发动机结构分析.西安:西北工业大学出版社,2006.

[14] 林基恕.航空发动机机械系统设计.北京:航空工业出版社,2005.

[15] 沈庆根,等.设备故障诊断.北京:化学工业出版社,2006.

[16] 关惠玲,等.设备故障诊断专家系统原理及实践.北京:机械工业出版社,2000.

[17] 钟秉林.机械故障诊断学.北京:机械工业出版社,2002.

[18] 李维舟,张洪敏,等.飞机故障学.西安:空军工程学院,1985.

[19] 程礼,李全通.航空发动机状态监控与故障诊断.西安:空军工程学院,1997.

[20] 李全通,等.航空发动机构造学.西安:空军工程大学工程学院,2006.

[21] 周宗才,等.航空发动机监控与诊断原理.西安:空军工程学院,1988.

[22] 航空部科技情报所.可靠性手册.1984.

[23] JOINT OIL ANALYSIS PROGRAM MANUAL. SPECTROMETRIC AND PHYSICAL TEST LABORATORY OPERATING REQUIREMENTS AND PROCEDURES.